口絵 1　天蚕の繭

口絵 2　中国国立絲綢博物館

口絵 3　ジャカード織機

口絵 4　リヨン織物装飾芸術博物館

口絵5　リヨン市街

口絵6　広隆寺

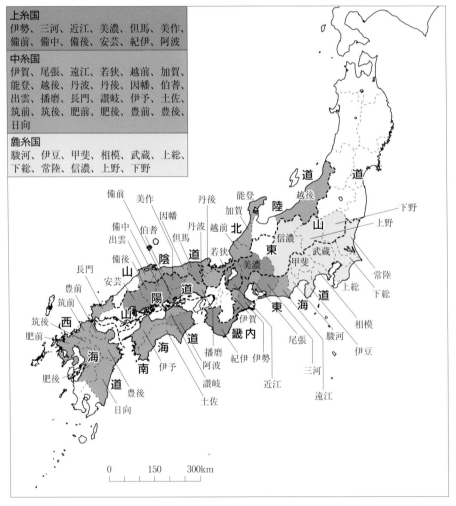

上糸国
伊勢、三河、近江、美濃、但馬、美作、
備前、備中、備後、安芸、紀伊、阿波

中糸国
伊賀、尾張、遠江、若狭、越前、加賀、
能登、越後、丹波、丹後、因幡、伯耆、
出雲、播磨、長門、讃岐、伊予、土佐、
筑前、筑後、肥前、肥後、豊前、豊後、
日向

麁糸国
駿河、伊豆、甲斐、相模、武蔵、上総、
下総、常陸、信濃、上野、下野

口絵7　10世紀はじめの国別養蚕地帯

口絵 8　高山社

口絵 9　富岡製糸場

口絵 10　常田館製糸場

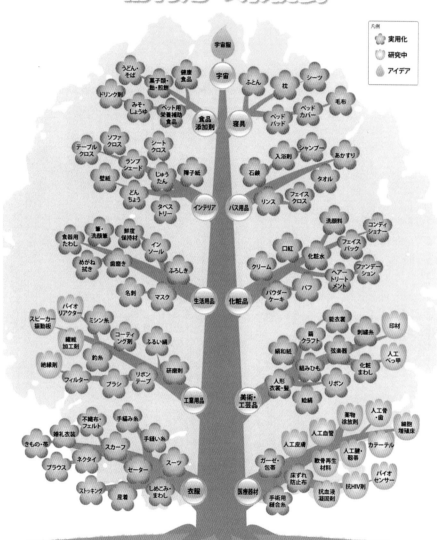

口絵 11　シルク・ツリー

シルクは
どのようにして
世界に広まったのか

人間と昆虫とのコラボレーションの物語

二神 恭一 ・ 二神 常爾 ・ 二神 枝保

八千代出版

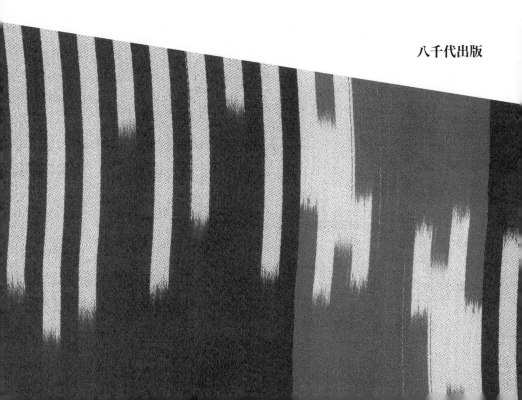

口絵出所一覧

口絵 1　安曇野市天蚕センターパンフレットより転載。

口絵 2　中国国立絲綢博物館（https://www.hisour.com/ja/china-national-silk-museum-hangzhouchina-35341/）。

口絵 3　ウィキペディア（https://fr.wikipedia.org/wiki/Métier_Jacquard）。

口絵 4　ウィキペディア（https://fr.wikipedia.org/wiki/Musée_des_Tissus_et_des_Arts_décoratifs）。

口絵 5　ウィキペディア（https://ja.wikipedia.org/wiki/リヨン）

口絵 6　ウィキペディア（https://ja.wikipedia.org/wiki/広隆寺）

口絵 7　『延喜式』の記述をもとに筆者作成。

口絵 8　藤岡市教育委員会文化財保護課提供。

口絵 9　富岡市提供（http://www.tomioka-silk.jp/spot/freedownload/）。

口絵 10　筆者撮影。

口絵 11　絹利用検討会。

は し が き

　この本は人間とある昆虫との5000年に及ぶ、あるいはそれ以上の年月にわたる長い長いコラボレーションの歴史に関するものである。その昆虫とはかいこ蛾のことであって、かいこ蛾と蜜蜂は「もっとも古く家畜化された（ドメスティケイティド）昆虫」（F. E. Zeuner）だといわれている。人間とかいこ蛾とのコラボレーションの結果は、いうまでもなく、「せんいの宝石」ともいわれ、人びとが渇望してやまなかったシルクである。古代において、シルクは宮廷人や官人だけが身に着ける「ロイヤル・ファイバー」であった。ただ、中国や日本では早い段階から、一般の人びともシルクにふれていた。たとえば、すでに奈良時代には、庶民も錦・綾などを別とすると、シルクを身に着ける、あるいは交換手段として用いる機会も多かった。むろん、現在は非常に大勢の人びとがシルクを身に纏うことができる。

　人間はシルクを人為的につくり出すことはできない。かいこ蛾、やままゆ蛾などの昆虫しか、シルクはつくり出せない。これらの昆虫の幼虫は体内にシルク生産装置をもっているのである。古代の人はもっとも上質のシルクを生み出す、ボムビックス・モリという学名をもつかいこ蛾を探し出し、その幼虫（かいこ）を屋内で飼育し、幼虫がつくり出す繭からシルクを得る仕方を見出した。古代の人のこの慧眼と英知には驚嘆せざるをえない。

　シルクは際立った特徴をもつせんいであって、ウール、麻、コットンなどの動植物せんいが短いステイプル・ファイバーであるのに対し、長いのである。繭をほどくと、1マイルほどにもなる。その繊細な、光沢のあるせんいをリールし、糸を紡ぎ、シルクの布等を織る。

　養蚕とシルクの染織―この本では、シルク産業とも表現する―は中国国内ではじまった。やがてシルクは交易品として国外にも流出し、よく知られているように、シルクロードの代表的交易品にもなった。中国では、紀元前の戦国時代や漢の時代から比類のない美しく精緻なシルクの織物がつくられていたことは、蘇州の研究所の復元品をみると、一目瞭然である。それらは他国の権力者の垂涎の的であったろう。やがて養蚕とシルクの染織の技法も国外に拡がるこ

とになる。それはシルクロードや海路を通じ西方に伝わった。現在の中国の新疆ウイグル自治区から、中央アジア、イラン高原、メソポタミア、地中海東岸へと非常な歳月をかけて、かいこ蛾とシルクの染織は旅した。そして地中海を渡り、イタリア、スペイン、フランス等でもそれらがおこなわれるようになっていた。18世紀までにはイギリス、スウェーデンなどもふくめ、ほとんどのヨーロッパの国で養蚕とシルクの染織がおこなわれていた。19世紀には北アメリカの東海岸でもそれらの定着がこころみられていた。一方で中国から東へと向かった流れもあった。いうまでもなく、朝鮮半島を経由して、あるいは経由せずに、日本にも養蚕とシルクの染織がやってきた。3世紀には日本のシルクが倭絹として中国にも知られていた。

　中国からの西進と東進は、単にシルクという品物が西と東へと場所を移していった、ということではないであろう。養蚕とシルク産業の西進と東進は、その進化と多様化のプロセスでもあったわけで、通過地域に住む人びと、民族の創意・工夫、好み・文化、生活習慣などが反映されたり、加味されていった。中国のものとは異なる織り方、文様のモチーフ、色調、品目が生まれ、それぞれのシルク文化が形づくられていく。

　なぜ、養蚕とシルク産業はどんどん拡がっていったのだろう。それらをもつことが、国のステータス・シンボルになるという考え方があったからではないか。中世のイタリアの諸都市、フランス、ドイツなどは国家権力がこれらを奨励し、保護した。実際、養蚕とシルク産業は国に富をもたらした。シルクの織物のレベルは、国民の文化的豊かさの指標にもなっていた。

　ちなみに、シルク産業はたたら鉄の製造などとともに、最古の産業クラスターのひとつである。産業クラスターとは多くの人びとにとって耳馴れない言葉であろうが、養蚕とシルク産業を例に説明すると、ある地域において桑を植え、かいこを飼育し、繭を得る農家、その繭を集荷して生糸をリールする人的集団、その生糸を漂白したり、染織したり、撚ったりする人びと、それらを使って布等を織る組織、織物などを客に売る業者が、お互いの必要性、存在理由をよく承知して連携し、共同経済を営んでいるような産業の状況をいう。そして、国や地域はそうした産業クラスターの構成部分として、これを保護したり、助成したりした。古代から19世紀半ば頃までの産業は、このような産業クラスタ

一として運営されていて、個別主義や個人主義の原則や考え方がそこに入り込むことはあまりなかった。

養蚕とシルク産業の大きな特徴は、すでにふれたように、人間とかいこ蛾との長い長いコラボレーションの歴史の上に成り立っていることである。人びとはシルクをもたらしてくれるかいこ蛾とその幼虫「おかいこさん」を慈しみ、尊崇してきた。後年になって、繭の中の蛹は殺されるようになったが、それはまたかいこ蛾への感謝、供養の念を高めることにもなり、日本の場合、京都市の太秦の養蚕神社をはじめ、各地にその社があることでもわかる。中国にも中東にも蚕神がいた。

これらの産業について、もうひとつの特徴をあげるとすると、古代からそのしごとを女性が担っていたことである。養蚕は主に女性のしごとだったし、当初は機織は高貴な女性がおこない、男性はそのしごと場に近づけなかった。機織は長い長い時間をかけての根気の要るしごとであり、また高度の技能が必要であって、その担い手が尊敬されていたことは、広隆寺の太秦殿に古くから漢織女と呉織女の像が神格化されて安置されていることからもわかる。

しかし、一方で19世紀にイタリア、中国、日本などで器械式製糸場（フィラチュア）がつくられ、大勢の子ども・女性が非常に過酷な労働を強いられるようになったことも知られている。イタリアでは、フィラチュアの悲惨な状況が引き金になって、まず子どもの労働規制法が、ついで女性のそれが制定されたほどである。

養蚕とシルク産業は19世紀後半には各国で非常に発展し、近代産業の旗手になった。栄光の時代をむかえたのである。ところが、20世紀半ばになると、その栄光に翳りが見えはじめる。その最後の四半期になると、だれの眼にもその衰退ぶりがあきらかになる。養蚕とシルク産業は何千年もかけて栄光を手にしたと思ったら、あっという間に凋落がはじまった。なぜ、そうなったのか、再生のみちはあるのか。この本では、養蚕とシルク産業について、あらまし以上のような事柄を取り上げている。

この本は筆者の意識においては、従来の自著のように、専攻の専門書として書いたものでは必ずしもない。むろん、ここには経営学、経済学の知見がたくさん入っているし、それがこの本の骨格にさえなっていることは否定できない。

産業クラスターなどについて、長年そうした研究をしてきたのだから、当然のことである。

　けれども、この本にはほかのいくつかの要素も入っている。むしろ、意識してそうした要素も加えることを積極的にこころみた。ひとつは筆者は子どもの時代から昆虫に対する関心が強かった。長年、蝶を追い掛けてきたし、同じ鱗翅目の蛾にもすこぶる興味があって、それが動機となって、かいこ蛾を取り上げ、養蚕とシルク産業を論じることになった。是非とも、昆虫絡みの自分の趣味とも通底するような本を書きたかったのである。

　もうひとつは、これも子どものとき、父二神伝三郎の歴史の蔵書を何気なく乱読していたことである。父は東京帝国大学文学部で歴史を専攻した教員だったから、そうした文献が家にはたくさんあった。この本で養蚕とシルクの染織の伝播史を執筆していて、子どものときの読書の記憶が甦るたびに、それを再確認してこの本に取り込むこともこころみた。さらに筆者は留学、研究等で海外に出向くことが多かった。この本に出てくる地名のところに、全部が全部訪れたわけではないが、訪れた場所も多く、その折の体験・記憶がイメージをふくらませるうえで役立った。この本は自分の様々な体験を織り込み出来上がったものである。

　この本の粗稿は主に二神恭一が執筆した。ただ、執筆する段階において資料の探索・収集、整理、作図、計算、それらに伴う補筆は二神常爾に負うところが非常に大きかった。また、度々の調査旅行には同行を願い、手伝いをしてもらった。かれの誠実な助力がなければ、この本は決して出来上がらなかったろう。また、フランス、ドイツ等に関する部分については、これらの国の諸大学にしばしば滞在した二神枝保から必要な補足をしてもらった。2人の助けがあって、はじめてこの本が出来上がり、上梓することができたというのが実感である。3人の共著としたわけである。

二神恭一・二神常爾・二神枝保

謝辞

　いつもながら、本が出来上がるまでには、大勢の方々のお世話になり、御協力を頂くわけであるが、この本の場合もそうであって、そうした御協力のおかげで出版に漕ぎ着けることができた。御協力くださった方々に深甚の謝意を表したい。

　とりわけ、一般財団法人大日本蚕糸会蚕糸科学研究所ならびに八千代出版株式会社には大変お世話になった。大日本蚕糸会は 1892 年に設立された蚕糸業界の民間の総本山のような組織で、日本の蚕糸業の大発展に多大な貢献をした。その蚕糸科学研究所には、日本の蚕糸業に関する膨大な、また貴重な文献・資料があって、この本を執筆するにあたっては、大日本蚕糸会理事で蚕糸科学研究所所長の清水重人工学博士の御厚意で、その文献・資料を自由に閲覧できた。このことについて、大日本蚕糸会、蚕糸科学研究所と清水重人所長にお礼を申し上げる。またその際、何かと親身になって便宜を図ってくださり、また粗稿の一部について貴重な御意見を頂いた北野律夫庶務部長にも謝意を表したい。文献・資料を探す際には、図書係の山屋清子さんに多々お手数をお掛けした。山屋さんにもお礼申し上げる。

　この本の出版にあたっては、長年お付き合いのある八千代出版株式会社にお引き受け頂いた。これまでの自著・編著とは少し毛色の違うこの本の出版を快諾して頂いた森口恵美子代表取締役社長に感謝申し上げたい。また同社で出版するとき、いつも煩瑣な校正をご担当くださる御堂真志氏に今回も大変お世話になった。同氏に厚くお礼を言いたい。

　最後に、この本の執筆に際してもいつものように、家族にも支えてもらい、また迷惑をかけた。自分が高齢だということにかこつけて、妻文子を巻き込んでしまい、多大の負担をかけてしまった。共著者常爾の妻玲子についても同様である。2 人が支えてくれたことに謝意を表したい。この家族 4 人で度々調査旅行に出掛けたことは、何物にも代えがたい良い想い出になっている。

目　　次

第 I 章

かいこ蛾とシルク

1 蝶 と 蛾

昆虫はよく知られているように、節足動物門の一綱である。卵、幼虫、蛹、成虫という完全変態をおこなう。成虫の身体は頭、胸、腹の3つに分かれ、胸に6本の足がある。この昆虫のひとつに鱗翅目がある。鱗翅というのは、その4枚の羽に一見魚鱗のように、細かい鱗粉が付いているからである。胴体にもそれがある。ひとが手で触れたりすると、指先にそれがくっついたり、飛び散ったりする。鱗翅目の多くは蛾であるが、蝶もふくまれている。蛾も蝶も人びとにとって、ごく身近な虫である。ただ、人びとが目にするのは、両者ともに成虫の場合が多いのではないか。

蛾と蝶の成虫はなにかと対比される。両者のイメージは、それぞれの成虫についてのものである。ひとの両者に対する評価は大分異なる。いずれが好きかと訊かれると、大抵のひとは蝶だと答えるのではないか。蝶は概して美しく、花から花へとスマートに飛び回ったり、日本の国蝶のオオムラサキのように、格好よく滑空したりする。もっとも、蝶は浮かれ者の代名詞でもある。英語のバタフライにも軽薄だという意味が込められている。それでも、蝶に対する好感度はたかくて、古くから家紋に使われたりしている。たとえば、平氏の家紋は揚羽蝶であり、平氏の流れをくむと自称した織田信長 (1534-82) の「揚羽蝶鳥陣羽織」は、鳥の黒い羽毛の織の真中に白い揚羽蝶を浮き上がらせた、じつに見事なものである。現在も蝶はデザインとしてよく使われている。蝶のコレクターも多い。コレクション（収集）の対象としては、昆虫の中で蝶が一番人気があるのではないか。

蛾はそうした蝶には、人気の点でとても敵わない。ひとに好かれない。それどころか、害虫として、毒蛾として嫌われ、駆除の対象になることが多い。姿

かたちも良くない。美しい蛾はごくごく例外的である。けれども、一部の蛾は大昔から、人間と密接なかかわりをもち、経済・文化生活に絶大な寄与をしてきた。この蛾が人間の社会に与えたインパクトには非常に大きいものがあった。イタリアのルネッサンスも、フランスのベルサイユ宮殿の栄華も、また日本の急速な近代化も、あとでふれるように、それらの蛾の存在なしには考えられないほどである。この事実がとかく最近は、忘れられがちではなかろうか。ここにいう一部の蛾とは、カイコガ科の蛾の仲間のことである。この蛾の仲間は、膜翅目の蜜蜂とともに、「もっとも古くから家畜化された（domesticated）昆虫」（Zeuner、訳558ページ）だといわれている。カイコガ科の中のある蛾、学名ボムビックス・モリ（bombyx mori）というかいこ蛾はあとでふれるように、神話にも登場するほど、大昔から人間とかかわりがある。

　カイコガ科はカイコガ上科の中のひとつの科、グループである。この上科には、5つの科とそれらに属するじつに多くの種類の蛾がいる。もっとも、この分野の蛾の分類法はいまも流動的なところがあって、必ずしも確定的なものではない。カイコガ上科には、その幼虫がシルクをつくり出す蛾がいる。その代表格がカイコガ科のボムビックス・モリ、かいこ蛾である。かいこ蛾は野蚕のくわこを家畜化したものではないかといわれている。同じカイコガ科のくわこ（ボムビックス・マンダリン：bombyx mandarina）はやや小型の蛾で黒茶色の翅をもっている。中国やインドなどの広い範囲に分布している。幼虫はかいこに似て桑の葉を食べるが、黄褐色で紋様がある。人間は勝手なもので、くわこを害虫扱いをする。

　このかいこ蛾の幼虫、かいこはシルクをつくり出す生産性が一番高い。かいこは体内の絹糸腺からシルクを分泌する。シルクそのものを生み出すのである。ほかの蛾の幼虫よりも多く、しかも上等のシルクをつくり出せる。古代の人びとは、よくぞ、このかいこ蛾を選択し、家畜化したな、と思う。その慧眼には驚嘆せざるをえない。

　ちなみに、かいこ蛾のほかに、古代から人びとが絹糸腺やそれから分泌するシルクを利用してきた蛾がいる。カイコガ上科の中にヤママユガ科、ヤママユガ亜科があって、中国、日本、インドなどでは、古くからこの種の蛾の幼虫を見つけ、その繭からシルクを得ていた。ボムビックス・モリ系の幼虫は屋内で

飼育するので家蚕とよばれるのに対し、ヤママユガ科等の幼虫は屋外にいるので野蚕という。日本の天蚕、つまりやままゆ蛾（*Antheraea yamamai*）、くす蚕（*Caligula japonica*）、中国の柞蚕（*Antheraea pernyi*）、てぐす蚕（*Saturnia pyretorum*）、インドのトゥソール蚕（*Antheraea mylitta*）、エリ蚕（*Samia cynthia ricini*）など。中国では吉林省などでシルクを得るためにやままゆ蛾による天蚕シルクの採取がおこなわれているし、日本では長野県安曇野市が知られている。また福島県の霊山でも天蚕シルクが採取されている。大著『シルク』の著者のジルバーマン（H. Silbermann）によると、「天蚕は中国原産だが、日本では江州、丹後、甲州、越後、尾張に分布している」（Silbermann, I, p. 290）というが、ほかの地域にも天蚕は生息していたのではないか。安曇野市の天蚕は伝承では天明時代（1781～89）頃からおこなわれていた。明治以降も各地で飼われ、松島利貞・曽根原克雄『天蚕柞蚕論』（1911）も刊行されるほどであった。第2次世界大戦後は廃れたものの、天蚕飼育・織物技術を伝承し復活させるべく、地域の人びとの努力で安曇野市天蚕センターが設けられている。天蚕は大型の蛾で（図表Ⅰ-1）、幼虫は野外のくぬぎの葉を食する。くぬぎには大きな網がかぶせてあって、鳥や蜂などの襲来を防いでいる。天蚕はくぬぎの葉の上に緑色の繭をつくる（口絵1）。その繭を採取して天蚕糸を紡ぐのである。図表Ⅰ-1は天蚕の♂（右）と♀（左）である。♀は胴体がずんぐりしているし、触角（アンテナ）に羽毛状のものがない。また皇居では、かいこ蛾とともに、天蚕が野外で育てられている。これらの蛾の仲間の中には、中国南部やインド北部のてぐす蚕のように、絹糸腺そのものを取り出し、加工して、活用している蛾もいる。梱包用の緒、弓の弦、楽器の弦、いまはナイロンにとって代わられたが、釣糸（てぐす）

図表Ⅰ-1　天蚕の成虫

天蚕の雌（♀）

天蚕の雄（♂）

など。ヤマユガ科の中に、上翅の先に蛇頭のような文様のあるひと際美しい世界最大級の蛾がいる。ヨナクニサン（蛇頭蛾）である。その名が示しているように、この蛾は沖縄県の与那国島をはじめ、台湾、中国南部などにいて、標本にして土産品として売られている。

　カイコガ上科の蛾の仲間に近いところに、カレハガ科（学名ラシオカムピダコ）の蛾がいる。ツォイナー（F. E. Zeuner）はカレハガ科の中のある蛾を、カイコガ科の蛾と同じタイプのものだとしている。カレハガ科も種類が多く、沖縄のイワサキカレハガのように、毒針毛をもっていて、触れると刺され、痛みを感じる蛾や、北海道のツガカレハガのように、とど松の害虫として駆除の対象になっている蛾もいる。しかし、東地中海沿岸地域、とくにトルコ南岸沖のコス島の蛾、パチパサ・オッス（Pachypasa otus）がつくり出すシルクで織った薄い布は、紀元前後のローマで、高貴な女性のあいだで絶大な人気があった。ヨーロッパで最初にシルクの布が知られるようになったのは、コス島で織ったものではなかったかと思われる。

2　かいこ蛾の卵―蚕種

　以下、ボムビックス・モリというかいこ蛾とその幼虫を中心に話をすすめる。このかいこ蛾の幼虫は昔から日本人にも馴染みの「おかいこさん」である。日本のかいこ蛾の品種はこれであるし、中国、イタリア、フランスをはじめほとんどの地域でボムビックス・モリは飼育されている。

　以前はそれぞれの地域にボムビックス・モリの在来の品種がいた。しかし、かいこ蛾に生産性を求め、交配をおこなったり、改良をすすめる中で、かいこ蛾のグローバル化というべきものがみられた。とりわけ、あとの章でのべるように、19世紀に生糸やシルクの世界市場化がおこなわれ、生産性のひくい、競争力のよわいかいこ蛾の品種は淘汰されてしまった。たとえば、日本には小石丸とよばれる在来の品種がいたのであるが、他に比べ繭が小さいとか、ひとつの繭から得る生糸の量が少ないなどの理由でビジネスでは、新小石丸という改良品種を別とすると、ほとんど駆逐されてしまった。現在では、皇居の紅葉山御養蚕所などで育てられている。

　かいこ蛾の成虫は薄茶色やクリーム色の小さな羽をもち、どちらかというと、

かいこ蛾の雌（♀）　　　　　　　かいこ蛾の雄（♂）

不格好な姿をしている（図表Ⅰ-2）。蝶のように優雅に、また速く長く飛翔することはできない。それどころか羽をバタバタさせても飛び上がれず、地面を這い回る感じである。雌はとくにそうである。長い飼育の歴史の中で、羽が退化してしまったのかもしれない。しかも、成虫としての命は、かげろうのように極端に短くはないけれども、1、2日のことである。蝶のように、飛び回って花を訪れ蜜を吸ったり、川辺で吸水したりはしない。そもそも口吻（口のこと）がない。この蛾の成虫の命はまことに儚いのである。そのごく短い命のあいだに交尾をして子孫を残すのである。欧米では、成虫の蛾を「交尾マシン」（machine devoted to sex）という。

　雌の蛾は500〜700ほどの卵を生む。養蚕では紙の上に産卵させる（蚕紙）。昔の中国江南では、桑の切り剥いだ樹皮を使っていたともいう。卵はけし粒ほどの大きさで、4000個で30グラム前後の重さにすぎない。やや長円形のかたちである。卵は胚であって、酸素呼吸をしている。当然のことながら、生きているわけで、慎重な扱いが要る。

　かいこ蛾のライフサイクルでは、卵の形態でいる期間が一番長く、1年1サイクルのかいこ蛾、いわゆる1化性の蛾の場合は、9、10ヶ月ほどになる。1年2サイクルの蛾でも卵のかたちでいる期間がもっとも長い。冬季は卵で過ごす。したがって、養蚕の地理的移転は、卵を持ち運ぶという仕方がとられる。あとでふれるように、蚕紙の輸出はよくおこなわれた。また、養蚕の国外移転が禁じられていた昔の中国などでは、他国に嫁ぐ王女が髪の中に卵を隠して持ち出したとか、ビザンツ時代にペルシャの僧侶が杖の中に卵を入れてコンスタンチノープル（現在のイスタンブール）に運んだといったエピソードが残っている。

　かいこの卵はそのまま放置していても、孵化しないということではないが、

中国などでは昔から色々のことがおこなわれていた。つまり、卵の管理方法があった。明の時代（1368〜1644）の宋応星（生没年不詳）の『天工開物』（1637）では、「蚕浴」にふれている（宋、訳39ページ）。石灰、苦汁を水でとき、それに蚕紙を浮かべる。1、2日間そうしておいて、引き上げ、とろ火で乾かす。そのあと箱に仕舞い、春分から15日目の清明節にこれを取り出して孵化させる。「天露浴」というのもある。こちらは竹で編んだ笊に蚕紙を入れ、屋外で霜雪風雨の中に置いて、12日後これを取り込み箱に仕舞う。そして孵化させる。いずれも随分と荒っぽい仕方だが、「蚕浴」や「天露浴」によって、悪い卵は淘汰され、良い強いものだけを育てることになり、人手や桑の葉が無駄にならないですむ、という。

　もちろん、近年は優良なかいこを確保するための、より合理的な蚕種貯蔵法、蚕種管理法がおこなわれるようになった。たとえば貯蔵場所としては、涼しく寒いところ、静かなところ、風通しのあるところ、湿らぬところ、煙のこないところ、臭いのせぬところ、日光の差し込まぬところ、火の気のないところがよいといわれてきた（『日本蚕糸業史』Ⅲ、516ページ）。

　今日なら、冷蔵庫、冷蔵棟をつくり、温・湿度計、エアコンを付けることは容易であろうが、20世紀前半まではそうはいかなかった。世界遺産に指定されている群馬県の荒船風穴は岩の間から吹き出る冷風を利用して蚕種を貯えたところで（図表Ⅰ-3）、1905年から1939年頃までこれが使われた。蚕紙110万枚が入る大きさだったという。この間、あとでふれる富岡製糸場などとも連携し、良い状態で蚕種を保管し、優れた生糸をつくり出すことに寄与した。長野県の上田、小諸から群馬県にかけて風穴あるいは氷風穴の跡が残っている。

　ヨーロッパではフランスを中心に、19世紀から、この小さい卵について科学的な研究、実験が多くおこなわれるようになった。ひとつは卵をより適切な状態に置いて、元気で良質の繭をつくるかいこを孵化させるためである。いまひとつは、孵化を早め、あるいはコントロールするには、どうしたらよいかを知るためであった。人工孵化の問題になる。かいこの人工孵化とは、越年する蚕種を人為的刺激を与えて、その年のうちに孵化させてしまうことで（『日本蚕糸業史』Ⅲ、529ページ）、年1回の孵化が2回になり、あるいは3回になる。もっとも熱帯の国々には人工孵化によらずに、1年に何回もライフサイクルをく

（出所）群馬県下仁田町歴史館提供。

り返すかいこ蛾がいる。化性（voltinism）の問題である（1化性、2化性、3化性など）。春蚕（spring rearing）は春に孵化し育てるかいこ、初秋蚕（early autumn rearing）は初秋に孵化し育てるかいこ、晩秋蚕（late autumn rearing）は晩秋のかいこのことである。夏蚕、晩々秋蚕などもいる。人工孵化法については、温度の研究が多かったが、気圧の研究もおこなわれたし、スルファニル酸といった薬剤投入や放電などの実験もおこなわれた。結果としてやはり温度管理が大切だということになり、かいこ蛾の品種やかいこの発育のステージで少し差はあるが、20～26℃が適切であり、また通風も重要であるとする認識が一般化している。

　蚕種管理は当初は養蚕農家のしごとであったろう。かいこ蛾のライフサイクルすべてを扱っていたにちがいない。しかし、かいこ蛾の卵の扱いはすでにふれたようにナーバスで、忙しい農家では長期間、慎重に保管し、世話するのは大変である。良質の糸を得るには、なによりも健康なかいこを育てなければならないし、健康なかいこを得るには、蚕種の管理をしっかりしなければならない。いつの頃からか、相応の知識と技能を備え、蚕種を専門的に扱うビジネスが生まれる。日本では以前から、蚕種製造業とよんでいた。日本では養蚕が盛んになる元禄時代には、そうしたビジネスが成り立っていた。1692年に八王

子において業者の会合が開かれたという記録がある。もっと前から、福島県の信夫や伊達の地域、茨城県の結城地方などは蚕種で知られていて、そうした業者がいたと思われる。かれらは行商で、各地を回って蚕種を売っていた。かれらはまた、養蚕に関する知識・技能をもっていて、養蚕農家を指南した。養蚕が進歩したのは蚕種業者によるところが大きいのではないか。

　蚕種ビジネスが有名になったのは幕末から明治のはじめにかけてであって、開国により蚕種や生糸の輸出ができるようになり、かいこの皮膚病であるペブリン（pebrine：微粒子病）の大流行で養蚕が大きな打撃を受けていたヨーロッパに、蚕種は飛ぶように売れ、利益が得られた。もとからの蚕種業者に加え、にわかにこの商売をはじめた者もいて、一時は3万人をこえる業者がいた。イタリアのミラノやトリノに店を構える業者もあった。しかし、供給過剰になって、横浜の公園等で蚕種の処分が一再ならずおこなわれた。

　蚕種は当初、あきらかに民間のビジネスであったが、明治以降、蚕種問題に政府が大きく関与するようになった。詳細は第Ⅸ章にゆずるが、良質の均一な生糸を得るため、蚕種の統合、原種の確保が是非とも必要だと判断されたからである。今日では、政府が認可したかいこ蛾の蚕種管理をする専門組織があって、養蚕農家はそこから孵化したかいこの供給を受けるようになっている。現在はその間に農業協同組合の共同飼育所があって、そこである段階まで育ったかいこが養蚕農家にいく仕組みになっている。

3　桑

　かいこ蛾の幼虫であるかいこを取り上げるに先立って、クワ科の桑（mulberry tree）にふれておく。かいこは一般に桑の葉を食する。かいこの飼育のためには桑の葉が不可欠なのである。桑はかいこに葉を提供することで知られるようになった樹木であり、そのことによって桑栽培、栽桑は世界的に広がり、また多様化した。もっとも、日本では以前は桑や桑畑を目にする機会が多かったのであるが、ごく最近はその機会がめっきり減った。それどころか、桑の葉を確保するのがむずかしくなった。

　桑は養蚕とむすびつくことで、特別の意味をもつことになった。桑は神聖な木、あるいはなにか不可思議なパワーが宿る木だと思われるようにもなった。

桑畑はパワースポットだと考えられてきて、雷が鳴ったときは、桑畑に入るとよいといわれたりした。昔はまじないで、くわばら、くわばらを唱えたものである。ちなみに、桑には三木露風（1889-1964）の「赤とんぼ」の童謡にあるように、濃い赤紫色の実（ムルベリー）がなり、そのままあるいはジャム等にして食べる。木質は固く家具などの用材に向いている。宋応星によると、樹皮も元の時代には紙幣として使われたという。さきにふれたように、中国の江南では蚕紙にもされていた。もっとも、これは同じクワ科の楮（こうぞ）のことかもしれない。楮は外見では桑に似ていない。和紙は楮からつくることが多い。

桑はクワ科の木で、多くの品種がある。欧米では桑について、ホワイト（*Morus alba*：アルバ）とブラック（*Morus nigra*：ニグラ）という区別をすることが多い。前者は中国南部から東南アジアが原産地だとされている。後者はコーカサス南部、現在のジョージアの黒海沿岸あたりが原産地だとされている（Silbermann, I, p. 168）。ホワイト系とブラック系のほかに、レッド系（*M. latifolia rubra*：ルブラ）、インド系（*M. indica*：インディカ）、トルコ系（*M. byzantica*：ビザンティカ）などもあるという。中国原産で近年ヨーロッパで改良したマルチカウリス（*multicaulis*）という品種もある（図表 I-4-1）。

中国では、大昔から桑にいくつもの品種があることが意識されていた。自生もしていたのであろう。北魏の賈思勰（かしきょう）（生没年不詳）の『斉民要術』（530～550頃）の第45章には、山桑、女桑、魯桑、荊桑などの品種が挙がっている。魯桑と荊桑の存在は日本でも知られていて、古い時代に、また明治・大正時代にも輸入されている。前者は葉が丸く広く厚く、後者は細めで、葉の切れ目がふかい。

日本でも養蚕が盛んになるにつれ、かいこ蛾の品種が増加したのと同様に、桑の品種も非常に多くなった。養蚕のコストの半分は桑代だという認識もあって（『日本蚕糸業史』IV、20ページ）、国外の桑も輸入し、品種改良がすすめられた結果であろう。明治以前は50品種ほどであったのが、1888年には196品種、1918年には876品種にもなっていたという（『日本蚕糸業史』IV、89-93ページ）。もっともその後、品種は次第に淘汰されていった。日本では、葉に切り込みのある桑（ねずみがえし）とない桑（丸葉）という区別がされることが多い（図表 I-4-2）。葉の切り込みは色々だし、1本の枝にいろんな形の葉がつくこともある。

図表 I -4-1　桑の葉の形状

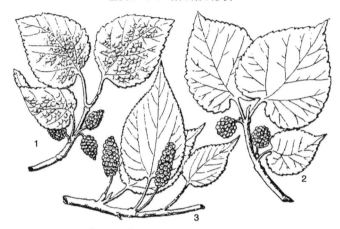

1.　ニグラ系の桑の葉
2.　イタリアの桑（レッド系）の葉
3.　中国原産でヨーロッパ改良の桑の葉（マルチカウリス）

（出所）Silbermann, I, p. 169.

図表 I -4-2　葉のかたち

(1) 丸葉　　　　　　　(2) ねずみがえし

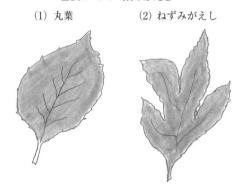

　桑の栽培は養蚕の一環であるから、歴史は非常に古い。中国では、神話でお馴みの禹帝が排水をして桑畑を開いたという（Zeuner、訳559ページ）。もっとも、最初は桑畑のかたちではなく、家や畑の周りに桑を植えていたともいう。「桑はどんな土地でもできる」（宋、訳42ページ）ので、養蚕が世界的に広がった、広がり得たのは、桑の非常に高い適応力もあってのことだろう。桑を増やすに

は、種を取り、蒔く仕方、小枝を挿木する方法がある。また、接木する方法もある。中国では荊桑に魯桑を接木するのがよいとされてきた。さらに、古い時代から、中国ではこんな仕方がおこなわれていた。取木法という。それはさきにふれた賈思勰の『斉民要術』にも記されているし、宋応星の『天工開物』(1637) にも出てくる。桑にわき枝が生えると、竹鉤を引っ掛けて段々と地面に近づけ、冬に土をかけて枝を押さえる。春にその枝に根が生えるから、切り離して他所に移植する（宋、訳43ページ）。日本の江戸時代の養蚕書、上垣守国 (1753-1808) の『養蚕秘録』(1803) にも、この方法の解説がある（図表I-5）。

　こう書くと、桑は手間のかからない木のようだが、必ずしもそうではない。桑畑の草取りをしたり、肥料を施したりしなければならない。枝が横に広がるように、枝払いをする必要もある。葉の収穫作業も大変である。葉だけ摘みとることもあるし、葉が付いたままの小枝を切り取ることもある。また葉を刻んでかいこに与えることも多い。

　樹齢何百年という桑もあるが、一般に桑の寿命は60年ほどだといわれている。20〜40年ほど経った木の葉が良いとされている。1本の桑から3年間で100〜125キログラムの葉が得られる。ヨーロッパでは、かつて1ヘクタール

図表I-5　取木法

（出所）上垣守国『養蚕秘録』上巻、74ページより引用。

の桑畑から1万キログラムの葉が採取できるといわれていた。いまは集約した植え方をする場合もある。

　摘み取って数日間の葉の成分は80％が水分だという。珪酸、酸化カルシウム、燐酸、燐酸マグネシウム、炭酸などもふくまれている。若い葉には燐酸、燐酸マグネシウムがより多くふくまれ、そうでない葉には珪酸が多い。かいこは燐酸、燐酸マグネシウムを摂取するので、その意味で若い葉の投与がよい。

　かいこの食物というと、条件反射的に、桑の葉を頭に浮べてしまうが、ヨーロッパ諸国では、桑の葉が十分確保できないとき、レタスやタンポポの葉を代わりに与えることもあったという（Rayner, p. 6）。とくにヨーロッパ北部では4、5月になっても寒く、桑の芽吹きが悪いという事態がおこる。そうした折の対応策だというが、良質の繭を得るには、やはり桑の葉で飼育しなければならない、という。

　なお、ヨーロッパでは、桑の葉のほかにバラ、刺草（いらくさ）、山査子（さんざし）、楡（にれ）の葉などをサプリメントとして与えることがある。これは科学的根拠があってそうするというよりも、経験知によるもののようである。近年は人工飼料が利用されている。人工飼料といっても、乾燥させた桑の葉を粉末にし、蛋白質、ビタミンなどを加えたもので、これが広くかいこに、とくに蟻蚕（ぎさん）のステージで投与されている。群馬県蚕糸技術センターが開発した「くわのはな」などがある。もっとも、かいこを人工飼料のみで育て、繭を得るというわけではない。やはり、桑の葉も与えている。

4　か　い　こ

　品種にもよるが一般に、孵化したばかりのかいこは身長が2、3ミリで、重さは0.00045グラムしかない。黒い毛が生えていて、黒い感じがするので、蟻蚕とよばれる。蟻に似ていると思われたのであろう。毛蚕（けご）とよぶ場合もある。この蟻蚕、毛蚕が1ケ月たらずで7、8センチメートル、体重も4グラムほどになり、やがて体が透明な感じになってきて繭をつくるのである。その間ひたすら桑の葉を食べる。

　孵化したばかりの蟻蚕を蚕座に移すことを掃立て（はきた）という。かいこを傷つけないように羽箒を使い、掃いて移す。掃立ての道具は正倉院御物の中にもあるか

ら、昔からそうしていたのであろう。稚蚕（ちさん）には、人工飼料を与える。それから刻んだ桑葉を供する。「はじめ蚕を育てるには桑葉を細切りにする」（宋、訳41ページ）。人工飼料がなかった時代は、最初から刻んだ桑葉を与えていた。皇居の紅葉山御養蚕所は今でもそうしているようである。かいこが大きくなると、桑の枝のまま、蚕座に置く。条桑育（じょうそういく）である。これは省力化にもなる。最後のステージになると、かいこは桑をよく食べる。このステージで1頭のかいこの重さは3グラムをこえ、桑の葉をたくさん食し、桑をはむ音が雨音のように聞えるといわれる。欧米では、かいこを「食べるマシン」（machine to eat）というが、とくにこのステージでは、そうした実感があるのだろう。たくさんかいこがいると、給桑するのに忙しいであろう。この間、4回脱皮し（眠をとり）、繭になるまでに5ステージがある。かいこには眠性がある。4眠性が一般的だが、3眠性のかいこもいる。各ステージを齢という。これは昔も今も、また東西を問わずそうである。孵化した蟻蚕ステージが1齢であり、最初の脱皮後が2齢、2回目の脱皮までが3齢、3回目の脱皮までが4齢、4回目の脱皮から繭になるまでが5齢である。各ステージごとに、温度、給桑量などが変わる。ジルバーマンはかいこの生長ステージを図表Ⅰ-6-1のように図式化している。各ステージの日数、かいこの身長と重さ、食べる桑の葉の量、温度、湿度が表示されている。

　日本には、春に孵化する春蚕と、秋に孵化する初秋蚕と晩秋蚕という3つのタイプが多い。図表Ⅰ-6-2は日本の春蚕飼育標準表である（埼玉県農林総合研究

図表Ⅰ-6-1　かいこの生長ステージ

	日数	身長 (mm)	重さ (g)	1日に食べる 桑の葉 (g)	温度 (℃)	湿度 (%)	面積※ (㎡)
Ⅰ	5	8	0.00675	0.104	19	75〜80	1.3
Ⅱ	5	18	0.0423	0.312	20	75	3
Ⅲ	6	28	0.1800	1.036	22	80	5
Ⅳ	8	45	0.7326	3.110	23	75〜80	12
Ⅴ	7	87	4.0000	18.72	21	—	25

※1オンス（28.35g）の孵化した蟻蚕が生長するのに適切な面積。
（出所）Silbermann, I, pp. 177, 178. の2つの図表より作成。

図表Ⅰ-6-2　春蚕飼育標準表

齢 （温度）	経過			メモ帳	主な作業	給桑			蚕座面積
	日順	齢中	自宅			時刻	給桑量（kg）		
							標準	自宅	
2齢	1	3			配蚕、座を拡げる。 石灰又は焼きぬか散布	17			3.0㎡ （1.5×2.0m）
3齢 25℃	2	1			（起蚕消毒100g）、網を入れて桑付ける。	18	条桑 2		3.0㎡ （1.5×2.0m）
	3	2			うらとり、座を拡げる。	7 18	3 5		4.5㎡ （1.5×3.0m）
	4	3			（蚕体消毒150g）。	7 18	7 8		
	5	4				7 18	8 6		
	6	5			とめ桑 座を拡げ、石灰又は焼ぬか散布	7 18	3 計42		7.5㎡ （1.5×5.0m）
4齢 23℃	7	1			（起蚕消毒400g）、網を入れて桑付ける。	7 18	6 10		7.5㎡
	8	2			うらとり	7 18	12 15		
	9	3				7 18	17 20		
	10	4			座を拡げる。（蚕体消毒500g）	7 18	24 24		10.8㎡ （1.5×7.2m）
	11	5				7 18	30 22		
	12	6			網を入れて、とめ桑	7	10		
	13	7			座を拡げ、石灰又は焼ぬか散布	7	計190		14.9㎡ （1.5×9.9m）
5齢 21℃	14	1			（起蚕消毒1.0kg）、桑付ける。	18	15		14.9㎡
	15	2				7 18	25 30		
	16	3			（蚕体消毒1.0kg）、網を入れる。	7 18	35 45		
	17	4			うらとり、座を拡げる。	7 18	50 60		18.9㎡ （1.5×12.6m）

温度	日	齢	作業	時刻	給桑量
	18	5		7	65
				18	70
	19	6		7	80
				18	90
	20	7	（蚕体消毒 1.3kg）	7	90
				18	100
	21	8	上蔟用ネットを入れる。	7	90
				18	100
	22	9		7	70
				18	75
	23	10		7	40
				18	40
	24	11	終熱	計 1,170	
				合計条桑量 1,402kg	
蔟中 22～24℃	24	1	上蔟　暖房機、送風機を使用		
	25	2	尿をとる。		
	26	3	尿をとる。うろつき蚕をとる。		
	27	4	吐糸終了、こも抜き		
	28～31	5～8			
	32	9	完全化蛹を確認する。		
	33	10	選繭、収繭		
	34	11	秤量、出荷		

繭　27,000 粒、収繭量 48kg。
(注) 2 齢からはじまるのは、1 齢はかいこが稚蚕共同飼育所で過ごすからである。うちとりとは蚕座から桑の枝や糞を取り除くことをいう。
(出所) 埼玉県蚕糸業協会・全農埼玉県本部（JA 全農さいたま）（監修：埼玉県農林総合研究センター）。

センター〔現埼玉農業技術研究センター〕が監修したもの）。この標準表では、各ステージの温度とともに、毎日の主な作業と、給桑の時刻と量、蚕座面積が示されている。また、かいこが大きくなるのに応じ、どのような作業がおこなわれるのかが示されている。総じて座とかいこをよく消毒すること、清潔にしておくこと、かいこに細心の注意を払うことが大切である。
　かいこ棚という言葉があるように、昔は蚕室に棚を設け、かいこを入れた籠

ないし笊を置いて飼育した。そうした絵が、養蚕・シルク関係の本にはよく載っていた。今は一般に台（蚕台）の上で飼う（蚕座）。養蚕には、東西を問わず、また今も昔も細心の気配りが不可欠であることが強調されている。ヨーロッパでも「かいこの飼育にはじつに細心の注意・世話が必要である」（Tambor, p. 30）、とされてきたし、中国でも古くから、飼育者は綿密このうえない注意が必要だとされてきた。かいこはきわめてデリケートな生き物なのである。宋応星はこう書いている。「かいこは香りや悪臭を恐れる。もし骨灰を焼いたり、便所をさらったりして、その匂いが風に吹かれてくると、多くのかいこがそれに犯されて死ぬ。壁を隔てて塩乾魚や古い脂肪をいためても、犯されて死ぬことがある。かまどで石炭をたいたり、火鉢で沈香や檀香をたいても、犯されて死ぬ。ものぐさな女が便器をゆり動かし、その悪臭が犯しても、またそこなわれる。風が吹くような時には、もっぱら西南風を避ける。西南の風が非常に強い時は箱全体のかいこがみな死ぬことがある。臭気がやってくると、急いで残っている桑の葉を焼き、その煙で防ぐのである」（訳42ページ）。

　杭州の中国国立絲綢博物館のパンフレットにも、かいこの飼育の場は清潔にしておくべきことが強調されている。煙、臭気、騒音は禁物だという。担当者は作業にあたって煙草を喫うなとか、にんにくを食べるな、といった注意が書かれている。養蚕管理の質（クオリティ：quality）が、引いてはシルクの品質に大きな作用を及ぼすからである。

　かいこが第Ⅴ、5齢の生長ステージになると、繭づくり、蛹への変態が近づく。桑の葉を食べなくなり、頭を持ち上げるようになり、体があめ色になってくると、それは繭づくり、蛹への変態がはじまるシグナルである。この段階でかいこは室内の蚕座から蔟に移される。このしごとが上蔟である。蔟は以前は藁で編んだものであったが、現在は回転蔟とよばれるものを使う。ボール紙でできていて繭がひとつ入る大きさのます目がある。ワンルーム・マンションのような感じである。

　かいこの体色は白色あるいは乳白色だと思いがちだが、黄色がかった、またグリーンに近い色合いのかいこもいる。ヨーロッパでは、体色でかいこを類別することも多い。ちなみに、最近は青、赤、紫などの人工着色を施すこともおこなわれている。かいこに対する関心を高めるためであろう。繭もそうした色

16

合いになる。

　かいこ蛾の幼虫は生長して蛹になるのであるが、モンシロチョウ、アゲハチョウなど身近な蝶類は蛹の保護のためのシェルター、カプセルはつくらないが（モンシロチョウには未発達の絹糸腺はあるものの、とても繭はつくれない）、かいこ蛾は蛹のカプセルをつくる。そのカプセルが繭である。蔟にはかいこが繭をつくりやすいよう仕掛けが用意されている。これは昔も今も変わらない。

　かいこは1分に1フィートぐらいのスピードで小さい穴から粘りのある液状のシルクを吐き出す。それは空気にふれると、固まるのである。繭（cocoon）は1本の1マイルをこえる細い細い糸（フィラメント：filament）から出来上がっている。タムボアは1本約3700メートルだという（Tambor, p. 53）。日本のひとつの繭から得られる糸の長さは、品種にもよるが、大体1500メートルほどだという。かいこ蛾がつくり出すのは長い長いせんいなのである（長せんい）。コットンも麻もウールもせんいは短い（ステイプル・ファイバー）。シルクはこの点でも特徴的である。もっとも、人工の再生せんいと合成せんいも長い。もちろん、ひとつの繭を構成しているこのフィラメントがすべて生糸になるわけではなく、使えるのは400〜600メートル、せいぜい900メートルほどだという。あとでふれるように、繭をつくり上げているフィラメントの外側にはセリシン（sericine）、あるいはゴム（gum）とよぶ水溶性の物質が覆いかぶさっていて、一般には、これを取り除かなければならない（精練）。加えて穴あき繭、薄皮繭、死ごもり繭、同功繭などの生糸として不良の繭も除去する必要があるからである。かくして、3000個余りの繭から1ポンドのシルクの布、100個あまりの繭から1本のネクタイ、900個から1枚のシャツ、1700個から1着のドレス、3000個からひとつの着物が出来るといわれている。

　かいこ蛾にはたくさんの品種がある。ひとつには、かいこ蛾は大昔から各地にいるから、品種ももともと多い。賈思勰の『斉民要術』に、当時（6世紀）の中国ですでに1化性や2化性のかいこ蛾、斑紋や体色のちがったかいこ蛾がいるとする記述がある。加えてかいこの品種が多いのは、品種改良のため、人為的に交配をおこなうからである。たとえば、昔から中国では春蚕の雄と夏蚕の雌を掛け合わせると、優良品種が得られるといわれていた。こうした交配は古くからおこなわれていた。しかし、人為的な交配が加速したのは、19世紀半

ばからであろう。

イタリア、フランス等のヨーロッパでは、19世紀半ばから、ペブリンが大流行し、養蚕・シルク産業が大きな打撃を受けた。疾病に強い、良質の繭をもたらすかいこ蛾を生み出す緊急の必要性が生まれた。メンデル（G. J. Mendel, 1822-84）の研究等を応用して、交配がこころみられた。ヨーロッパ産の品種同士、あるいはヨーロッパ産の品種と日本や中国などの品種のあいだでの交配がおこなわれ、従来の品種とそうした交配種とのパフォーマンスの比較がおこなわれた。そして、「交配品種は経験上、在来品種よりも繭の質量が勝っていた」（Silbermann, I, p. 212）。

日本でも江戸時代中頃から、蚕種業者などの手で在来品種間の交配がすすめられ、結果的に幕末には非常に多くの品種がいて、生糸の輸出に際し、品質の多様化・ばらつきを避けるため、品種、原種の統合化が大きな課題になるほどであった。加えて、明治になってから、優良な原種の確保のために原種研究所が設けられると、ヨーロッパ産、中国産の品種も輸入されるようになり、品種が増えた。1921年の調査では日本には958の品種がいた。交配種がどんどん増え、小石丸のような在来の品種は衰亡していった。

日本では一代雑種、1代かぎりの種類がパフォーマンスが高いとされている。Ａ×Ｂといったことである。Ａ、Ｂには概して古風な名前が付いている。2007〜08年において、もっとも飼育されているのは錦秋×鐘和であり（全体の33.6％）、つぎが錦秋1号×鐘和1号であり（24.8％）、3番目に多いのが、ぐんま×200である（16.7％）（シルクレポート、2008年7月号）。小石丸は新小石丸を加えても、2.4％にすぎない。ただ、どうしても小石丸のシルクでなければならないもの、何としてもそのシルクを使いたいというものもある。正倉院御物の螺鈿紫檀五絃琵琶を復元する際、その絃に小石丸のものが使われた。

5　シルクはいかにしてできるか

シルクはかいこの体内でつくられる。かいこ蛾と同類の蛾の幼虫以外に、人間もふくめてシルクとよぶ物質をつくり出せる存在はない。人間は19世紀から、シルクをつくり出そうと努力して、フランス人の伯爵シャルドネ（H. Chardonnet, 1839-1924）が人造絹糸、人絹（artificial silk）を工業化した。それは後

にレーヨン（rayon）ともよばれるようになった。木材、パルプ等を溶かしてせんい状にしたもので、再生せんいとよばれる。しかし、人絹はかいこがつくり出すシルクにとても及ばない。少なくとも初期の人絹は、粗悪品の代名詞にもなったほどである。シルクのあの優美で光沢がある、肌ざわりのよいせんいは人工せんいでは生み出すことができない。それに、今は死語になっているかもしれないが、衣擦（きぬずれ）の微かな音を、昔の人びとは生活の中で賞でる気持ちがあった。これは多分にシルクの衣の擦り合う音で何とも心地良いものだった。人絹はもちろん、ウールやコットンの衣でも、こうはいかない。ヨーロッパの人びとにも同じ感性があって、ロイヤル・サウンドということばがある。ただ、後段の章で取り上げるが、20世紀に入ってポリエステル、ナイロン、アクリルなどの合成せんいの中での自然せんいのウエート、とくにシルクのそれは大きく落ちた。たしかに、シルクは大量生産の合成せんいに比し、コスト・パフォーマンスの点で太刀打ちできないでいる。またせんい特性の強度などでは、ス

トッキングが良い例だが、シルクはナイロンに劣る。けれども、なおシルクでなければならない品、人びとがそう思うものは多くある。

　かいこはどのようにして、シルクをつくり出すのか。かいこの体内にあるシルク工場はいかなる構造になっていて、シルクが生み出されるのか。これはかいこについての解剖学的問題になる。図表 I -7-(1)はかいこの断面図である。3つの主要器官が示されている。血管と腸と絹糸腺の3つである。呼吸器官としての血管は背のすぐ下にある。脈搏

図表 I -7　かいこの構造

(1) かいこの断面図

1. 血管
2. 腸
3. 絹糸腺

（出所）Silbermann, I, p. 183.

(2) 絹糸腺の構造

1. シルクをつくり出す部分
2. 集め、蓄えている部分
3. 排出する部分
4. 排出孔

（出所）Silbermann, I, p. 184.

は通常は1分間に40〜50回だが、気温によって変わる。消化器官の腸があり、大きな容積を占めている。たくさん桑の葉を食べるわけである。

　腸の下方の両側に絹糸腺が走っている。いうまでもなく、シルクはここでつくり出される。絹糸腺については、19世紀からヨーロッパで研究が進んだ。そうした研究によると、絹糸腺は4つの部分からなる。シルクをつくり出す部分（1.）と、集め蓄えている部分（2.）と、排出する部分（3.）と、排出孔（4.）である。絹糸腺の形状はかいこの品種により少しのちがいがあるようであるが、大体において、図表Ⅰ-7-(2)のようになっている（Silbermann, I, p. 184）。

　シルクをつくり出す部分（1.）は平均的には14、15センチメートルの長さで、太さは直径1ミリぐらい、図表のようにくねくね曲がっている。そして、シルクを集め蓄える部分（2.）につながっているが、はっきりした境目はない。2.の長さは6〜7センチメートルだが、直径は2.5〜3ミリメートルくらいある。さいごの分泌の部分は5センチメートルほどで、0.3〜0.4ミリメートルの太さの菅である。

　かいこが繭づくり（ココン・スピニング）のため絹糸腺から出す液体は、全部が全部、人間が欲しいシルクではない。このシルクの構成部分はフィブロイン（fibroin）とよばれている。もちろん、フィブロインが液体の大部分を占めているのであるが、さきにふれたセリシン（sericin）、ゴムも約2割強ふくまれている。このゴムは一般的には取り除かなければならない（デゴムイング：degumming）。精練という。フィブロインは水溶性でないが、セリシン、ゴムは水溶性である。ただ、セリシンをつねに取り除くとはかぎらない。滋賀県湖北（木之本町等）では、シルクの糸を撚り合わせて邦楽器の三味線の糸をつくっているが、セリシンを除かないほうが、良質で艶のある糸ができるというのである。

　かいこの繭づくりでは、排出孔を8の字型にふりながら、粘りのある液体を出していく。液体が空気にふれると、固まりはじめる。粘り気があるので、お互いにくっつき合い繭ができる。ひとつのかいこがひとつの繭をつくるのであるが、「2頭ないしそれ以上のかいこが共同でひとつの繭をつくるのも珍しいことではない」（Silbermann, I, p. 343）。日本では同功繭あるいは玉繭という。この繭は糸がほぐれにくい。かいこの品種によって、同功繭が生まれる確率は異

なる。

6 シルク産業

ここでは、シルク産業（silk industry）という表現をしている。シルク産業とはなにか、少し説明しておきたい。日本では従来、本書巻末の邦文文献リストが示しているように、絹業という表現もあったが、蚕糸業という言い方が普遍化していた。ただ、欧米では巻末の洋文献リストからわかるが、昔からシルク産業という表現がひろく用いられていて、彼我のあいだにギャップがあった。蚕糸業はシルク産業と同じだとする理解の仕方もあるが、蚕糸という字面からすると、シルク産業の一部である蚕糸と製糸をあらわすコンセプトだと受け取られてしまう可能性が少なくない。日本は幕末から 20 世紀半ば過ぎまで養蚕が非常に盛んであって、蚕糸業のウエートが大きかったし、生糸の輸出比率も高かったから、蚕糸業という用語法には妥当性があった。しかし、その期間でも国内には、その生糸に拠る、川下の生地、織物、アパレルなどの業種は多々あったわけであるから、川上から川下にかけてのシルクを軸にしたシルク産業というコンセプトがあって然るべきであった。なお、シルク産業というとき、これに養蚕をふくめない場合もある。たとえば、さきにふれたタムボア（H. Tambor）の著書（1929）はイタリアの「養蚕とシルク産業」という表現になっている。だが、シルクの品質は大いに、養蚕の良し悪しにかかっている。産業クラスターの考え方に立つと、養蚕とシルク産業は本来は密接不可分の関係にある。

最近、産業クラスター（industrial cluster）という表現がよく使われる。クラスターとはひとつのかたまりのことをいう。それはある地域に立地した、特定分野での共通性（commonalities）と補完性（complementarities）でむすびついた企業をはじめ様々な組織の集合の状況のことである（Porter、訳217ページ以下）。この特定分野をシルクとすると、ある地域とはたとえば日本では西陣、足利・桐生、京丹後など、フランスだとリヨン、サンテチェンヌ、中国だと杭州、蘇州、嘉興などに、全部ではないが、シルク関連の企業や関連組織が集まって立地している。共通性とはむろんシルクづくりに携わっていることであり、補完性とは川上・川下の関係でいうと、製糸と生地と織物といった分業関係である。

しかし、もっと様々な共通性ととくに補完性がある。補完性の関係というより支援関係というべきかもしれない。人材育成、研究開発、資金提供、特権の付与などなど。

　さらに重要なのは、シルク産業クラスターは他の産業クラスターと同様に、そのときどき、新しく開けた分野の組織や人材とむすびつくことで、つまり新しい要素をその産業クラスターに組み入れることで発展したという事実である。あとの章でふれるが、たとえば19世紀には実証的生物学研究機関、機械工業組織や人材とむすびついて、また20世紀後半のイタリアではデザイン・ファッション関連の組織や人材を組み込み、それらを活用することで、シルク産業クラスターは存続し、発展することができた。時代のニーズに応じ産業クラスターの構成要素を柔軟に変えることが大切である。

　産業クラスターでは、それを形成している企業をはじめとする組織間で競い合う。そのこともむろん大切だが、組織間での協調、コラボレーションも重要である。このコラボレーションも産業クラスターの存続と発展にとって不可欠の要素である。シルク産業クラスターをふくめて、歴史上、存続・発展した産業クラスターはすべて内部の競い合いとコラボレーションのバランスをとってきた。

　もうひとつの点を指摘しておきたい。自明のことだが、川上の業種は川下のそれがあってこそ成り立つ。むろん、その逆もまた真であるが、近年は「マーケット・プル」(market pull) というか、川下があってこそ、さらに堅調な最終消費があってこそ、産業、業種の発展があるとする考え方が、より強調されるようになっている。実際そうであろう。そして、川上の諸活動は堅調な最終消費が存続し、さらに拡がるように、コラボレーションを通じ、それぞれの立ち位置において寄与をしなければならない。これが価値連鎖（バリュー・チェーン：value chain）の問題である。

　シルク産業には様々な業種がふくまれているが、ここでは主要な業種だけを取り上げる。すなわち、養蚕、製糸・スロウイング、絹糸紡績、織物、アパレルについて、それぞれ簡単に説明する。

(1) 養　　蚕

　もともと、カイコガ上科の蛾の幼虫は自然の中で、野生の山桑などの葉を食べ、体内でシルクをつくり出し、それで繭をつくり、その中で蛹になり、成虫になって交尾し、卵を生み、それが孵化して幼虫になるというサイクルをくり返していた。くわこは今もそうである。それが太古のある日、人間と交叉することで、その欲求充足の手段として人間がつくり上げた養蚕とシルク産業のシステムの中にとり込まれてしまうことになった。人間の産業のシステムにとり込まれたことを蛾のほうがどう思っているかわからない。かりに蛾がなにか思っているとしても、蛾の思いなどには全くお構いなしに、人間はどんどんシステム構築をすすめていった。

　当初は野生の繭を採取するという仕方があったと思われる。『天工開物』に「野蚕は自然に繭をつくる」という表現がある（宋、訳41ページ）。山野に自生する山桑の木と周辺には、野生のかいこ蛾の繭があり、あるいはくぬぎ、櫟（ぶな）などとその周りにはやままゆ蛾の繭があって、人びとは繭をさがし、採取していた。しかし、山野では幼虫が病気に罹るリスクは大きいし、鳥や蜂といった天敵もいる。そうした状況の中でできる繭、それから得る生糸は、上等のものではなかったであろう。効率の悪さを克服し、より良い繭、生糸を得るためのシステムづくりが営々とおこなわれてきた。おそらく中国で最初に、今日の養蚕・シルクづくりにつながるシステムができた。つまり、桑を植え、屋内でかいこを用心深く飼育して繭を得、それから糸を紡ぎ、糸を色々と加工し、あるいは染めて布などを織るという家蚕のシルクの方式である。

　まず、養蚕（セリカルチュア：sericulture）であるが、それは伝統的な古典的なモデルでいうと、桑の栽培とかいこの飼育と繭の収穫・出荷である。養蚕は非常に長く農村でおこなわれ、農業部門の問題、あるいは農業の副次部門のそれだと考えられてきた。養蚕農家ということばもある。イタリアでは、農閑期に養蚕のしごとをするという意識があった。また養蚕は主として女性のしごとだとする考えもつよかった。

　ちなみに、養蚕農家では繭を出荷する場合と、繭から糸を紡ぎ、つまり一次的な製糸をおこなって（原糸を紡ぎ）、自家用にしたりその糸を出荷したりするケースがある。繭の値段よりも、手間をかけるのであるから、糸状の価格のほ

うが当然にたかいわけであるので、後者で出荷したほうが得である。映画やテレビで、農家の女性が湯をはった鍋（ベイジン：basin）の中に繭を入れ、ほぐした糸を糸車で巻き取っていく座繰りシーンが放映されることがある。

(2) 製糸・スロウイング

　繭を買い集めて、専門的に糸を紡ぐ、生糸とよばれる段階までの製糸をすることも多い。いくつかの繭から同時に糸を引いてそれらをまとめて、1本の原糸、生糸にすることを繰糸という。蚕糸業である。農家で糸を紡ぐのではなく、専業である。といっても、家族従業者だけで、小規模に製糸をおこなう場合がほとんどであった。糸紡ぎは前述の農家のやり方と基本的に同じ座繰りである。こうした家内工業的な製糸が長い間続いた。ただ、ヨーロッパでは19世紀中頃から、水車やスチームを使っての、のちには電動の、つまり動力による器械式製糸（フィラチュア：filature）がはじまった。これは産業革命を契機としてはじまった、工場制システムによる製糸である。フィラチュアは間もなくアジアでもイギリスの支配下にあったインド（ブリティッシュ・インド）のベンガルやカシミールでも、また当時フランス保護領だった安南、今のベトナムでも設けられるようになり、さらに中国の広州近辺や上海で普及するようになる。日本では富岡製糸場などが設けられた。フィラチュアとは、器械式製糸のこと、あるいはその産物たる生糸のことをいう。手動繰糸の生糸よりも、フィラチュアは品質の均一性の点でも、品質そのものについても手動のものに優っていたといわれている。もっとも、工芸品的なつくり方の場合は、座繰りが選好されることも少なくなかったし、現在もそうである。

　フィラチュアのプロセスは以下のようなものであろう。農家から繭を受け（荷受）、それを分類・評価し、等級付けをする。フィラチュアでの繭の取扱いも大切である。生糸の性状は繭によって左右されるからである。とりわけ繭の保管が重要である。保管にあたっては中の蛹を殺生する。蛹が蛾になって繭を破って出てくるまでに、その処理をしなければならない。古い時代には天日干しにする方法がとられていたというが、いまは一定の温度・時間で繭を加熱する、蒸気を通す、ガスを用いるなどの方法がとられている（Silbermann, I, pp. 349, 350）。そして繭を乾燥させ（乾繭）、保管する。フィラチュアには乾燥・保

管のためのそれぞれに工夫をこらした繭倉庫があった。口絵10は1905年に建てられた常田館製糸場（現在の長野県上田市）の５階土蔵づくりの繭倉庫で、国指定の重要文化財になっているものである。

　そして、いよいよフィラチュアの本番になる。繰糸機の真中にあるベイジン（釜、鍋）に繭を入れて煮る。ほぐれやすくなった繭から糸をたぐり出し、枠に巻く。さきにふれた繰糸である。最初はベイジンの中の繭から２条の糸を引き出していたが、４条になり、12条になり（多条機）、多条化していく。そして20世紀後半には、自動繰糸機が投入され、ひとの作業は繰糸全体の管理、調整、枠の取り替え、トラブルの対処に限定されるようになり、大きな省力化となった。枠に巻き取った生糸は、綛のかたちにする。一定の重量、長さ、幅になるように揚返しをして、綛をつくる。できた綛をねじり、一定数の綛を束にし、箱詰めにする。

　生糸には細いものもあれば、太い糸もある。この太さをデニール（(d) 繊度）であらわす。１デニールは450メートルの長さで0.05グラムの重さの糸である。人絹といった再生せんいとナイロン、ポリエステルなどの合成せんいの太さもデニールで表示するが、コットン、ウールなどの紡績糸は番手であらわす。双方を統合するのがテックス（tex）という単位であって、１テックスは1000メートルで１グラムの糸である。国際標準化機構（International Organization for Standardization：ISO）ではテックスが使用されている。

　製糸に関連してシルク・スロウイング（silk throwing）という表現がある。それは「生糸をたて糸かよこ糸として織れる状態にするための一連のしごと」（Rayner, p. 22）のことである。これらのしごとの産物としてのスロウン・シルクができる。スロウン・シルクには様々な種類のものがある。たとえば、たて糸やよこ糸に使う１より糸、トラム（よこ糸用の片撚り糸）、オーガンジン（たて糸用の撚り糸）、衣服の仕立て用の糸（シルク・ソーイング）など。１本の糸を編んでつくるニット（knit）とはちがい、織物はたて糸（warp）とよこ糸（weft）のマトリックスである（織物組織）。シルクの織物組織それじたいとしては一般に、たて糸がより重要であって、よこ糸よりも良質のものでなければならないといわれる。なにか、たての階層（ハイアラーキ）を重んじる人間組織に似ているようである。

こうした糸を紡ぐには、生糸の束を巻機にかけやすくするため、小束（スリップ）に分ける作業をしなければならない。そのための専用機械がある。小束に分ける際、生糸の質の吟味もする。そして、石けんと熱湯でスリップを洗滌する。洗滌のあとが乾燥である。昔は手でしぼったり、天日に干したりしていたが、今日ではしぼり機にかけ、乾燥室に置く。そのあと糸を機械で巻き取る。

　染色するのもスロウイングである（Rayner, p. 25）。大昔から糸や布の染色にじつに多様な天然染料が使われ、昔も人びとの衣料は色彩豊かであった。シルクの糸にも、羊毛、麻などの染色に使われるのと同じ素材が、多少の調整をして、用いられていたことが多かった。シルクに固有の染料と思われがちだが、パープルもシルクの出現前には羊毛などの染料であった。次章でのべるが、『天工開物』をみると、多種多様な草木が染めに活用されていて、人びとの生活を色彩豊かなものにしていたことがわかる。群馬県の高崎市染料植物園では、実物の様々な草木染めの植物をみることができる。鉱物系の染料もある。19世紀半ばからは、ヨーロッパにおいて、化学染料の開発が活発になった。おそらく最初に、インディゴ（インド藍）の代替染料としてアニリンが開発された。欧米では1910年頃には、インディゴはほとんどアニリンにとって代わられたのではないか。せんいは化学せんいのウエートが68％（2013年）だが、染料は化学染料が90％をこえており、いまや化学染料中心になっている。

　シルク・スロウイングを、西陣織の産業クラスターを例にとって具体的に説明する。シルク・スロウイングは西陣で「原料準備工程」とよばれていて、そうした工程の専業業者がいる。この工程で撚糸、精練、糸繰、たて糸・よこ糸の区分などがおこなわれている。細い原糸を何本か合わせて糸を太くしたり、特別な撚りかけをするのが撚糸である。撚糸をするようになったのは、比較的あとの時代からだといわれているが（日本では室町時代）、このことにより織物が多様化し、また風合も出るという。西陣でも糸染めがおこなわれている。西陣は先染めの典型的産地であろう。生糸はじつに多様な色調に染め上げられる。糸繰りでは、綛の状態になっている生糸を、糸枠に巻き取る。糸枠に巻き取っておくと、整経や緯巻の際、作業が捗る。整経では、織物のため必要な長さと本数のたて糸を準備する。西陣の場合、非常に多くのたて糸を使うという（3000～8000本）。

(3) 絹糸紡績—屑シルクの紡績

　日本には屑繭という言い方がある。生糸にならない不良の繭のことであって、穴が空いたり、変色したりしている繭、あるいは中の蛹が死んで腐っている繭からは良い生糸が得られない。しかし、上繭とよぶ良い繭であっても、かいこが最初に吐き出した糸、つまり繭の外側の部分の糸（クヌーブ）など、それからゴムの部分は、フィラメントにはならない。英語で屑シルク（シルク・ウエスト：silk waste）というのは、「かいこの繭から得た糸の中で、スロウイング・プロセスでリールされずに、取り除かれた部分」（Rayner, p. xv）のことで、上記の屑繭から取る糸はもちろん、かいこが最初に吐き出した糸、繭の外側の部分の糸をふくむ。さらに、スロウイングの加工段階で出る糸屑なども、屑シルクに入る。かいこが紡いだ糸のうちの半分以上が屑シルクになるという（Rayner, p. 36）。したがって、蚕糸業が盛んになると、屑シルクも多くなる。

　屑というと、ふつうは価値のないもの、不用物だと受け取られてしまうが、屑シルクはそうではない。昔から真綿、フロス（floss）は屑シルクでつくっていた。シルクのホームスパン（homespun）もそうであるし、日本の紬も屑シルクを紡いだ布である。紡いだものを副絹糸ともいう。屑シルクは取引、国際取引の対象でもある。欧米では、イギリス、スイス、フランス等において19世紀後半から、日本屑、中国屑・上海屑、インド屑などの言い方で屑シルクを輸入していて、絹糸紡績産業（シルクウエスト・スピニング・インダストリィ）が発達していた。もはや屑とは呼べない。「原始時代に未だ製糸の術開けざる間は蚕繭から糸を採るには手づから無造作に蚕糸を引き出したるものであるが、一旦製糸術が開けてからかかる迂遠の方法は廃れた。只蚕糸業上其の副産物や廃棄物に頻したる屑物を紡績機に由って華麗なる繊維と工化することは寔に近代の新興事業である」（『日本蚕糸業史』Ⅱ、192ページ）。大久保利通（1830-78）がヨーロッパに赴いたとき、イギリスで屑シルクの織物の美しさに驚嘆し、さらにその屑シルクが日本から輸入されたものだと告げられ、さらにびっくりしたというエピソードもある。絹糸紡績つまり屑シルク紡績産業については、第Ⅵ章のイギリスのところで取り上げる。ちなみに、ここでいう紡績とは、大ざっぱにいうと、コットン、麻、ウールなどの短せんい、ステイプル・ファイバーから糸をつくることで、短せんいの塊をほぐして、篠とよばれるせんい束をつくり、

揃え、それを引き伸ばし、撚りをかけて糸をつくることである。産業としては綿紡績が代表格である。シルクは長せんいであるが、屑シルクはそれを短く切断して、つまり短せんいにして、紡績をする。シルク紡績であり、紡績機械を使う。紡績機械を使うという点で、シルク産業の中では特異性があり、綿紡績などと共通項をもつ。この点についても、第Ⅵ章でふれる。ちなみに、長野県上田市には、日本で唯一つの「絹糸紡績資料館」があり、絹紡糸をつくる切綿機、円型機などが展示されている。

（4）機織、織物

機織（はたおり）も当初は、それぞれの家（うち）の中で、女性が自家用の衣服をつくっていたのではないか。神話ではシルクの機織は東西を問わず宮廷で后や王女たちのしごとになっていた。

　錦、綾、羅などの上等のシルクを身にまとえるのは、身分の高い人びと、あるいは上層の官人に限られていた。この延長線上において、そうした人びとのためのシルクの礼服・朝服・官服や内外の権力者・功労者への贈物用のシルク製品をつくる官営の織物工房ができる。少なくとも中国では漢王朝から清王朝まで帝室織物工房があった。織物の水準は、すでに漢の時代に非常に高かったことは、長沙馬王堆漢墓（ちょうさまおうたいかんぼ）からの出土品が物語っている。日本では奈良時代に、中国の帝室織物工房をまねて、「大宝令」（701年）により官営の織部司が設けられた。正倉院御物には、唐からの渡来品か国産かは不明だが、錦がふくまれている。『日本書紀』（720）の記述には、錦、綾などの高度のスキルを要するシルクの織物がみられる。

　しかし、シルク製品は、少なくとも日本では古い時代から、貴人の専有物ではなかった。ジルバーマンが指摘しているところであるが、「ローマとビザンツの支配者は宮廷を豪華にするために養蚕とシルク産業を取り入れようとしたが、日本の天皇は、人びとの、とりわけ農民の生活を豊かにするべく、これを導入しようとした。……」（Silbermann, I, p. 47）。農民は調として差し出すには質が良くない生糸、繭や屑シルクを使って、繊、施、綿（まわた）（真綿）を自家製造し、自ら身に付けていたと思われる。なお、本書でいう綿とは木綿、コットンではなく、真綿、フロスのことである。繊、施、綿はデニールの太い、上等ではな

いシルク製品だった。また、第Ⅷ章でふれるが、『続日本紀』(797) によると、元明天皇は 714 年に勅を発して、一般の人びとも最低限のシルクの糸、綿、布をもつべきだとした。その少し前の 680 年には天武天皇は貧しい人びとに生糸、シルクの布を無償交付した。高齢者についても、そうしたことがあった。こうしてシルク製品は一般の人びとの間に少しずつ広まっていったと考えられ、月に何回か立つ市で、物々交換の対象になったかもしれない。

　中国では唐の時代には、すでに大勢の人びとがシルクの衣服を仕立て、身に付け、シルクが売買の対象になっていたことが、円仁 (794-864) の『入唐求法巡礼行記』から読み取ることができる。たとえば、異文呉綾、単糸呉綾といった江南の地で織られた綾織のシルクが人気があったという。こうした地域ブランドがあった。おそらく民間のシルク織物工房もあったにちがいない。

　中東では、ムスリム（イスラム教徒）のアッバース朝やモンゴル系のイル汗国の時代にかけて、ダマスカス、バグダッド、モスル、ヤズドその他の都市はそれぞれに特徴あるシルクの織物工房があることで知られていた。つぎの章でふれるが、ダマスカスのダマス織、バグダッドのナシチ、ナック、クラモイシイ、モスルのシルクのモスリン、ヤズドのヤスティなど。これらの地域を旅したマルコ・ポーロ (Marco Polo, 1254-1324) によると、シルクの織物に関し、手工業者と商人が活躍していたという。ビザンツ (395 ～ 1453) ではコンスタンティノープル、アテネ、コリンズ、テーベなどがシルクの織物の産地として知られていた。ただ、シルクの織物は厳重な国家管理下にあった。

　ヨーロッパでシルク織物工房、あるいはその集積の存在が知られるようになるのは、比較的あとのことであって、13 世紀から、イタリアのルッカが「シルクの織物の主産地」(Tambor, p. 2) として有名になったし、フランスのリヨンやツールはもっとあとである。日本では民間の織物工房はおそらく鎌倉時代から、京都の大舎人のシルク製品が知られるようになっていた。その後、中国では杭州、蘇州、湖州、嘉興など、日本では京都のほか、足利、桐生、京丹後など、ヨーロッパではルッカのほか、イタリアのミラノやコモ等、フランスのサンテチェンヌ、さらに時代が下ると、スイスのチューリッヒ、バーゼルなど、ドイツのクレーフェルトなど、イギリスのスピタルフィールズ、ノリッジなどがシルクの織物の産地として登場した。アメリカのパターソンがシルクの織物

で知られるようになるのは、19 世紀になってからである。

　ただ、少なくとも 18 世紀まではシルクの織物業者は製糸・スロウイングの業者と同様、大部分は自主的な作り手というよりは、シルク商人から注文をもらい、生糸を提供されて機織をし、製品をその商人に納めるといった、いわゆる製造問屋に従属するような業者だった。織機（ルーム：loom）の保有台数も制約されていて、ごく小規模なものであった。商人は特権的な排他的なギルドをつくっていた。シルク産業は儲けも大きかったようで、シルク商人を潤し、また国家財政にも寄与した。

　だが、17 世紀になると、フランス、イギリスなどでは、商人と織物の親方・職人との対立が生じ、手工業者もギルドをつくって、商人と対抗するようになる。さらに、産業化がすすみ、シルク織物業が発展する 19 世紀には、織工が増え、業者と織工との対立も生じ、争議もおこる。綿紡績とともにシルク産業において、まずは近代的労使関係が形づくられていったのではないか。

　19 世紀はまた、シルク産業にとって、決定的な時期であった。養蚕が拡がり、生糸の国際取引が盛んになった。すでにふれたような製糸、撚糸の機械化がすすんだ。シルク織物では、フランスで 1807 年に J. M. ジャカール（J. M. Jacquard, 1752-1834）によってジャカード織機が発明され、織工程での省力化がすすみ、またより複雑で精巧な織を可能にした。ジャカード織機はいっそうの改良が加えられてフランスのほか、欧米諸国でも普及し、中国や日本でも使われるようになった。欧米のこの機械は金属製だが、驚いたことに、日本では 1877 年に、荒木小平（生没年不詳）が木製のジャカード織機をつくり上げた。京都の西陣織会館には、この木製の機械が展示されている。ジャカード織機は第 V 章であらためて取り上げる。一方において、製糸の場合と同様に、織物でも、動力による機械、力織機が使われるようになる。工場システムによる量産のはじまりである。もっとも、手織、綴機などが排除されてしまうわけではなく、高級品、伝統工芸品、創作織物などでは、そうした織機がいぜん使われていた。

　19 世紀には、染色にも大きな変化があった。フランス、ドイツ等においてアニリンなどの人工染料の開発がおこなわれた。バディシュ・アニリン・ソーダ・ファブリークの設立は 1865 年のことである。人工染料の品質が向上して

いく中で、コスト、安定供給といった点から、伝統的な自然染料は次第に人工染料にとって代わられるようになる。ちなみに、19世紀には、シルクに代わる再生せんいの開発も開始されていて、さきにふれたように、シャルドネの人絹の工業化は1892年のことであった。だが、人絹は20世紀において改良を重ね、生産量も増えたが、衣料では中々シルクの品質には追いつけず、シルクにとって代わることができなかった。けれども、20世紀になって、合成せんいであるナイロン、ポリエステル、アクリルなどの石油、石炭からつくる合成せんいが続々開発されるようになって、事情は一変した。それぞれは優れたせんい特性をもっていて、コットン、ウール、麻、シルクなどの伝統的な天然せんいと競争できた。それどころか、合成せんいには装置産業としてのコスト・パフォーマンス上の強みがあって、労働集約的につくられるシルクに対し、競争優位に立つことができた。シルクには厳しい状況になったのである。

　19世紀からのいまひとつの大きな変化はせんい産業の最終段階でおこった。ここでいうせんい産業の最終段階とは従来はシルク、コットン、麻、ウールなどのせんいを加工して、織物にし、それを販売する事業活動のことだったのが、このあとに、もうひとつ大きな事業分野が開けた。織物を「せんい一次製品」とよぶなら、「せんい二次製品」をつくり出す分野、アパレル産業が大きくなった。

(5) オートクチュール、プレタポルテ、アパレル

　アパレル産業は仕立屋あるいはドレスメーカーが大きく変身したのではないか。以前は生地を仕入れ、検反し、客の注文に応じて裁断し、縫製をしていた。いわば個別注文生産である。そして、仕立てはスキルを要する手作業によるので、時間もかかるし、コストも高くなる。古くから、宮廷の人びとや富裕層などの限られた人びとは、それぞれが仕立てさせた衣服を身に纏っていたわけだが、19世紀になり、産業化により豊かな人びとが増える中で、メゾン（店）を開設し、オートクチュール（haute couture：注文高級服）で商売をするビジネス・モデルがあらわれる。1859年にイギリス人のウォルトがパリでそうしたメゾンをオープンしたのがはじまりだという。一方で、下着、靴下、リボンなどは一般にオーダーではなく、見込生産がおこなわれていた。20世紀になると、

プレタポルテ（prêt-à-porter：高級既製服）で勝負しようというデザイナー、事業主が登場する。パリだけでなく、イタリアのフィレンツェ、ミラノにもプレタポルテの有名店が続出する。個々人の注文に応じ服をつくるよりも、市場リスクはあるものの、ファッション、モードを読み、自らの創意を生かして一定量の既製服をつくるほうが、利益は大きいし、張り合いもある（チャレンジング）と感じるのではないか。やがて高級品でなく、もっと大勢の人びとをターゲットにして、並の既製服をどんどんつくる事業も拡大し、市場での見込みで服をつくることが一般化する。アパレル（apparel）（フランス語でアパレーユ：appareil）は服一式のことである。既製服メーカーの誕生であり、アパレルの誕生である。ただ、和服の場合はアパレルとはいわない。見込みで量産をするので、市場の予測・分析、マーチャンダイジング（merchandising：商品化）、企画・計画、デザイン化を慎重にすすめて型紙（パターン）をつくらなければならない。小さくないロットで裁断し、縫製する。たしかに、誂える場合よりも単価はうんと安くなる。ただ、事業としては、客の好みが非常に多様化し、多様な服を量産するので、売れ残りのリスクは高くなり、値段を安く設定できるとはかぎらない。アパレルは肥大化する消費社会のひとつのシンボルである。

　アパレルの素材、生地はシルクとはかぎらない。シルクはむしろ非常にマイナーである。ポリエステル、アクリル、合成せんい、コットンが圧倒的なウエートをもつ。生地も混紡であり、こちらも全体としてシルクの糸が入ることは少ない。今日、アパレルは巨大産業になり、アパレルをキー・コンセプトにした製販にまたがった産業クラスターが形成されていて、素材ベースのシルク産業、綿業などを凌駕し、それらを切り取って、包摂するほどになっている。シルク産業にとって決定的なのは、このアパレル産業と縁がうすいことである。本来なら、シルク産業クラスターとしてアパレルが位置付けられて然るべきだったかもしれない。

　シルク産業とせんい産業との関係についてもふれておきたい。せんい産業はシルク産業もアパレルも包み込むような、広いジャンルであって、今日、じつに複雑な様相になっている。ガラスせんい、炭素せんい、金属せんい、セラミックせんいなどもある。その複雑さは日本の総務省統計局の「日本標準産業分類」をみると、よくわかるが、ここでは説明を加えない。ITC（International

Trade Center）のせんい産業（テキスタイル・インダストリーズ）の定義を引くと、「せんいとはもともと、織られた織物のことだが、今日ではこの用語は、天然ならびに人工のせんい、フィラメント、紡ぎ糸ならびにそれらを主たる素材とするほとんどの製品を指すにも使われる」（ITC, p. 1）。

　このせんい産業の中で、長い間シルク産業のウエートは確固たるものであったが、20世紀後半になって、急激にウエートを下げた。シルクとシルク産業はこのまま衰微してしまうのだろうか。

第Ⅱ章

養蚕、シルク産業のはじまり
─中国の場合─

1 嫘 祖

養蚕は英語でいうと、すでにふれたようにセリカルチュア（sericulture）である。セリ（seri）には語源があって、紀元前後の東地中海沿岸からローマにかけて、使われていたセリカム（Sericum）、セリカ（Serica）、セレス（Seres）に由来するといわれる。いずれも、シルクを意味するとともに、中国ないし中国人

図表Ⅱ-1　中国の地図

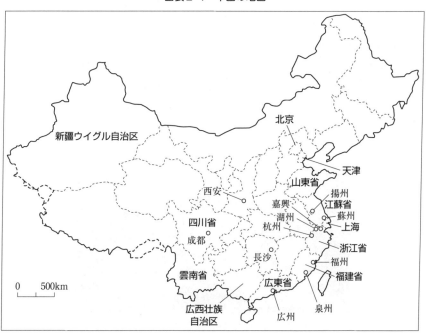

を指していた（Rawlley, p. 7）。これらの地域の人びとはシルクが、位置は定かではないが、はるかに遠い遠い国の中国から伝わったことを知っていた。中国はシルクと同置されていたのである。ここで中国の養蚕、シルクの染織がらみの地図をあげておく（図表Ⅱ-1）。

　中国の養蚕の歴史は非常に古く、多くの文献によると、大ざっぱだが、紀元前2000〜3000年のあいだにはじまったとされている。中国の浙江省杭州にある中国国立絲綢博物館（China National Silk Museum）（口絵2）のパンフレットでは、いまから5000年ほどまえに養蚕、糸紡ぎ、機織が中国ではじまったと説明している。中国でも、この時期は神話の世界のことであって、黄帝とその后や、夏の禹帝が登場する。

　養蚕のはじまりに関し、いくつかのエピソードがある。たとえば、黄帝の后の嫘祖がある日、桑の木影で香わしい茶を飲んでいたとき、上からかいこ蛾の繭が落ちてきて、熱い茶の中に入った。后がその繭を取り出そうとすると、それがほどけて、どんどん細い糸状のものになった。后はすぐに、それで美しい布を織ることを思いついたというのである。ちなみに、中国国立絲綢博物館の中庭には、嫘祖の白い大きな像が置いてある。長江中流の湖北省宜昌の公園にも嫘祖像がある（図表Ⅱ-2）。また、黄帝のほうも人びとに養蚕を奨めたという。

　禹帝は土木治水をおこなった人物だと伝えられている。稲作をおこない、拡げるための土木治水が主であったのではないか。同時に、養蚕のためには桑の栽培が不可欠であって、江南では桑を育てるため、水はけをよくするなどの問

図表Ⅱ-2　嫘祖像

（出所）湖北省宜昌市遠安県嫘祖文化公園。

題があり、禹帝はそうした土木治水もおこなったとされている。

蜀（四川省）では非常に古くから養蚕、糸紡ぎ、機織がおこなわれていたといわれる。漢の時代には蜀は中国のシルクの3大産地のひとつとして知られていた。漢の揚雄（53BC-18）の『蜀王本紀』につぎのようなエピソードが載っていた（袁珂著、鈴木博訳『中国神話・伝統大事典』〔1999〕269ページ）。蜀王の初代は蚕叢だが、かれは蜀の人びとにかいこの飼い方を教え、また桑の栽培法を伝えた。金蚕を毎年数千頭つくり、年のはじめに人びとに1頭ずつ与えた。金蚕は必ず繁殖した。この金蚕がいかなるかいこ蛾であったかはわからない。ちなみに、蚕叢は古代の蜀の蚕神であった。

要するに、桑を植え、家の内外でかいこにその葉をあたえて飼育し、その繭から糸を紡ぎ、染色し、布などを織ることが、神話の時代から営々とおこなわれていたわけである。「かいこ蛾による養蚕が中国からはじまったのは確かである」（Zeuner、訳558ページ）。これが定説だろう。遺伝学的にも、各地のかいこ蛾のルーツが中国にあることがわかっているという。ただし、ボムビックス・モリのかいこ蛾に限った場合のことであって、すでにのべたように、シルクの糸を出す蛾はほかにもいる。ヤママユガ科の蛾のルーツは必ずしも中国ではない。麻などの植物せんいの利用や、動物の皮、体毛を素材にした衣服よりも、シルクの出現はあとだといわれているが、それにしても、シルクのルーツも随分と古いところにある。

古代中国のシルクの出土品として知られているのは、雷紋花綺とよばれている刀の柄に付着したシルクの炭化したもので、殷（商）の遺跡から見つかった。模様のあるシルクの裂としては最古の品だという。浙江省蘇州の銭小萍古絲綢複製研究所は古代のシルクの復元研究を鋭意おこなっているが、そのおかげで雷紋花綺の復元品を見ることができる。

古代には、シルクは一部の貴人だけが身に纏った。着衣としてのシルクの特性には、古代でも現代でも問題はある。保温性という点では、哺乳類の皮・体毛、たとえばウールよりも劣る。また汗の吸い取りの点ではコットンにはとても適わない。しかし、シルクは優美であり、肌ざわりもすこぶる良い。それにシルクには、なにか神秘性を感じさせるものがある。昔も今もシルクは非常に高価である。「シルクはせんいの宝石」だといわれたりもする。

上等のシルクは古代、多分いまも権力や富のシンボルであったし、それには超越的な力も宿っているように思われ、神事にもシルクはよく使われた。中国では機織は王女・皇女といった高貴な女性のしごとであったし、それは宮廷の一室でおこなわれていた。そして、宮廷の人や身分の高い人びとだけがシルクを着用していたという。古代の中国では普段は白絹の衣を身に着け、儀式では黄のシルクの服を着た。

　ちなみに、シルクを身に纏ったのは、生きた人間だけではなかった。中国だけでなく、日本やヨーロッパの古い墳墓の中の遺体や骨のそばからシルクが見つかることがある。中国では、すぐあとでふれる前漢時代の長沙馬王堆漢墓の例が有名である。亡くなった貴人にもシルクを着せた。生前の着衣だったのか、それとも日本風にいうと、シルクの経帷子だったのか。死者を丁重に葬る意味もあったろうが、古代の人びとは死後の世界においても、シルクになにか超越的な力があると考えていたのかもしれない。

　紀元前から中国の皇帝や王はみんな公の養蚕室をもち、また毎年、養蚕のセレモニーを取り仕切っていた（上垣、70ページ）。かいこ蛾に感謝し、その年の養蚕、糸紡ぎ、機織が順当に進行することを祈ったという。また多分漢の武帝あたりから、皇帝は天壇にのぼり、シルクの布を燃やして、五穀豊穣、天下泰平を祈念したといわれている。桑も神聖な樹として大切にされた。桑畑はパワースポットだとも考えられていた。

2　養蚕、シルクの普及

　やがて、シルクはごく一部の人びとだけのものではなくなり、人びとのあいだに養蚕がひろまり、糸紡ぎも拡大し、機織も身近なものになっていく。中国のいくつかの地域は養蚕、シルクづくりで知られるようになる。もっとも、そうした地域は、あとでのべるように、時代とともに変わる。

　戦国時代（403〜221BC）になると、養蚕、糸紡ぎ、染織は一段と加速するようになる。各国がそれらに力を入れたからである。長江中流の湖北省江陵山の楚の墓からは、塔形紋錦といわれている当時のシルクが出土している。この時代には長江や黄河の流域、とくに山東半島で盛んに養蚕やシルクの織物づくりがおこなわれていたらしい。司馬遷（145-87BC？）の『史記』には、「斉の国は

桑や麻を植えるのに適し、……文綵や麻布・絹布・魚や塩を産出する」（史記・列伝5、162ページ）とある。ジルバーマンの『シルク』には、孔子（551-479BC）と孟子（371-289BC？）のこんな話が載っている（Silbermann, I, p. 7）。孔子も孟子も魯の国のひとであり、養蚕・シルクの故郷といわれる山東省出身だというところが興味深い。孔子は貴族の特権としてシルクの帽子を愛用していた。この時代に、すでにシルクがあり、服制があったと思われる。孟子は非権威主義的、民主的であって、魯の国主に対し、農園の周囲に桑を植え、年とった人にはシルクの織物を着せることを奨めたという。また、養蚕とシルクの染織を保護しなければならないとした。ジルバーマンは孟子が中国の養蚕、シルクの染織の将来の方向を正しく指摘していると評価している。

　また、秦の始皇帝（259-210BC）の時代の話として、司馬遷の『史記』の「貨殖列伝」には、烏氏という土地で牧畜を営んでいる倮という人物が家畜が増えるたびに、それを売って高価なシルクの織物を買い、それを戎族の王に売ったことが載っている。戎王はシルクの値の10倍もの代金を払う。倮は大金持ちになり、始皇帝はかれを大名並に遇したという（第69、162ページ）。

　漢の時代（206BC～220AD）には、養蚕、糸紡ぎ、機織は一般化していたのではないか。生糸とシルクを租税として納めることが定められ、それが国家財政の一端を担うようになった。また、次章で取り上げるが、漢の武帝（141-86BC）は積極的にシルクロードを開拓、制度化し、シルクなどの他国との交易をおこなった。

　中国では非常に古い時代から高度の織物がつくられていたらしい。漢の時代には、養蚕の技法も向上し、良質の繭と生糸を確保できるようになっていたと思われる。古くから使われている形容詞の「綺麗」の綺は美しい綾絹が語源になっている。染織の技法も発展し、より細い糸、様々な染色、綾、錦などの紋織、紗や羅のうすい布、複雑な刺繍（embroidery）ができるようになっていた。1951年に湖南省長沙で前漢時代の墳墓が見つかった。さきにふれた長沙馬王堆漢墓である。その中から絳地紅花鹿紋錦という見事なシルクが見つかった。こちらも銭小萍古絲綢複製研究所の手で復元されている。また、この墓からは保存状態のきわめて良い、皮膚にまだ弾力のある埋葬女性遺体が発見されて世間を驚かせたが、その際、その遺体が身に着けていたシルクの布にも目を奪わ

れた。それは蝉の羽のような透明感のある羅であって、今日でも再現するのがむずかしい、高度で複雑な技法を要するものだった。羅の裂は漢が支配していた朝鮮半島の楽浪の遺跡からも、敦煌の千仏洞からも、また新疆ウイグル自治区のトゥルファン近くのアスターナ遺跡からも出土しているという（佐々木、51ページ）。ちなみに『漢書』によると、漢では生糸、綿、シルクの布は租税として物納されていて、その国家収入は膨大なものになっていたという（吉武・佐藤、48ページ）。

　漢の時代には3つのシルクの主要産地があった（Feng, p. 67）。いずれにも帝室の工房があった。ひとつが首都だった西安（長安）で、東西2つのシルクの工房があり、いずれも最高級のシルクを織っていた。皇帝が着用する黄色の地に龍の文様をあしらった龍袍などを織っていたのではないか。もうひとつが山東省であって、海近くに工房があり、宮廷・官人用の衣服等を織っていた。夏、冬、春秋それぞれの衣服があった。さいごが四川省の成都であって、その工房では成都を流れる錦江で糸をさらし、錦を織っていた。いわゆる蜀江錦である。蜀江錦はよこ糸に金糸や様々の色糸を用い、文様をあらわしたものである。

　中国はシルク製品の交易には積極的であったが、養蚕とその技法の国外への流出は禁じていた。漢をふくめて「古代の中国政府はシルク産業のユニークな価値をよく知っていて、かいこ蛾の卵の輸出を禁じていた。シルクづくりの秘密を外に漏らし、また卵を外国に輸出して捕まった人は死刑をふくむ厳罰に処せられた」（Shih, p. 1）。

　しかし、国内で養蚕・染織を拡大し、その製品で他国と交易をしながら、蚕種の国外への持出しを禁じるという政策は矛盾していて、破綻せざるをえない。養蚕が国内で拡大すれば、蚕種が国外に持ち出されるリスクも高まるからである。ツォイナーによると、中国が養蚕を独り占めしていたのは、紀元前後までだという。ほかの文献もそうした見解である。中国の養蚕の独占がどのようにして崩れたのかは、つぎの章でのべる。

　4世紀末から6世紀にかけて養蚕はかなり一般化していたらしい。第Ⅰ章でもふれたが、南北朝の北魏（386〜534）時代に、地方長官だった賈思勰の『斉民要術』（530〜550間の刊行）には、当時の養蚕の状況がのべられている（訳209ページ以下）。ちなみに、かれの任地は養蚕がもっとも盛んだった斉の国のあっ

た地域であった。同書は穀物、野菜、有用な樹木、家畜、醸造、食物調理などに関する指南をしているのであるが、桑やかいこ蛾の扱いにもふれている。桑については、山桑、魯桑、荊桑など今日知られている品種がすでに栽培されていたこと、その増殖には実生によるほか、接木、取木などの様々な仕方がおこなわれていたこと、かいこ蛾にもいろんな品種がいたこと、かいこの孵化、掃立て、飼育の際に注意すべきことなどが書いてある。良質の繭を得る方法、糸繰りの仕方にもふれている。『斉民要術』の養蚕法は、あとでふれる明時代の『天工開物』のやり方とあまり変わらないし、今日に通じるところも多々ある。

　いよいよ唐の時代（618～907）である。「養蚕とシルクの染織は唐の建国者である高祖によって強いインパクトを受けた。7世紀から10世紀まで、中国の生糸と織物はアジアのもっとも重要な取引品目であった」（Silbermann, I, p. 46）。もっとも、唐の実質的な建国者は2代目の太宗（598-649）であったから、養蚕とシルクの染織の推進も太宗によるところが大きかったかもしれない。国内でも、養蚕と染織は一般化し、社会に根着いたものになる。唐の文化、風俗、経済の中に、シルクがごく自然に収まっている、という感じである。円仁（慈覚大師、794-864）の『入唐求法巡礼行記』を読むと、そう思う。

　円仁は最澄（767-822）の高弟で、延暦寺3代目の座主になった人物だが、唐に838年から10年間滞在した。ただ、空海（774-835）や師の最澄とはちがい、円仁は唐に滞在中、武宗（在位840-46）の「仏寺4万余を毀ち、僧尼26万余人を還俗」させた仏教弾圧、いわゆる「会昌の廃仏」（会昌は武宗の年号）に遭遇し、非常に苦労した。しかし、円仁は『入唐求法巡礼行記』という、当時の唐の社会についてのじつに克明な、また生々しい記録を残してくれた。この本は駐日大使も務めたライシャワー（E. O. Reischauer）の手で紹介され、多くの国の人びとに知られることになった。さて、円仁は入唐後早速に、楊州の開元寺で唐風の僧衣を誂えることになる。三衣とよばれる3着（五條、七條、大衣）の衣の素材はいずれもシルクである。五條がシルク2丈8尺5寸、七條が7尺5寸、大衣は4丈25尺であったという（円仁、I、61ページ）。1丈は3.11メートルである。唐の僧侶は一般に、こうした僧衣をもっていた。

　興味深いことに、そのシルクは巷で購入するのである。つまり、シルクは売買の対象になっていて、そうした市場があった。たとえば、長安城内の東市に

はシルクを扱う集積（行という）があったらしい。東市のどこかから出火し、官民の金銭、シルク、薬等が焼尽されたという話も載っている。843（会昌3）年6月「廿七日、夜三更（夜中の12時）東市は火を失して、東市の曹門巳西十二行四千余家を焼く。官私の銭物・金銀・絹・薬等は惣て焼尽す」（円仁、Ⅱ、210ページ）。この記述から、いま杭州にある中国絲綢城のような、様々なシルク製品を買うことのできるシルク商店街のようなものが当時すでに存在していたのかもしれない。円仁はシルクをいくらで買ったかは書いていない。もしかすると、三衣の布地は無償交付されたのかもしれない。仕立て代は記録している。五條が300文、七條が400文、大衣が1貫（1000文）総額1貫700文だった。町中に仕立屋があったことになる。当時の唐はそれなりに貨幣経済で、開元通宝銭が通貨だった。円仁は、中国にやってくる他の日本人と同様、日本から砂金を持参し、それを開元通宝銭に両替する。その交換レートは日によって変わっていたという。

　シルクは下着にまで用いられていた可能性もある。一方で、シルクの布に仏画を描く話も一再ならず出てくる。仏画だけでなく、シルクの布に絵を描いたり（帛画）、文字を書いたりすること（帛書）も多くあったのかもしれない。また、シルクは贈物にもされた。円仁も度々、シルクを贈られている。とくに、異文呉綾、単糸呉綾といった江南の地で織られた紋織りのシルクが贈物としては喜ばれたという。これらは今日の江蘇省南部、浙江省北部あたりのシルクであって、唐代においてすでに（地域）ブランドがあったことがわかる。さらに、円仁は夾纈が施されたシルクも贈られている（円仁、Ⅱ、263ページ）。夾纈とは唐代の型染めであって、2枚の板に同じ文様を彫り、シルクの布を折り重ね2枚に夾んで染める。

　新疆ウイグル自治区のトゥルファンなどから出土した布、墓の壁画、胡人俑などをみると、唐の時代は服飾文化をふくむ様々な文化が、最初に華やかに見事に開花したときではないかと思われる。中国の文化に新疆ウイグル自治区や中央アジアの当時の諸国の文化、ササン朝ペルシャの文化も混じって、クロスカルチャの様相をみせていた。服飾についていうと、染織の技法の豊かさ・モチーフ・文様の多様化がみられるようになっていた。モチーフ・文様を例にとると、中国の伝統的な龍や五色の雲や白虎のモチーフ・文様のほかに、ササン

朝ペルシャのエキゾチックな唐草模様や獅子、鷲などもみられる。

3 『東方見聞録』と『天工開物』

宋（960～1279）は金、モンゴルに痛めつけられた弱い王朝というイメージが強いが、周藤吉之著『宋代経済史研究』（1962）などによると、経済的には発展した時代であった。南宋滅亡直後に中国各地を訪ねたマルコ・ポーロ（Marco Polo, 1254-1324）の『東方見聞録』には、商人の子弟の目からみた、当時の経済の活況が描き出されている。南宋の経済的遺産に元の新しいエネルギッシュな力が加わって、社会と経済がいっそう活気を帯びていた時だったのではないか。とくに、マルコ・ポーロが旅した中国各地の物産にふれるところが多い。養蚕と染織、シルク産業が当時の主要産業、あるいはそのひとつであった状況が浮き彫りにされているように思う。

もっとも、シルク産業即せんい産業であったわけではない。中国ではひろく、苧麻（ちょま、からむし）、大麻なども栽培されていて、麻皮のまま、あるいは布にして国に収める。それらは市販もされていた。それは一般の人びとの着衣その他になっていたし、兵士等の着衣としても用いられていた。ウールに関する記述はあまりないが、モンゴル人もいるわけだから、ウールの織物などもあった。ちなみに、中国では木綿、コットンの利用は遅かったのだといわれているが、マルコ・ポーロによると、フージュー（多分、現在の福建省福州）では、シルクとともに、コットンの布を織っていたという（Marco Polo、訳注II、100ページ）。だが、麻、ウール、コットンの産出量よりは、シルクのそれのほうが非常に多く、布の多くはシルクだったという。

元の都であった大都、今日の北京のことを『東方見聞録』はカンバルックと表現している。カンバルックと各地方のあいだには官道が整備されていて、人と物資の往来が盛んであった。マルコ・ポーロも17年間の中国滞在中に官道をよく利用していた。カンバルックには日々、1000台の車で生糸が運び込まれ、それで織った高級な錦、綾などをふくむシルクの布は莫大な金額・数量になっていたという。当時のカンバルックの人口は100万人に近かった。地方の都市でも、シルク産業が盛んであった。近郊では桑が植えられ、養蚕がおこなわれていて、旅行者はだれでも、そうした光景を目にすることができた。涿州、大

原、西安、成都、河北省河間県、山東省東平県、除州、邳州、安徽省安慶、江蘇省宝応県、鎮江、蘇州、杭州、福州などが金・銀糸、シルクの布の産地として挙げられている。中国の多くの土地で、ごく普通にシルク産業クラスターができ上がっていて、場合によっては有名な地域ブランドも形成されていた。

『東方見聞録』は元のフビライ・カーン（世祖、1215-94）が毎年開催する大規模で贅をつくした祝典・宴会の様子を紹介している。フビライは年13回、その席に文武の顕官1万2000人を招く。これだけの人数を収容する祝典・宴会スペースを確保するのも大変だし、料理を提供するのも並大抵のことではなかったと思うのであるが、フビライはこの1万2000人それぞれに、色の異なる13組の礼服を与えている。つまり、出席者は13回の祝典・宴会ごとに着用する礼服を変えなければならない。15万6000着の礼服が用意されていることになる。それは美しい高価なシルクでできていて、パールや宝石で飾られていた。見事な長靴も与えられていたという。『元史』ではフビライを「与服王」とよんでいる。これは当時の宮廷で、シルクがどのように使われていたかを示唆している。シルクは女性が身を飾るものだと思いがちだが、そうではない。男性も負けず劣らず、権力を誇示するため、プレステジのシンボルとしてシルクを多用したのである。あとでふれるように、ヨーロッパでこのことが甚だしい。

そうした生糸とシルク製品は国内で消費されていたが、同時に国外へも運ばれ、国際的な交易品になっていた。つぎの章でのべるが、すでに唐の時代に国外との交易は盛んだったが、宋と元の時代にはさらに活発になっていた。陸路のシルクロードだけでなく、海路での交易も盛況だった。南シナ海沿岸の港にはインド、ペルシャ、ムスリムの商人もやってきていて、楊州、杭州、泉州、広州等にはかれらのコロニーもあったほどである。

ちなみに、『東方見聞録』では、よく知られているように、日本（ヂパング）は黄金の国として紹介されている。マルコ・ポーロはまた、日本をカニバリズム（食人）の国としても紹介している。「……ヂパング諸島の偶像教徒は、自分たちの仲間でない人間を捕虜にした場合、もしその捕虜が身代金を支払いえなければ、彼等はその友人・親戚のすべてに『どうかおいで下さい。わが家でいっしょに会食しましょう』と招待状を発し、かの捕虜を殺して―むろんそれを料理してであるが―皆でその肉を会食する。彼等は人肉がどの肉にもましてう

まいと考えているのである」（Marco Polo、Ⅱ、訳注 139-140 ページ）。『東方見聞録』の記述は「豊富で正確」だとされているが、間々首をかしげる部分もある。

　明の時代（1368 〜 1644）になると、シルク産業はさらに発展する。またその具体的状況についての情報も多くなる。まず、特記すべきは第Ⅰ章でふれた宋応星（生没年不詳）の『天工開物』（1637）の刊行であろう。中国には古くから農業の仕方に関する農書がさきにふれた『斉民要術』をふくめ多くあったが、『天工開物』は農業もふくめて、当時の様々な産業の技術・技法を解説した技術論である。同書では「衣服」と「染色」のところで、シルク産業の技術・技法が取り上げられている。そうした技術・技法の基本は古代から清の中期まではあまり大きな変革はなかったのではないかと思われる。なお、「衣服」と「染色」ではシルクだけでなく、コットン、麻、ウールなどに関するものも取り上げられていて、その意味ではせんい産業の技術論である。明時代の養蚕とシルクの染織がどのようにおこなわれていたかがよくわかる。『天工開物』のシルクに関する個所は、また、第Ⅰ章でふれたジルバーマンの『シルク』（1897）と対比して読むと、まことに興味深い。かいこ蛾に対する東西の接し方のちがい、古典的な技術・技法と近代的なそれとの相違がよくわかる。

　『天工開物』の養蚕、シルクに関する個所ではまず、蚕種の扱い方、桑の育て方、かいこの飼育法、病気予防などが、浙江省の湖州や嘉興のやり方を中心にのべられている。これらはいずれも現在でも養蚕のポイントになっている。ちなみに、シルク産業の中心は段々と南下していて、明のときになると、長江下流の三角州、太湖周辺でそれが盛んにおこなわれるようになっていた。

　蚕種については、蚕紙ベースであること、すでに 6 ページでのべた「蚕浴」をおこなって、良質の蚕種だけを得ることなどが強調されている。蚕種の取り扱いが重要だとしている。

　桑については栽培上の留意点、増殖法、良い葉の収穫の仕方などが、かいこの飼育に関してはその種類に応じ、適切で慎重な扱いが大切だとされている。かいこと飼育室の管理には細心のケアが必要だという。『天工開物』では、当時の飼育の仕方が図解されてもいる。

　繭からの生糸の紡ぎ方、スロウイング、染織法も詳しく書かれている。まず、繭を水のはったベイジンに入れ煮立てる（図表Ⅱ-3-1）。そして、繭を竹せんで

図表Ⅱ-3-1　繰糸　　　　　図表Ⅱ-3-2　たて糸づくり

（出所）『天工開物』訳注 65 ページ。　　（出所）『天工開物』訳注 66 ページ。

図表Ⅱ-3-3　よこ糸づくり

（出所）『天工開物』訳注 67 ページ。

まぜ、糸口を取り上げ、それを巻き取る。巻き取りにあたっては、たて糸用（図表Ⅱ-3-2）とよこ糸用（図表Ⅱ-3-3）に分ける。

　たて糸には強い糸がよく、江南のものだと切れにくく、それに向いているという。ちなみに繰糸は一般に女性のしごとであり、織るのもそうだと思われているし、実際にも女性がやっているが、宋応星の図解では男性がやっているようにみえる。

　織り方は当時すでに多様化していることがわかる。羅・紗はたて糸の数が少なく、筬の数も少ないが（たて糸3200本）、綾、紬の場合は多い（5000～6000本）という。織機では、花機（高機）とより素朴な腰機が取り上げられ、図解されている。前者は非常に大きい織機で長くて高い（図表Ⅱ-4）。文様を織り出すもので、西陣では空引機ともよばれている。後者はずっと小さく、羅、紗などを腰と尻に力を入れて織る。腰機はあまり使われなくなったともいう。いずれの織機も織物関係の博物館でよく展示されている。伝統的な機械は木製であって、産業クラスターとしては、木工業、木工技術の問題も絡んでくる。

図表Ⅱ-4　花機

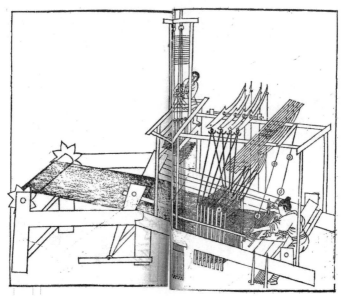

（出所）『天工開物』訳注70、71ページ。

複雑な織、文様を出す場合、しかも量産するとき、図面が使われている。つまり、「プログラム」が要る。この時代にすでにある程度の量産がおこなわれ、図面があったことがわかる。画師がデザインを描いていて、そのプログラムにしたがい、糸をもじる。こうした仕方が、『天工開物』でのべられている。

染色に関しても詳しい説明がある。「造物者が染色のことに心を労しないのは信じられない」（宋、訳注78ページ）。もっとも、染色はシルクだけでなく、麻、

図表Ⅱ-5　『天工開物』にみる染色法

深紅色	一紅花もち[1]
木紅色	一蘇木[2] ＋明ばん＋梧子＋こぶし
紫色	一蘇木＋青ばん（硫酸鉄）
赭黄色	一不明
鵞黄色	一黄檗[3] ＋靛水[4] ＋藍
金黄色	一櫨＋麻布の灰汁
茶褐色	一蓮の実の殻＋青ばん水
大紅官緑色	一槐樹[5] ＋藍澱
豆緑色	一黄檗水＋靛水
油緑色	一槐樹の花＋青ばん
天青色	一藍＋蘇木水
葡萄青色	一藍＋濃い蘇木水
蛋青色	一黄檗水＋藍、翠藍
天藍	一靛水
玄色	一靛水＋蘆木・楊梅（やまももの皮の煮汁）[6]
月白、青白の二色	一靛水
象牙色	一櫨木

（注1）紅花もちは、摘み取った紅花をよくつき、水で洗い、布袋に入れて黄汁をしぼり取る。これをくり返す。
（注2）蘇木は日本では蘇芳とよばれることが多い。マメ科の植物で、マレーシアあたりが原産地だとされている。日本では蘇木を育てるのはむずかしいのではないか。
（注3）黄檗　ミカン科の落葉樹で山地に自生。樹皮の内側が黄色。鮮かな黄色に染まる。
（注4）靛水は藍の澱からつくる。中国と日本とでは技法が異なるようで、日本では葉を乾燥させて発酵させ、それをつき固めて藍玉をつくる。中国では、葉・茎を桶・かめに入れておくと、これから液汁が出る。石灰を入れ、数十回まぜて、底にできる泥状澱をつくる。
（注5）槐樹　中国原産のまめ科の落葉樹。花は薬用。
（注6）楊梅　日本でいう山桃。やまもも科の常緑樹。果実は食用、樹皮は薬用にもなる。
（出所）『天工開物』訳注79ページ以下を表にまとめ、加筆。

コットン、ウールなども対象になる。当時の染色法は図表Ⅱ-5のようになる。

　中国では様々な色調がもっと多種多様な草木、自然素材を使って引き出されていたのではないか。宋応星はその代表的な部分だけを挙げたにすぎないと思われる。日本の草木染めの材料となる植物ももっとある。なお藍といった自然素材じたいの処理の仕方、添加物の加減、熱し方、時間のかけ方などにより、たとえば天青色といっても、バリエーションがあった。じつに色調豊かな染色の世界があった。色調豊かな服飾の世界があったとも思われるが、人びとは現在のように、自分の好みに合わせて紺色の服とか黄色の帽子が選べたわけでは必ずしもなかった。服制があったからである。

　ちなみに、興味深いことに、『天工開物』で挙げられている染色のための草木は大部分日本でも使われている。さきにふれた高崎市染料植物園にはこれらの植物が蘇木を除いて植えられている。

4　清朝のシルク産業

　清（1636〜1911）の初期と、おそらく中期も養蚕と染織のモードと仕方は、明の時代とあまり変わらなかったのではないか。清は明のシステムをそのまま受け継いだように思われる。浅田次郎は清朝についてこう書いている。「彼らは強大な軍事力を誇ってはいたが、一方では漢族の文化を心から敬していた。よって、明の制度はそのまま踏襲し、むしろみずからが漢族に同化しようとした。異族の支配者として漢族に強要したものは、騎馬民族のしるしである辮髪だけであった。漢人官僚も、科挙制度も、宦官というふしぎな存在すらも、そっくり継承したのである」（浅田、133ページ）。中国では養蚕も染織も、もっと以前から変わっていないのだとする意見がある（Shih, p. 33）。古くから養蚕は農業の副次部門であって、農民が家族ぐるみで、とりわけ女性中心に桑を育て、その葉をかいこに供し、繭を得、生糸を紡いでいた。またしばしば機織もおこなっていた。繁忙期には親類縁者、近所の人も手伝って作業をしていた。

　農民は生糸等を国に納めていたが、一方で農民から繭を集め、買う人、仲買人がいた。かれらは県単位といった地域ごとに、公的にみとめられたギルドを組織していた。ヨーロッパの都市では、中世から商工業者により、地域独占的な業界組織がつくられていたことは、よく知られているが、中国の場合もヨー

ロッパのギルドと似た存在があって、業者間の過度の競争を制限したり、アウトサイダーに圧力をかけたりすること、取り扱う繭について共通の評価基準、等級を設けていること、情報を集め、共有し、参加業者の利益を守ることなどを目的としていた。ギルドハウスもあった。

　繭の集荷、仲買の担い手は、シルクの製糸場、染色業者、織物工房等を取り仕切る商人、大商人であることも多かった。製糸、染色、機織の業者は小規模なもの、あるいは非常に零細なものであった。家族経営が一般的であり、商人からの委託で加工し、製品を商人に納める仕方が多かった。方顕延・呉知両人の「支那における農村工業の衰退過程」（有沢広巳編『支那工業論』〔1936〕収載）には盛澤という都市のシルクの織物生産のことが出てくる。盛澤は江蘇省と浙江省の境にあって、シルクの織物産地としてよく知られている。ところが、「市内には一の織物工場、一人の織工さえもいない。供給は附近の村落から来る」（方顕延・呉知、30ページ）。盛澤近郊の村落で織物づくりは小規模に営まれていて、その家族はみんな織工である。生糸は街に住む生糸商が供給する。織材は街の商人から、図案は図案工から買い取る。必要なカネは生糸商が前貸する。織物が出来上がると、それは生糸商あるいは仲買人に納める。これは20世紀になってからの盛澤のシルクの織物づくりについてのべたものであるが、清の時代においても、ひろく江蘇省や浙江省でみられた光景ではないかと思われる。清の時代は19世紀になっても、シルク産業クラスターでは商業資本が優位に立っていて、とりわけ大問屋（アカウンティング・ハウス：accounting house）は規模も経済力も大きく、製造問屋として国内の特定地域のシルクの製造と流通を取り仕切っていた。初期の清では、弱小業者を保護するため、織機を100台以上保有することは禁じられていた。事業をはじめるにあたってはシルク監督庁に登記しなければならず、また織機には税金が課せられた。その他色々の規制があって、こうした状況は産業の安定化には資するが、中々イノベーションはおこりにくい。また、シーによると、職人が新しい技術を開発しても、それを秘密にしてしまい、職人が死亡すると、その技術も消えてしまう。あるいは家族で継承し、新しい技術は中々ひろく伝播することが少ない。つまり、イノベーションがあっても、それが共有化されない（Shih, p. 33）。

　なお、中国には民間のシルク工房のほかに、すでにふれた帝室シルク工房が

古くからあった。明の時代には北京にせんい工房があり、杭州と蘇州と南京にもシルク工房があって、これらが清に引き継がれた。清の時代になって織機も職人も増えたという（Shih, p. 40）。工房長には女真族の人間が皇帝によって任じられ、権限も大きく、威信も非常にあった。生糸の調達、つくるべき製品、その届け先、職人の賃金等については定めがあった。たとえば、南京のシルク工房がつくるべき製品は、儀式用礼服、文官・武官への贈答品、その他様々の日用品だと定められていた。ちなみに、帝室シルク工房の目的は利益をあげることではなかった。定められたシルク製品をきちんとつくって、関係者にそれを提供すること自体が、目的とされていた。帝室シルク工房は大きさはいかほどであったか。清朝成立間もない 1685 年において、蘇州のシルク工房には織機が約 400 台あり、従業者は 1170 人だったという。

　ところが、清朝中期になると、長江下流の浙江省と江蘇省を中心にして、シルク産業の構造的変化がおこる。エポックメーキングな時期がやってきた。この変化のきっかけはシルク産業内部から生じたというよりも、外的なものであった。バタフライ・エフェクト（butterfly effect）ということばがある。蝶の軽い羽ばたきが、地球の反対側で嵐を呼ぶといった意味だが、新大陸での銀山開発がトリガーになったようである。16 世紀から中国に銀が大量に流入し、貨幣経済化が一段とすすんだ。そして、租税が物納だけでなく、金銭での納入もみとめられることになった。

　農民は換金できる穀物や工芸品のほうに目を向けるようになる。しかも、銀の流入はインフレを引き起こした。段々と物価も上昇する。農民はより高い価格の、より利益のある作物をつくろうとする。養蚕はその条件に適うものであった。たとえば、桑を植えていたら、かいこを孵化させ、それに桑の葉を供し繭を得るまでの期間は 40 日ほどである。繭を得ると、農民は一家総出で、親類や近所の人にも手伝ってもらって、10 日以内に糸を紡いでしまう。米作だと、苗を植えてからでも収穫までに 6 ケ月はかかる。養蚕のリードタイムは短いのである。農民は貨幣の使用が一般化する中で、そうした経済的打算をするようになる。

　また、清の初期から中期にかけては、中国は長い安定期であって、人口が急激に増えたといわれている。土地のより有効な利用が、客観的にも求められる

ようになる。土地面積あたりのハイリターンを考えざるをえなくなる。人口増加はシルクの国内市場の拡大にもつながった。

5　南京条約のあと

　シルク産業の構造的変化のいまひとつの、より具体的な引き金は、1842年のイギリスとの南京条約（江寧条約ともいう）の締結である。いうまでもなく、イギリスとの阿片戦争の結果を受けてのものである。この条約により中国の伝統的な海禁政策は終わり、対外的に広州、上海、寧波、厦門、福州を開港することになった。1844年にはアメリカとの望厦条約、フランスとの黄埔条約で、南京条約と同じような開放条件を両国にも認めた。その後清はアロー戦争の結果、1858年の天津条約で港湾の開放、国内旅行の自由、キリスト教信仰・布教の自由をみとめ、対外開放はすすむ。

　国外に門戸を開くことで、中国のシルク産業には大きな転機が訪れた。ひとつは生糸の国外市場、とくに欧米市場が開けたことであった。清は総じてアウタルキー（自給自足経済）の立場に立っていて、密貿易も横行していたものの、制度上は広州（カントン）を通じてのみ管理交易をおこなっており（いわゆる広東システム、広東貿易制度）、シルク、茶、陶器などを輸出していた。1858年以降は上海、天津なども開港し、生糸をふくむ対外交易が急速にすすんだ。いまひとつは、フランスやイタリアのフィラチュア（器械式製糸）の技術が入ってきたこと、広州、上海などで欧米のフィラチュアに対する資本投下がはじまり、拡大したことである。両者はコインの表と裏のような関係にあるのである。

　当初、中国産生糸は欧米で大歓迎された。フランスやイタリアの生糸に比べて、非常に割安だったからである。とりわけ、1850年代からフランス、イタリアなどでは、ペブリンというかいこの皮膚病が大流行して、ヨーロッパの養蚕は壊滅的な状況になっていて、生糸不足が深刻だった。そうした折に養蚕の母国の中国からの生糸が解禁になったわけで、欧米の関係者の期待は大きかった。

　しかし、関係者の期待は失望に変わったのではないかと思われる。フランスやイタリアの生糸に比し、中国の生糸の品質が良くなかったからである。

　中国、日本、インド、ペルシャなどの生糸の輸出ルートは大部分が、インド

洋から喜望峰を回って大西洋を通り、まずロンドンに至る海路であった。そして、ロンドンからフランス、イタリア、アメリカにそれが届けられていた。ロンドンは生糸の国際取引の一大拠点であった。そのイギリス市場において、中国の生糸に対する評価はひくかった。

『シルクの経済学』(1919) の著者のラウレイ（R. C. Rawlley）によると、生糸についての等級があって、フランスとイタリアのシルクはほとんどが「エクストラ・クラシック」と「クラシック」という高い等級になるが、中国、日本、インドの生糸の評価は高くなく（高い評価のものもあったが）、ナンバー・ワン〜ナンバー・ツーの評価になる。上海積出のフィラチュア、器械式製糸によるもの（チャイナズという）はまだしも、広州積出のもの（カントンという）はプリミティブなリールで、太さ（デニール）にばらつきがあり、その評価はひくく、イギリスで再度製糸（rereeling：リリーリング）しなければならないことも多かった（Rawlley, p. 46）。

中国産生糸の国際的評価が低いことを知って、同国の関係者は衝撃を受けたであろう。長い歴史を有する自国のシルク産業、生糸やシルクの布には、それなりの自負があったからである。この自負の崩壊がシルク産業変革の具体的な引き金になった。変革のための様々な取り組みがあったが、一番大きかったのは、フィラチュアの導入である。

フィラチュアとは、重ねていうと、水力、スチームを使った器械的製糸場、あるいはその製品のことをいう（Rayner, p. 15）。器械式製糸場はいうまでもなく、ヨーロッパではじまった。座繰りといった手動ではなく、動力を使った工場制システムでの、つまりそれなりの量産体制のものである。中国では、穆宗の時代（1862〜74 年）に広州近くの南海県の陳啓沅が、フランス保護領だった安南（現在のベトナム）のフィラチュアをみて、故郷に同じような工場を設けたのがはじまりだとされる（Shih, p. 51）。

600 〜 700 人の女子従業者を雇ったというから、大きな工場だった。その製品は市場で好評であり、国外へも販路が広がった。ところが、新しい方式、システム、あるいは近代的雇用関係に従業者は戸惑いがあったり、抵抗感があったのであろう。とうとう労働争議になり、1881 年にこのフィラチュアは破壊と略奪の対象となって、閉鎖になった。中国でもシルク工場において労働争議

がおこり、ラッダイト（Luddite：機械打ち壊し）運動がおこっていた点は興味深い。ラッダイトは欧米だけの現象ではなかった。

　そうした事件はあったけれども、フィラチュアはヨーロッパや日本もふくめての世界的な趨勢であったわけで、世界市場に組み込まれた中国のシルク産業も、この流れに乗らなければならなかった。欧米のシルク産業は素材としてフィラチュアを求めているわけだから、このニーズに応えざるをえないのである。

　中国の2つの地域でフィラチュアが盛んになった。上海と広州とそれぞれの周辺である。両者はある意味で対照的であった。上海のほうは、1870年末から外国資本、欧米の事業家によって、それがはじまった。1878年にフランス人の手で繰糸機約200台の規模の上海シルク製糸場がスタートし、翌1879年にはアメリカのロッセル社がフィラチュアをつくり、操業をはじめた。1880年にはイタリア人の手でイタリアから機械が持ち込まれ、中国人を雇って操業がはじまった。なお、日本の官営富岡製糸場の建設とスタート・アップに指導的役割を演じたフランス人のブリュナー（P. Brunat）も母国への帰途、上海でもフィラチュアに関与したといわれている。1881年になって、中国人事業家がフィラチュアを経営した。ただ、生糸の質や賃金上昇や資金繰りの問題があって、操業は不安定であった。

　ちなみに、上海近くのもともと養蚕・製糸が盛んな蘇州にも、1892年以降は、3つのフィラチュアがあった（Shih, p. 59）。全体で700台の機械があり、約2000人が働いていたというから、当時としては大きなフィラチュアの集積であったのだろう。3つのうち、2つは中国人の所有になるものであり、ひとつが1897年、いまひとつが1908年の創業であり、外国人所有のものは1900年スタートだった。いずれも上海のフィラチュアと同じように、生糸の質の問題、賃金上昇、資金繰り等で操業休止をすることがあったという。

　広州の場合、ほとんどの事業家が中国人であって、土着の資本によるものだった。このためか、工場の規模も小さく、資金不足に悩まされがちであったといわれる。上海のフィラチュアに比べて、広州のそれの質は良くないという評価だった。前者よりも後者の値段のほうが安かった。だが、上海も広州も、フィラチュアの機械はフランスかイタリアから持ち込まれていて、中国製のものはなかった。2つの地域とも、手本はフランスかイタリアであった。

上海のフィラチュアの従業者は、近隣からくる女子であり、また子どもだった。必ずしも必要な人数を確保できなかったようである。労働時間は長く、1日12時間ないしそれ以上だった。朝の5時から夕方の5時、6時まで働いていた。職場環境も劣悪で病気になる者も多かった。何分、職場に高温の蒸気のパイプが通っているから、夏などは「正真正銘の地獄」だともいわれた。「賃金も暮らすにはあまりに少ない」。もっとも、フィラチュアの労働環境は、あとの章で取り上げるように、イタリアやフランスや日本も似たような状態にあった。

　生糸の輸出がおこなわれ、フィラチュアが多くなった19世紀後半から20世紀はじめにかけての輸出に向けた中国のシルク産業の全容は、図表Ⅱ-6のようになるという（Shih, p. 25）。一番川上は農民の養蚕、繭づくりである。農民は繭をそのまま繭会社に出荷する場合と、自家で糸を紡いで加工会社や商人に売る場合がある。前者の場合、繭会社はその選別をしたり、中の蛹の殺生をし

図表Ⅱ-6　輸出に向けた中国シルク産業の全容図

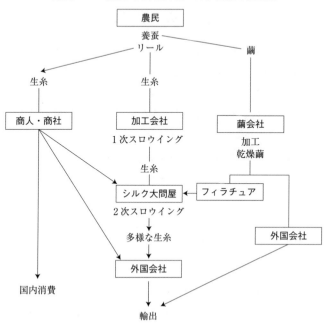

（出所）Shih, p. 25.

たり、乾燥したりといった手を加え、フィラチュアに納める。あるいは屑シルクを外国商社に売る。一方、生糸で出荷する場合はそれを加工、スロウイングする加工会社、シルクの大問屋を経て、外国会社に売る。農民は生糸を国内の商人・商社に直接売ることも少なくない。商人・商社がシルク大問屋や外国商社に生糸を売ることもあれば、国内市場でさばくこともある。

　輸出ルートで大きな力をもっているのはシルク大問屋である。この時代になると、外資系の大問屋も出現してくる。それは上海等の租界に立地していて、つまり外国系の会社で通訳と中国人の買弁（コンプラドール：comprador）を抱え、売手と買手との取引上の仲介をし、倉庫をもっていてシルクの在庫管理をしたり、関係者に利率 0.2％ ぐらいで融資をおこなったり、早く直接に情報を提供する、といったことをしていた。ちなみに、買弁には通訳から成り上がる場合が多く、後者よりも広範囲のしごとを担っていた。買弁は当然英語やフランス語などに通じていて、外国人の命令を受けてマネジメント業務を担っていることも少なくなかった。

6 「生糸の日清戦争」

　中国の生糸の輸出は当初、非常に順調だった。「1870 年代までは、中国のシルクの輸出は輝かしい時代だった。というのも日本の近代的シルク取引が未熟だったからである。中国は世界のシルク市場をほとんど独占していた」（Shih, p. 66）。清朝も終わりに近づき、内憂外患の状況にあったが、養蚕・製糸はその後も拡大を続けた。日本に追い越された後もそうであった。図表Ⅱ-7-1 は 1890 ～ 1929 年間の上海の各年の繰糸機数とフィラチュアの数の推移である。1911 年には清朝が倒れるが、その後も増勢は変わらないことがわかる。また図表Ⅱ-7-2 は広州のフィラチュアの設立年度別の数である。清朝終焉の翌年（1912 年）の中国シルク産業の人的データもある（Shih, p. 61）。それによると、フィラチュアで働いている人間は 9 万 500 人、フィラチュアあたりの平均の人数は 236 人であった。同年、専門の織工は 2 万 4152 人だった。フィラチュアの大部分は輸出されていた。ところが、日本は 19 世紀末から、この市場にライバルとして登場し、中国に挑戦することになる。そして、とりわけアメリカ市場では中国を凌駕するようになる。いわば、シルク市場をめぐる「日清戦

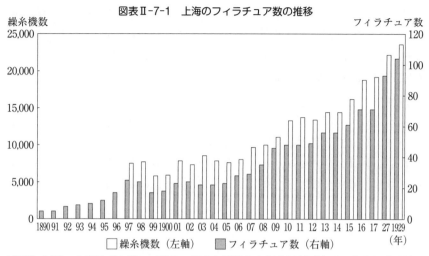

図表Ⅱ-7-1　上海のフィラチュア数の推移

（出所）何廉・方顕延「支那の工業化の程度と影響」有沢広巳編『支那工業論』改造社、1936年、266ページの表より作成。

図表Ⅱ-7-2　広州フィラチュア設立年度別数

設立年度	フィラチュア数	設立年度	フィラチュア数
1872 〜 80	1	1905	18
1881 〜 90	11	1906	21
1891 〜 1900	36	1907	28
1901 〜 10	187	1908	21
1901	2	1909	26
1902	24	1910	26
1903	8	1911	31
1904	13	1912 〜 18	33

（出所）何廉・方顕延、267ページ。

争」でも、中国は勝利することができなかった。

　中国は清朝も終わりに近づき、阿片戦争の敗北によるショックや諸外国の強引な干渉や大平天国（1851 〜 64）等の争乱、日清戦争の敗北もあって、政府が十分な産業の育成、有効な輸出促進のバックアップができなかった。加えて、以下のような問題もあった。銀本位制をとっていたことのマイナスも大きかった。世界の大勢が金本位制になる中で、中国は1935年まで銀本位制を続けた。

銀の価格は少なくとも 1930 年まで下落し、中国の生糸等の輸出には不利であった。また近代化のための機械・設備などを外国から買う財源も減少した。また中国では近代的シルク産業の立ち上がりの時期に、近代的な銀行が出現しておらず、資金の供給は伝統的な小規模の金融業者（マネー・ショップ、銀両替商・質屋など）、あるいは大商人に依存した。利子はたかく、利子は月 3、4% にもなった。商人から借りる金の利子は一般に 10% であって、「10 分の 1 マネー」(one-tenth money) といわれていた。金融業者のほうには、リスク・テイキングをする気持ちは皆無であり、元金と利子を着実に確保することだけが念頭にあった。操業・経営が不安定な新興のフィラチュアは融資先として敬遠されたであろう。

　さらに、当時の中国の商人、事業者、ビジネスマンの問題も指摘されている (Shih, p. 76)。品物の均一さがなく、品質にばらつきがあっても、中々それを是正できないこと、いい加減な働き方をすること、非道徳的・非倫理的な態度をとることなどが指摘されている。これらは品質管理のようなちゃんとしたチェック・システムが欠けていることから生じるのかもしれない。それどころか、粗悪品を混ぜたり、霧吹きをして重量をごまかしたりする業者もあったという。もっとも、こうしたインチキは第Ⅸ章で取り上げるように日本にもあった。とにかく、中国の人びとの行動が、生糸輸出の足を引っぱったことは否定できない。

　それに対し、日本は第Ⅸ章でのべるように、金本位制に立って、通貨交換システムを安定化させるとともに、官民挙げて養蚕農家の指導、養蚕学校などの人材育成の推進、官営の富岡製糸場の設立、フィラチュアの近代化、蚕糸試験場の創設、厳格な検査などを実施し、とくにアメリカのニーズに応えうる生糸を提供し、競争優位を手にした。リー (L. M. Li) がその論文に載せている図表が、この「生糸の日清戦争」の経過を端的に示している（図表Ⅱ-8）。同図表をみると、中国の生糸輸出量は趨勢としては増加している。20 世紀初頭までは、すでにふれたように、中国の輸出量のほうが、日本のそれを上回っていた。日本の輸出量は 1870 年代は中国のそれを大きく下回っていたが、その後は中国を急ピッチで追い上げ、第 1 次大戦直前の期間には、中国を追い抜く。第Ⅶ章でふれるが、とくに、最大市場たるアメリカにおいて、日本は中国を圧倒して

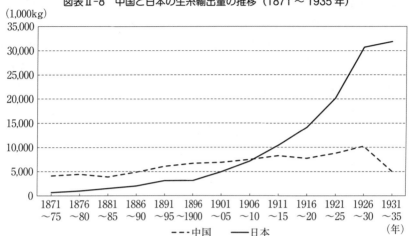

図表Ⅱ-8　中国と日本の生糸輸出量の推移（1871〜1935年）

（出所）Li, p. 80. の表をもとに作成。

しまうのである。

　日清間のシルク戦争に日本が勝利したことの意義は大きかった。第Ⅶ章でふれるが、アメリカのプリンストン大学のロックウッド（W. W. Lockwood）によると、日本は生糸を輸出して得た外貨によって、国内のインフラ整備と産業用機械の獲得などの近代化に必要な資金の3分の1ほどを入手することができた、という。そのとおりであろう。

7　第2次世界大戦後の状況

　清朝末期は内憂外患で混乱が続いたが、清朝も終わり、中華民国になっても、いぜん混乱が続き、軍閥の割拠、「満州帝国」の建設をきっかけにした日中間の緊張、そして日中戦争、第2次世界大戦、大戦後の国民党対共産党の戦い（国共内戦）と20世紀半ばまで、中国は政治的安定にはほど遠かった。国家として養蚕と染織を強力にバックアップする状況にはなかった。1949年には中華人民共和国が成立し、中国の養蚕・シルク産業は厳しい社会主義システムの中にくみこまれた。厳格な社会主義システム下での養蚕・シルク産業の有り様、状況というのは興味深い題材なのであるが、ただ、この状況は長く続かなかった。

大きな変化は 1979 年の対外開放によりもたらされた。中国は外国の力を借りた発展を目論んだわけだが、中国国内の巨大な潜在需要と豊富で安価な労働力は先進諸国の産業にとって限りなく魅力的であって、それらの国の企業、とくに製造業企業は競って人件費の安い、それでいてポテンシャルな人材の多い中国国内に生産拠点を設けようとした。対外開放後 20 年ほどで中国は「世界の工場」といわれるような状況になり、中国の経済は格段に良くなった。

　養蚕についていうと、そのアウトプットたる繭産出量も生糸・絹糸産出量も断然、世界一である（図表Ⅱ-9参照）。繭も生糸も絹糸もいまや 9 割強を産出する事態になっていて、大きな国内需要を満たし、また大々的に輸出もしていて、日本をふくめ、多くの国に生糸や絹糸を供給するようになっている。中国は実質的に世界の大部分の需要をまかなう生糸供給国なのである。ちなみに、生糸産出量の大きい国は、中国は別格として、インド、ウズベキスタン（ウズベク共和国）、タイ、ブラジル、ベトナムなどであって、ブラジルを除くと、いずれもアジアの国である。いまや日本もイタリアもフランスも、養蚕国とはいえな

図表Ⅱ-9　主要養蚕国の生糸産出量（トン）

年 国	2010	2011	2012	2013	2014	2015
日本	53	44	30	25	27	23
中国	96,000	104,000	126,000	125,000	125,000	122,000
インド	16,360	18,272	18,715	19,476	21,390	20,474
ウズベキスタン	940	940	940	980	1,100	1,200
タイ	665	655	655	680	692	698
ブラジル	770	558	440	440	433	463
ベトナム	460	448	448	448	447	450
イラン	75	120	123	123	110	120
北朝鮮	102	90	90	90	86	94
トルコ	18	22	19	17	11	11
インドネシア	20	20	20	16	10	8
ブルガリア	9.2	5.9	9	9	8	8
シリア	0.6	0.5	0.5	0.7	0.5	0.3
計	115,473	125,175	147,490	147,305	149,315	145,549

（出所）シルクレポート、2018 年 10 月号。

い。

　なぜ、中国は養蚕大国として生き残ったのか。ひとつには、シルクに対する国内需要が旺盛であり、また代替素材として化学せんいの登場が遅れて、養蚕が必要だったことによる。上海のような大都会でも養蚕がおこなわれていた。大都会でも子どもを使った独特の養蚕・製糸法が発達していた。そのうえに対外開放後は、生糸輸出を外貨獲得の重要な手だてとして政府も養蚕・製糸を後押しした。このため、1990年代には供給が非常に拡大し、業者が乱立して生産調整をおこなわざるをえない状態になったほどである。また、シルク産業をはじめ多くの2次産業においても、外国企業との提携や合弁事業がスタートし、OEM（original equipment manufacturer）が増えた。OEM は欧米、日本などのブランド力のある会社が、人件費の安い国の企業に生産を委託し、その製品に自社ブランドを付して売るやり方である。とくに中国が「世界の工場」とよばれたほどに、OEM のターゲットになった。とりわけ、シルクをふくむ織物・アパレルで OEM が多かった。ただ、ブランドに見合う品質が確保できなければ、OEM は成立しないわけで、欧米、日本などの会社は、中国での委託先に技術指導や人材育成をしなければならない。こうして技術移転が生じる。先進国の新しいテクノロジー、マネジメント・システムなどが導入された。とくに品質管理において改善がすすみ、中国の生糸と撚糸とアパレルは国際的評価に応えられるようになった。中国政府もせんい産業、養蚕・製糸業の振興に力を入れてきた。

　養蚕・製糸については、「東桑西移」という国家プロジェクトが始動している。文字どおり、この産業を東から西へ移す計画で、具体的には浙江省や江蘇省から、ベトナムに隣接する広西壮族自治区に移すのがねらいである。中国の経済発展は目ざましいが、いまでも沿海諸省と奥地のあいだには大きなギャップがある。国土の均衡的発展の施策の一環として、また当面の賃金格差を利用すべく、こうした計画が策定された。

　ちなみに、中国の 2016 年の地域別（従業者年間平均）賃金格差でいうと、全国平均の 6 万 7569 元（110 万 6780 円）を 100 とすると、浙江省は 7 万 3325 元で 108.52、江蘇省は 7 万 1574 元で 105.93 であるのに対し、広西壮族自治区は 5 万 7876 元で 85.65 である。上海にいたっては 11 万 9935 元で 177.50 になる（中

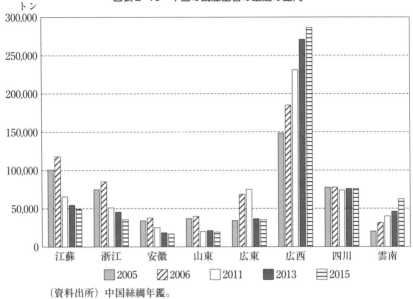

図表Ⅱ-10　中国の繭産出省の最近の動向

（資料出所）中国絲綢年鑑。

国統計年鑑 2017）。

　図表Ⅱ-10 は 2005 〜 15 年の主要省別繭産出量をあらわしたものである。同図表によると、広西省はすでに 2005 年の段階で、繭生産量が江蘇省や浙江省を凌駕している。江蘇省、浙江省、安徽省、山東省の繭産出量が 10 年間で低下しているのに対し、広西省のウエートが非常に増大し、雲南省の産出量も増大していることがわかる。まさに「東桑西移」である。

　ただ、繭は産出しても、地元において製糸ができるかというと、必ずしもそうではなかった。江蘇省、浙江省などの従来からの産地では、製糸技術・技能の蓄積があり、また OEM による技術移転もあって、国家認定、さらに ISO（国際標準化機構：International Organization for Standardization）の品質管理の認定を受けたところが多いのに対し、広西省の場合の製糸はそうした状況にない。結果的にその繭は従来の産地に送られ、そこで製糸がおこなわれている。しかも、主によこ糸用である。もっとも、広西省の事態は少しずつ改善されているようである。

第Ⅲ章

西 へ の 旅

1 3つのルート

　前章でのべたように、中国で養蚕がはじまり、シルクの染織が興ったのは、約5000年前だといわれている。当初は養蚕もシルクの染織ももっぱら中国でおこなわれていたのが、やがて近隣の地域にも伝わり、さらに遠く、ヨーロッパ、北アメリカにも伝播したというのが定説である。その伝播のプロセスはおそろしく複雑である。様々なエピソードを伴いながらも、エビデンスは多くなく、不明の点も少なくないのであるが、それは承知のうえで、あえて、伝播の跡をたどることにする。

　ただ、伝播という表現は正しくないかもしれない。養蚕なりシルクの染織が空間的に拡がる、あるいはある場所から別の場所に移転するということではなかったからである。そうした拡がりや移転はもっと複雑で、創造的で進化的なプロセス、あるいは相互影響のプロセスを伴っていたことが多い。シルクロードについていうと、「中国からシルクが西方に伝えられ、西方からウール、コットンのせんいが中国に輸入されたが、この交換のプロセスの中でシルク生産は複雑で非常にみのり豊かな進化を遂げた。そのプロセスにおいてクロス・カルチャラルな技術と様式の受精がおこなわれたのである」(Feng, p. 67)。「西への旅」と題したこの章でも、また後続の諸章でも、たんなる伝播ではなく、こうした進化あるいは相互影響の事態が取り上げられる。

　ここでは、養蚕と染織の伝播の方向を、大きく2つに分けてみる。ひとつは西方への伝播であり、最後に行き着く先はヨーロッパであり、あるいは北アメリカである。この章では西方への伝播をたどる。いまひとつは東方への伝播、旅であり、朝鮮半島を経由して、あるいは経由しないで直接にそれらが日本列島にやってくる。日本への伝来問題は第Ⅷ章で取り上げる。いうまでもなく伝

播の距離も、かかった時間も、またその複雑さも後者は前者にとても及ばないであろう。

　つぎに、養蚕とシルクの染織はワンセットで同時に伝播はしなかったであろう。すでにふれたように、中国の権力者は国内でつくったシルクの織物を、国外との交易品にすることには積極的であり、その交易で利益を得ることには熱心であったが、少なくとも養蚕の国外流出を厳しく禁じていた。養蚕とそのノウハウの流出を抑えようとしたのは中国だけではない。ビザンツでもイタリアの都市国家などでも、そうしたことがおこなわれた。ただ、大方の見方では（Zeuner など）、中国が独占を維持できたのは、紀元前後までだという。前章でのべたように、一方で国内で養蚕を広く奨励し、ノウハウの拡散を図りながら、他方でそのノウハウの国外流出を禁じるというのは、矛盾していて、いずれ破綻せざるをえなかったからである。ただ、こうした事情から、養蚕とその染織がワンセットで伝播したわけではないのである。まずはシルクの織物が伝わり、ついで養蚕と染織の技法が移転した、と考えられる。

　ちなみに、中国が輸出したシルクの織物がそのままで仕向地の人びとに着用された、ということでは必ずしもなかった。民族間の好み、文化のちがいがあって、中国の織物は現地で一たんほぐされ、別様の染色が施され、織り直したうえで着用することも多かったようである。あとでふれるコス島の王女パムフィラのエピソードはこのことを物語っているようである。

　なお、あらかじめ指摘しておくと、西への旅では養蚕ならびにシルクの染織の伝播は同時でなかったが、東への旅、すなわち日本への伝来では、第Ⅷ章でのべるように、ほぼ同時だった。このことは人びとのシルクのイメージ、シルク文化に大きな違いを生む。たとえばヨーロッパにシルクの織物が入ったのは紀元前後だが、途方もなく高価な交易品で、ごく一部の貴人、富裕層の人びととしか入手できなかった。シルクは直ちに権力・富のシンボルになったわけである。一般の人びとは当初は、シルクを見る機会すらなく、糸の正体が昆虫が吐き出すせんいだとは夢想だにしなかったであろう。

　これに対し、養蚕とシルクの染織がほぼ同時に伝わった日本では、大勢の人びとは養蚕に従事し、糸を紡いで織物にする。上等の糸、布は上納するが、屑シルクでつくるシルクの布などは自家用に使った。あるいは物々交換で欲しい

ものに変えた。つまり、一般の人びとの身近にもシルクがあった。重要な点は、美しい貴重なシルクを生み出してくれるかいこに対する驚嘆、感謝、畏敬の気持ちが人びとに生じたのではないか。かいこ蛾の神があり、それを祀る神社が多くあったことがこれを物語っている。最近、アメリカでバイオフィリア（biophilia）というコンセプトがひとつのトピックになっているが、それは人の身の回りにいる動物への関心、動物との共生の感覚をあらわすことばである。バイオフィリアとは「生命および生命に似た過程に対して関心を抱く生得的傾向」（Wilson、訳1ページ）のことだが、日本などでは、人は養蚕の中でかいこ蛾とのあいだにバイオフィリアの感情をもっていたのではないか。

中国の杭州にある中国国立絲綢博物館には、西方への養蚕・シルクの染織の伝播について3つのルートがあったとする図表が展示されている（図表Ⅲ-1）。これらのほか、同図表には、北京とハンガリーをつなぐ草原の道（Steppe

図表Ⅲ-1　シルクロードの地図

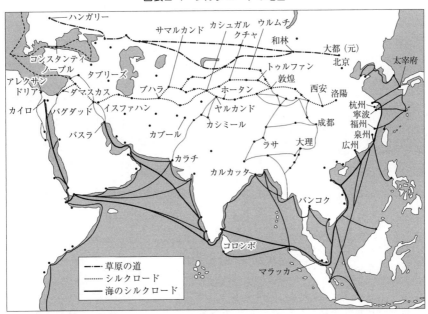

（出所）中国国立絲綢博物館（https://hisour.com/ja/china-national-silk-museum-hangzhou-china-35341/）展示の図をもとに作成。地名は現在の名称である。

Road）も載っている。ただ、このルートでのシルクの交易は元の時代は別にすると、皆無ではなかったにしても、シルクロードとよべるほど多くはなかった。

ひとつが有名な陸路のシルクロードである。このほかに、陸路で雲南からミャンマー、バングラデシュ、インドに抜けるルートと、中国の港を出て、南シナ海からマラッカ海峡を通って、インド洋、アラビア海を航行し、オマーン湾、ペルシャ湾に入って、チグリス川かユーフラテス川を遡行し、どこかに上陸するという海路のルートがあった。あるいは、オマーン湾に入らず、アラビア半島南岸を西にすすみ、紅海に入るコースもあった。3つのルートとも、不変のコースがあるわけではなく、それぞれに複数のコースがあって、時代により、またそのときどきの政治的、社会的事情により、コースは変わった。

なお、古代からの東西の交易ルートは、2013年に発表された中国の「一帯一路」の図面とほぼ一致する。中国から中央アジア、中東からヨーロッパに至る諸国間のつながりと、雲南省からミャンマー、あるいはバングラデシュを経てインド洋に出るルートと、南シナ海、マラッカ海峡、インド洋を通って西に向う海路が構想されている。東西交易の構図は、地政学的に昔も今も変わらない。

2　シルクロード

シルクロードという言葉には、なにか夢があり、ロマンティシズムの響きがあるが、現実のコースは広い不毛の砂漠、険峻な山脈を踏破し、またいくつもの河川を渡り、加えて乾燥し、高温や冷気の地、強風が吹くところを通らなければならない。オアシス・タウンであったところに、現在は、何十万、何百万の人口をもつ近代的大都市ができ、快適なホテルに泊まることができるし、らくだに乗ってトボトボと歩んだ道はハイウェイになっている。それでもこのシルクロードの旅は、日本国内や欧米の旅と比べ、カントリーリスクは高く、思いがけないハプニングがあるが、昔はもっともっと大変だったであろう。賊も出没し、荷を奪われたり、殺されたりするリスクも高かった。

それでも、シルクロードを通じてのキャラバン（隊商）交易が大昔から続いたのは、リスクを補って余りある、また苦労が十二分に報われる利益があったからであろう。シルクロードの交易でキャラバンの人びとだけでなく、ロード

ぞいの人びとや、交易品をつくり、キャラバンに提供した人びとも潤ったし、交易品を入手した人びとも満足感を得たであろう。何よりも交易にかかわった国の権力者は交易に係る認可や徴税で大きな富を得た。それに交易はしばしば実質は国営であることが多かった。そして、交易の中でも、シルクのそれが重要だった。

19世紀にシルクロードを踏破したヘディン（S. A. Hedin, 1865-1952）によると、「皇帝街道を通って中国本土から運び出されるすべての商品のうちで、普及範囲から言っても重要さから言っても、第一位を占めるのは中国産の高価なシルクであった。シルクはすでに2000年前に、全世界の貿易でもっとも珍重され、もっとも求められた商品であった」（Hedin、訳下巻、123ページ）。なお、ここにいう皇帝街道とはシルクロードのことである。

東西の交流、交易で陸のシルクロードがクローズアップされていたのは、古代から元の時代あたりまでであろうか。とくに、東側に漢、唐などの超大国があり、西側にローマ帝国、ビザンツといった大国が併立していた時代に、また中国からヨーロッパにまたがる一大勢力圏を築き上げた元のときに、シルクロードは経済的にも政治的にも重要だった。東の端が長安（現在の西安）、洛陽、大都（現在の北京）であり、西の端がローマ、コンスタンティノープル（現在のイスタンブール）、ヴェネツィアであった。

おそらくシルクロードの交易は、中国で統一王朝ができる以前から、ごく自然に営まれていた。というのも、たとえば紀元前4世紀半ばのものとみられる中央アジアの墳墓から、あきらかに中国中部の特徴的な織り方（紋織）と文様の、多分フェイス・カバーと思われる布片が出土したりしているからである。「つづれ織と刺繍したシルクの双方は、紀元前5世紀頃には中央アジアに届いており、さらに漢様式のデザインをもつシルクは、西モンゴルからはるかシリアといった地中海にまで見出されるようになっていた」（Feng, p. 70）。つづれ織は人気が高くタペストリーなどに使われていたし、またシルクの布に刺繍も施された。

シルクロードぞいの地域の支配者、権力者も交易を保護したり、奨励したりしたに違いない。この地域のある部分をある時期に制圧したあの荒々しいイメージのある匈奴でさえも、交易品を略奪してしまうよりも、手数料を徴取して

交易を保護するほうを選んだ。そのほうが得になるからである。

　また、中国本土の西側に位置する地域、今日の新疆ウイグル自治区や、さらに中央アジアの地域には、東方の中国文化への憧れ、関心があって、中国式の長寿や子孫繁栄をモチーフにした文様をあしらったシルクの織物は、その地域の権力者や富裕層の人びとが率先して欲しがった。

　匈奴を駆逐してシルクロードの東半分、つまりパミール高原の北東部、現在の新疆ウイグル自治区を中国側で確保し、整備しようとしたのは、漢の武帝（141-87BC）であった。領土を拡張したいという欲望とともに、交易、とくにシルク交易による大きな利益を手に入れたい思いも強かったのではないか。武帝はあらかじめ張騫をこの地域に使者として、あるいは偵察者として派遣したが、匈奴に捕われ、10年間抑留されたものの、武帝の元に戻って報告の任を果たしたことはよく知られている。武帝はシルクロードぞいの、新疆ウイグル自治区に大軍を送り、そこを支配した。漢王朝は現在のクチャ（庫車）の近くに西域都護府を置いたり、各地に屯田を設けたり、軍隊の分遣隊屯所である亭障をつくったりして、シルクロードを政治的、軍事的に担保するシステムをつくった。武帝はまた天山山脈とパミール高原の西側にあった、イラン系遊牧民がつくったバクトリア（中国でいう大夏）にも使節を送ったといわれている。その後、漢の勢いが衰えると、この地域の経営、シルクロードの管理も後退するのであるが、後漢になって、班超（32-102）が西域都護に任じられると、この地域での中国の影響力がふたたび強くなり、さらに中央アジアまでそれが及ぶようになり、シルクロードの交易の安全性が担保されるようになった。班超はローマ帝国領のシリアに使節を派遣したりした（97年）。中国とローマ帝国のあいだには交流があった。後年、唐の高祖と次の太宗も西域経営に積極的に乗り出して、軍隊を派遣してこの地域を制し、都護府を置いた。

　ちなみに、ニューヨークのメトロポリタン美術館で2004年に、新しい発見・研究を踏まえて「チャイナ―黄金時代の幕明け―200 ～ 750AD」と題した特別展が開かれ、同時に美術館とエール大学の共同編集になる同名の本が刊行された。主要なねらいのひとつは漢・唐時代の「中央アジアと中国の相互の影響」を浮き彫りにすることであり、新疆ウイグル自治区が主な舞台になっている。この本の中では、とくに「豊かなオアシス・タウン」だったと同時に、

「盛唐時代、領土の一部」であったトゥルファンのアスターナ墳墓などから出土した唐時代の保存状態の良い品々が展示・紹介されている。仏像・衣装を着けた胡人俑、壁のレリーフ、壺、食器・盃、装身具（アクセサリー）など。そしてウール、麻、コットンなどの布に混じって、シルクの衣服、靴、帯、寝具のほか、使途不明の裂（きれ）などもある。初期のシルクはほとんどがジン・シルクであり、刺繍が施されているものもある。

それらの布に施されている文様も多岐にわたっていて、花鳥・樹木、狩猟、らくだ、馬、山羊、猪、龍、猛禽といった動物などが描かれている。また、「パール・ラウンデル」（真珠の円環：pearl roundel）という図案も何点かみられる。「パール・ラウンデル」は中国本土でもみられる図案だという。「パール・ラウンデル」の中に鳥、猪、龍、植物などが描かれている。

新疆ウイグル自治区で養蚕が最初にはじまったのは、タクラマカン砂漠の南側で、インドへの入口にもなるホータン（保田）だという説もある（Silbermann, I, p. 27; Feng, p. 72 etc.）。同地には、養蚕伝来のエピソードがある。ホータンの王が中国の王女を后として迎えるに際し、王は王女にかいこ蛾の卵を秘かに持参するように依頼した。王女は髪の中にそれを忍ばせ、監視の目をくぐってホータンにやってきた、というのである。王女はこの地域の蚕神として崇められるようになった。ホータンは現在も養蚕とシルク産業が盛んで、いくつもの糸綢廠（しゅうしょう）があり、シルクの衣服、じゅうたんなどをつくっている。

まことに興味深いのは、新疆ウイグル自治区の養蚕には2つのタイプがみられたことである（Feng, p. 72）。ひとつがキジル・シルクであり、いまひとつがカシュガル・シルクである。前者は中国から持ち込まれた養蚕法であるが、後者は土着のそれである。中国渡来のやり方では、繭を煮て中の蛹を殺生し、その繭から生糸をリールするわけであるが、土着の方法は、繭から蛾が出たあとのもの、つまり屑繭を処理するのである。

いうまでもなく、屑繭からは良質のシルクは得られない。値打ちも格段に落ちる。おそらくはそのことはよく承知したうえで、土着の人びとは屑繭からシルクをスピンしていたのであろう。なぜか。それはかれらが敬虔な仏教徒であったからで、殺生を嫌ったのであろう。この時代に新疆ウイグル自治区にやってきたかいこ蛾は、じつに心優しい人びとに遭遇したわけである。しかし、そ

ういう人びとはもうこの地に、いな地球上にはいない。

　トゥルファン近くのアスターナ墳墓、民豊（ニヤ）などの遺跡からの出土品から、漢から唐にかけての新疆ウイグル自治区のシルクの織物の発展にはいくつかの段階があったことがわかっている（Feng, p. 67）。まずは、この地域と漢とのあいだにおいてシルクとウール、コットンとの交換があった。やがてこの地域のウールに漢のモチーフ、文様が反映されるようになる。まずは中国のモチーフ、文様、デザインの模倣がおこるのである。たとえば、欧米でリボンとよぶ幅1.5〜2.5センチメートルの帯状のウールに、中国風の小模様の龍が1列ないし2列に並べて織られている。それは新疆ウイグル自治区から中東にかけて男性のカフタンという長袖の長衣の帯として使われていたのではないか、といわれている。

　ついで、素材がウール、麻のほかに、シルクが出現するようになる。この地域で養蚕がはじまり、シルクが織られるようになったことを意味する。ホータンのエピソードがそれを物語っている。このシルクの布はジン（jin）で、漢の時代の代表的織物だった。ジンはたて糸を表に出した複雑な縞の織物で、新疆ウイグル自治区のジンの素材はウールかシルクだった。様々な色糸を使う。シルクのジンは、たて錦という見た目にはたて糸を並べるように表面に出した織である。シルクはキジル・シルクのこともあれば、カシュガル・シルクのこともあった。また、この地域伝来のモチーフのほか、中国のモチーフも文様になった。

　つぎの段階では、タケット（taquete）が多くなる。タケットはよこ糸を表面に出した複雑な縞の織物のことで、よこ錦である。よこ錦のほうがたて錦よりもあとで出現するわけである。織物の技術も進歩して、唐代になると、サミー（samite）が登場するようになる。「漢と唐の時代の織物技術の最終段階というべきものがサミーである」（Feng, p. 73）。それは唐以前の墳墓からは出土していない。サミーはタケットから発展したともいえるし、たて糸とよこ糸を直角に回す仕方でジンから進化したといわれる。紋錦とよばれるものである。サミーの特徴的な文様は、パール・ラウンデルあるいは花環（はなわ）とよばれるものである。このパール・ラウンデルあるいは花環の中に動物や人の顔が入っている。そうしたパール・ラウンデルあるいは花環の外にも、なんらかの模様が描かれてい

ることもある。フランス語のサミー（samit）は金糸・銀糸を織り込んだシルクの織物のことである。

3　中央アジア、中東

　シルクロードが通る中央アジア、中東、地中海東岸では漢王朝やローマ帝国が成立する前から、双方向の人びとの交流、交易がおこなわれていた。そこは遊牧民族の世界でもあった。漢の武帝の使節がバクトリアを訪れる約300年まえの紀元前3世紀に、マケドニアのアレクサンドロス大王（Alexandros, 356-323BC）は、バクトリアに遠征し、そのときから、同地域には数万人という大勢のギリシャ人がいたことが知られている。ギリシャ文化、ヘレニズムはこのあたり、あるいはガンダーラまで及んでいた。さらに大王はカイバー峠をこえてインド西北部、現在のパキスタンイスラム共和国、インダス川流域にも進攻している。中央アジア、中東は中国とヨーロッパの中継地であるとともに、インドとの交流・交易との結節の場でもあった。クレンゲル（H. Klengel）著『古代オリエント商人の世界』（1983）は、大王の大遠征以前の、つまり紀元前300年頃までの、地中海東岸、エジプト、中東、中央アジア、インドのあいだでの交易状況を、出土した多くの粘土板文書や遺跡のレリーフなどから読み取り、描き出したものである。同書によると、パミール高原から西方の中央アジア、イラン高原、メソポタミア、エジプト、東地中海のあいだには、またそれらの地域とインドのインダス川流域とのあいだでも、紀元前のはるか昔から交易がおこなわれ、陸路と海・水路の交易ルートが開拓されていた。交易品は金銀、銅、ウール、穀物、ラピスラズリー、染料、レバノン杉、奴隷などであった。現在のアフガニスタンからメソポタミアや東地中海沿岸・エジプトに達するラピスラズリー・ロードもあった。シルクは交易品としてほとんど出てこない。この時期には、シルク貿易にはあまり、あるいはほとんどウエートがなかったのであろうか。ウエートが高くなるのは、もっと後の時代からなのか。中国の話も出てこない。粘土板文書を精査すれば、新しい発見があるかもしれない。「古代エジプトとバビロンでは一般の衣服はコットンと麻であった」(Silbermann, I, p. 12)、あるいは「昔、エジプトには特産のシルクはなかった」(Pariset、訳40ページ）というから、シルクはまだ先のことだったのかもしれない。

ちなみに、インドという地名の範囲についてコメントをする必要があるかもしれない。この本でいうインドとはインド、パキスタンイスラム共和国、バングラデシュ人民共和国の３ヶ国をふくむインド半島地域を意味している。ところが、正確な地図をもたなかったヨーロッパの人びとがイメージするインドは茫漠_{ぼうばく}としていて、その言葉には南シナ海にそったベトナムからベンガル湾に面する陸地まで、さらにアラビア海に接する陸地でインダス川河口あたりまでがふくまれていた。アフリカのソマリア半島あたりまでも、インドとよばれることもあった。地域の名称、地名、あるいはその範囲は時代とともに変わることも多い。ただ、くり返すが、この本でいうインドとは、終始インド半島地域のことである。

　アレクサンドロス大王の遠征の問題に戻ると、この遠征にはかいこ蛾とシルクの話が絡んでいる。ひとつは、大王の部将だったオネシクリトス（生没年不詳）がバクトリアでシルクを見たという。いまひとつは、大王の師のアリストテレス（384-322BC）も出てくるエピソードであるが、アリストテレスは大王の遠征に際し、東方の動物を収集したり記録したりすることを奨めた。遠征隊には700人もの専門の動物班が随行し、その成果をマケドニア、ギリシャに伝えた。その中にかいこ蛾に関する知見もふくまれていたのであろう。ちなみに、大王はアリストテレスの学者としての関心事にただ協力したのではなかったのかもしれないし、アリストテレスも学問的興味から進言したのではなかったのかもしれない。為政者は人びとの生活をよく知らなければならないが、その生活はその土地の植物とともに動物に全面的に依存しているからである。大王は征服地をよく統治するため、そこの動物誌が必要だと考えたのであろう。

　なお、アリストテレスの動物学や動物誌に対する関心は非常に強くて、昆虫、鳥類、魚類、哺乳類に関するじつに多くの記述がある。紀元前１世紀に現在の形に編纂された『アリストテレス全集』20巻のうちの３巻は、動物論ともいいうるものである。ヨーロッパの養蚕史の本では、アリストテレスがかいこ蛾に関して相当の知識をもっていたことがのべられている。「アリストテレスは真正かいこの角のある幼虫とその幼虫から蛾への変態についての知識をすでに持ち合わせていた」（Zeuner、訳561、562ページ）。ただ、この知識はどうも当時とその後の一般の人びとに伝わらなかったようである。

ここで問題にしたいのは、紀元前2世紀にすでに中東かペルシャかインド西部にかいこ蛾がいた可能性である。そのかいこ蛾は中国からやってきたかいこ蛾ボムビックス・モリの子孫なのか。さきにのべた定説では、中国の養蚕の独占は紀元前後まで続いたとするが、これとは矛盾する。インドにはいくつかの種類のくわこがいたから、インドからこれらが伝わり、改良されたのかもしれないし、あるいは、この地域の品種がいたのかもしれない。アッシリア品種、小アジア品種がいたという主張もある。「桑は古い時代から、野生の状態であったとしても、西アジア全域にひろくあった」（Silbermann, I, p. 9）とすると、そうした可能性がある。

　中東や中央アジアも、時代が下って、ローマ帝国のときには、シリアのパルミラはシルクの織物で知られるようになっていた。パルミラはメソポタミアと東地中海をむすぶ交通上・交易上の要衝で、シルクの織物の取引の拠点になっていた。同地からは漢の時代のシルクの裂（きれ）も出土している。ローマ帝国時代のある時期からビザンツの頃まで、織物づくりもおこなわれていた。周辺で養蚕もおこなわれていたらしい。シリアでは現在も小規模ながら養蚕がおこなわれている。また、トルコ南岸沖のコス島の薄手のシルクの織物は、ローマの高貴な女性のあいだで非常に人気があった。それは「風を織った布」とよばれていた。コス島のシルクは非常に高価であった。コス島のシルクについてはエピソードがあって、この島の王プラテオス（Plateos）の王女パムフィラ（Pamphila）は東方からシルクの織物を入手し、それをほどき、糸状にして再び、すき透った美しい布を織ったのだという。東方とははるか中国のことか、それともペルシャ、メソポタミアあたりのことか。

　けれども、東地中海沿岸には、第Ⅰ章でふれたように、ボムビックス・モリとは別種の、カレハガ科の学名でパチパサ・オッスという蛾が実在していて、コス島のシルクはこの蛾の繭から紡いだものだという。パチパサ・オッスはコス絹糸蛾ともよばれ、成虫の形状はボムビックス・モリのそれと少し違うし、幼虫は桑ではなく、かしやいとすぎの葉を食する（Zeuner、訳558ページ）。コス島のシルクは当初はエピソードのように、東方からのシルクの織物を再生していたのかもしれないが、やがてパチパサ・オッスの繭から糸を紡ぐようになったとも考えられる。

いずれにしても、紀元前後までに、地中海東岸、中東などのシルクロードぞいの地域でシルクの交易がおこなわれ、ところによっては、中国式のものではないかもしれないが、養蚕も営まれていたと思われる。あるいは野蚕からの製糸、織物づくりもおこなわれていたであろう。

　東地中海沿岸に関しては、シルクにかかわってもうひとつふれておかなければならない問題がある。それは染料のパープル（purple）である。パープルはシルクを染める代表的な、高貴な色である。もっとも、パープルはシルクが登場する以前からあって、ウールなどの染色に使われていたが、シルクがあらわれると、それを一番引き立てる染めになった。古代から中世にかけて、とりわけヨーロッパでは皇帝、国王、枢機卿などはこの色のシルクの衣服を身に着けた。中国渡来のホワイトシルク（白絹）はすぐにパープルに染め上げられたといわれる。

　ジルバーマンによると、パープルは植物系（ヘルバリエ）と動物系（コンシリン）の2通りの素材、仕方で染められるが（Silbermann, I, p. 42）、主要な、また有名な素材は後者のほうで、海の巻貝アクキガイ科の貝のパープル腺からごく少量だけ採取できる（図表III-2）。同図表の3つの巻貝は左からパープラ・ラピルス、ムレクス・トルンクルス、ムレクス・ブランダリスとよばれているもので、「チリアン・パープル」という色調を出す、パレスチナ・レバノン産の貝である。なお、日本の吉野ケ里遺跡からも、茜染めなどの布とともに、貝紫で染めた裂が出土しているという。貝紫はパープルと似た染料かもしれない。

　パープル、スカーレット（緋色）といった鮮明な色を出す染料は高価だった

図表III-2　パープルの巻貝

パープラ・ラピルス　　ムレクス・トルンクルス　　　　ムレクス・ブランダリス
（出所）Heusser, p. 12.

が、中でもパープルはとくに高価だったし、しばしば国家管理の対象でもあった。巻貝からのパープルの採取は非常に古く、フェニキアの重要な交易品だった。フェニキア（現在のシリア沿岸）には、パープルの染料採取工房の集積があって、その集積地には巻貝の殻で小高い丘ができていたという。

　ちなみに、今日の人びとがイメージするパープルは概して紫紅色であるが、古代のパープルの色はそうしたものであったか。古代のパープルはじつは、インディゴ（インド藍）に近い色ではなかったかという説もある。パープルの色調は3000年近く、一定不変であったのではなく、時期と、場所によってバイオレット・レッドからブルーまであいだでのグラデーションがあったのかもしれない。

4　ササン朝ペルシャとムスリムの養蚕とシルクの染織

（1）ササン朝ペルシャ

　これらの地域には、その後東地中海沿岸にビザンツ、イラン高原にササン朝ペルシャ、アラビア半島からメソポタミアにかけてムスリム、アラブが興り、ムスリムの初期を別にすると、いずれも養蚕とシルク産業を奨励した。これらの国は、養蚕、シルクの染織の発展のうえで、大きな役割を演じた。ササン朝ペルシャがパルティアに代わってイラン高原を支配したのは226年、滅亡したのは651年だが、その間に養蚕とシルクの染織はペルシャに根づいた。もともとペルシャの織物の評価は高かった。ペルシャじゅうたんには4000年の歴史があり、また古くからペル

図表III-3　ササン朝のシルクの織物の文様

（出所）Silbermann, I, p. 37.

シャ更紗があった。サラ さササン朝でシルクの染織が出現するひとつのきっかけは、シャープール1世（Shapur I、生没年不詳、在位241-72）がローマ帝国と戦い、シリアに進出し、多くの高価なシルクの戦利品を持ち帰ったことによるといわれている（Silbermann, I, p. 37）。またササン朝全盛期のホスロー1世（生没年不詳、在位531-79）がアラビア半島南端のイエメンにまで進出し、インドとの交易を推進するなかで、養蚕とシルクの染織が盛んになったともいわれている。そして、独自の文様のシルクの織物を生み出すようになった。ライオンや鷲の文様、つる草が絡んだような唐草文様、奇怪な動物をあしらった文様のシルクの織物は中国など国外でも評価され珍重された。もっとも、そうした文様はシルクの織物にだけ施されたわけではなく、他の素材の織物その他にもみられた。日本の正倉院御物の中にもある。

　ササン朝の織物の文様というと、唐草模様がよく知られているが、図表III-3のような動物をあしらったものもある。4〜5世紀の作品だという。

(2) ムスリム

　ササン朝ペルシャにとって代わったのが、ムハンマド（Muhammad, 570-632頃）を教祖とするイスラム教を奉信する勢力・ムスリムであった。それはアラビア半島で興ったが、すぐに北上を開始し、現在のシリアに入って、ダマスカスを都とするウマイヤ朝を打ち樹てた。ダマスカスのウマイヤ朝は90年弱の短命だったが、その間に勢力圏は急速に、また大々的に広がった。アフリカ北部を西進して大西洋に達し、さらにジブラルタル海峡を渡ってイベリア半島を制圧する一方で、メソポタミア、イラン高原、中央アジアを席巻し、さらにインド北西部まで進出した。しかし、ウマイヤ朝は内部抗争・後継者争いの中で750年に、アッバース朝にとって代わられた。後者は都をダマスカスからバグダッドに移した。

　イスラム社会では当初は華奢を禁じるムハンマドの戒律があって、シルクを身に纏うことも禁じられていたというが、アッバース朝の時代になってムスリムが政治的に安定し、道徳・風習が優しくなると、経済的な繁栄をもたらした。人びとの生活がより豊かになるにつれ、シルクがいつしか用いられるようになり、養蚕が盛んになり、シルク産業も元気になった。ムスリムはアッバース朝

成立の翌年の751年に唐の高仙芝とのタラス湖畔の戦いで勝利し、大勢の中国人捕虜を領内に連れ帰った。その中に紙漉や陶芸の職人がいて、かれらがムスリムの製紙業、窯業の発展に多大の寄与をしたことは、よく知られている。養蚕に詳しい捕虜やシルクの織工の捕虜もいたかもしれない。かれらもムスリムの養蚕や染織をリードした可能性が大きい。

　ムスリムの膨張とともに、イスラム教も広まったが、養蚕とシルクの染織も拡散していった。さきにふれたように、その勢力がアフリカ大陸の北岸を西進すると、やがて養蚕も西にすすんだ。アフリカの北岸は養蚕に向いていたようである。そして、ジブラルタル海峡を渡ってイベリア半島に上陸し、その勢力圏が拡大すると、養蚕もまたイベリア半島、とくに南東部で盛んにおこなわれるようになる。

　アッバース朝時代は非イスラム教徒や他民族に比較的寛容であって、ペルシャ人などを要職に登用したといわれている。それだけではない。イギリスの著名な経済学者のマーシャル（A. Marshall）はこう書いている。「サラセン人は熱心に被征服民族から学びうる最上のものを学びとろうとした。かれらは芸術を育成して、キリスト教世界がその存否をほとんど意に介しなかった時代に学芸の光をたやさないようにした。このことに対してわれわれはつねに感謝の念を忘れてはならない」（Marshall、訳Ⅰ、125ページ）。養蚕とシルクづくりについても、そうであったにちがいない。

　ムスリムはシチリア島にも進攻する。パレルモを陥落させたのは831年である。そして養蚕も同島でおこなわれるようになる。第Ⅳ章でのべるように、イタリアはその後ヨーロッパでの養蚕大国になるのであるが、そのきっかけは、ムスリムによるシチリア島への養蚕の持ち込みだとする説が有力である。「イタリアで養蚕のはじまりは8・9世紀である。ボムビックス・モリの小アジア品種がムスリムによりシチリア島で飼育されるようになった」（Tambor, p. 1）。

　ムスリムのシルクの織物の産地というと、やはりダマスカス（ダマスともいう）、バグダッド、アレクサンドリアあたりになろう。いずれもシルクの織物について相応の歴史があり、技法の蓄積があり、優れた織工がいた。ムスリムのシルクの織物は、とくにこれらの地域の織工の腕前によるところが大きい。これらの地域ではダマス織、ビロード、金襴、マラマトなどが織られ、ヨーロッパに

まで名声が届いていた。たとえばシャルルマーニュ（Charlemagne, 742-814）の財宝目録のなかに、それらの豪華なシルク製品が入っていたという。

ダマス織は文字どおり、ダマスカスに由来する織物で、色調豊かな、目の詰んだ上等の織物である。ビロード（ベルベット）は布を毛立てて柔らかな感じ、滑らかな感触を出している。中国で天鵞絨とよばれるものである。ムスリムの間ではグリーンが一般的だったという。金襴は金糸を織り込んだ高価な織物である。マラマトは厚みのある金襴の緞子であって、武具の部分、マント、カーテンとして用いられていた。これらのムスリムの織物は「高価な生糸といい、織物といい、独特の美しい特徴があり、今日もなお手本として通用する」（Silbermann, I, p. 68）。そして、これらはムスリムから直接に、あるいはビザンツ、ギリシャを経由してイタリアなどのヨーロッパに持ち込まれ、ヨーロッパのシルクの織物は、それを土台にして発展したともいえる。

十字軍遠征の頃にはアンチオキア、ダマスカス、ベイルート、バグダッド、アレッポ、チリウス、タリウス、サタリア、タマグスタ、アレクサンドリアなどがシルク産業の拠点だった。とくにアレクサンドリアは東西両世界をつなぐような場所柄、織物づくりの拠点にとどまらず、生糸や織物の取引センターにもなっていた（Silbermann, I, p. 68）。中東のシルク産業はムスリムに負うところが大きい。この国民部族は養蚕と、とくに染織について独自のものをつくり出した、とジルバーマンはいう。

ラウレイによると、920年にビザンツの大使としてバグダッドに赴任したイブン・シューマ（Ibn Schunah, 生没年不詳）がカリフの宮殿で見聞したことをこう記している。「宮殿は約3万のカーテンで飾られていたが、そのうちの1万2000はシルクか、錦織の布だった」（Rawlley, p. 19）。コンスタンティノープルの宮殿内には、そんなに沢山のシルクはなかったのだろう。当時、シルクは豊かさ、文化度のバロメーターだと考えられていた。

ムスリムのバグダッドやダマスカスの（豊かな）人びとの生活にシルクが入り込んでいる状況は、『千一夜物語』の記述からも知ることができる。『千一夜物語』は10世紀頃にできたムスリムの民話集だといわれている。この当時までのムスリムの人びとの生活を垣間見ることができるのではないか。民話の多くは、ムスリム、アッバース朝の最盛期が背景になっている。そして、『千一

夜物語』の130夜にはシルクに文様を描いたり、刺繍に長けた女性の話が出て
くるし（訳Ⅳ、5ページ）、254夜のところでは、「金色のシルクの薄い網目の布
地の軽いターバンを巻き付ける」ファッションにふれている（訳Ⅴ、44ページ）
など。ムスリムの染織や文様は現代でも高く評価されている。1920年代にア
メリカの有力な業者が、ムスリムの織り方と色合いをコピーしたネクタイを販
売し、評判になった（Heusser, p. 30）。9世紀から10世紀にかけてバグダッドの
人口は150万人だともいわれ、大変賑やかであった。当時のバグダッドやダマ
スカスの人びとは、ダークエイジのヨーロッパの都市の人びとより、余程よい
生活をしていたのではないか。なお、アッバース朝は10世紀半ばになると衰
え、領内にいくつもの王朝ができるようになるが、バグダッドのカリフは、モ
ンゴルがやってくるまで、宗教上の権威はもっていた。

　付言すると、時代は下って、マルコ・ポーロは中国への往復の途上でメソポ
タミアやイラン高原を通っている。1270年前後〜1290年代前半のことである。
かれは例によって、各地の物産をのべているのであるが、これらの地域の諸都
市でシルク産業がじつに盛んな様が伝わってくる。1258年にアッバース朝は
亡び、メソポタミアやイラン高原はモンゴルの支配下に入るわけであるが、シ
ルク産業はその中で発展している様子がわかる。モスルのところでは、「モス
リンと名づけられる金糸織絹布は、皆この国の産である……金糸織絹布を大量
にもたらして来るある『モスリン』と呼ばれる大商人もすべてこの国の民であ
る」（Marco Polo、訳Ⅰ、46ページ）。バグダッドでは、「『ナシチ』、『ナック』、
『クラモイシイ』などといった各種の鳥獣模様を豪華に刺繍した様々の織物が
製造」（Marco Polo、訳Ⅰ、48ページ）されていた。なお、ナシチとは多分錦、ナ
ックとは渾金の緞子、クラモイシイとは深紅のビロードをいう。

　ペルシャのタブリーズは当時のイル汗国の首都であり、衰えたバグダッドに
代わって、この地域の政治、経済の中心になっていた。同地の「住民は商業・
手工業を生業とし、高価な各種の絹布・金糸織を製造する」（Marco Polo、訳Ⅰ、
58ページ）。ケルマンという都市については、「婦女たちも又、手芸に長じてお
り、色とりどりの絹布に鳥獣そのほかの模様を刺繍しては巧妙を尽くす。彼女
たちは貴族・縉紳の注文に応じて豪華なカーテンを刺繍し上げるが、できばえ
のみごとさといったらただ驚嘆するばかりである。このほか、クッションや掛

けぶとん・枕のたぐいを仕立てても優雅この上なしである」(Marco Polo、訳Ⅰ、70ページ)。ヤズド（現在のヤスティ）も「ペルシャにある由緒深い都市で、商業取引が盛んである。この地には『ヤスディ』と呼ばれる絹布が多量に製造される。商人たちはこれを諸外国に販売して非常な利潤を収めるのである」(Marco Polo、訳Ⅰ、69ページ)、などなど。

　中央アジア、ペルシャはその後も養蚕をおこない、シルクを織り続けた。モラー（L. Molá）の『ルネッサンス期のヴェネツィアのシルク産業』(2000) によると、ヴェネツィアの商人はペルシャの生糸やシルクをヨーロッパに運んだ (Molá, p. 56)。ペルシャの生糸、シルクの産地はカスピ海沿岸であって、それらの品物は黒海を経由し、ボスポラス海峡、マルマラ海、地中海を通ってイタリアの港に運ばれたという。1453年にコンスタンティノープルがオスマン・トルコの手に落ち、東ローマ帝国が滅亡すると、この交易ルートはあまり使われなくなった。代わりにシリアで養蚕、製糸、染織が盛んになり、その産物がイタリアなどにもたらされた。

5　ビザンツ

　ビザンツ（帝国、東ローマ帝国）はローマ帝国の東西分裂によって成立したとすると、それは395年のことで、「第二のローマ」といわれたコンスタンティノープルが首都だった。小アジアとバルカン半島南部を主な勢力圏としていたが、シリアなどの中東でササン朝ペルシャやイスラム勢力のウマイヤ朝等と度々争った。ビザンツは長い間続いた。ビザンツには栄光の時代もあったが、政情不安で低迷のときのほうが多かった。

　ビザンツの養蚕、染織にふれる場合、まずユスティニアヌス1世（Justinianus I, 482-565) にふれないわけにはいかない。この皇帝は「ローマ法大全」をつくったことで知られているが、産業振興にも力を入れ、養蚕、シルク産業の育成・発展に熱心だった。「この皇帝のおかげで、養蚕をヨーロッパに成功裡に取り入れることができた」(Heusser, p. 27) という評価もあるくらいであった。

　ビザンツでユスティニアヌス1世をはじめ権力者が養蚕、シルクの染織を育て上げることに熱心だったのは、はじめはササン朝ペルシャ、後にはイスラム勢力と争うことが多く、東方からのシルクの供給が途絶しがちであったことが

あげられている。「ビザンツのシルク不足がひんぱんな戦争の主たる原因」（Silbermann, I, p. 30）だった。ビザンツはローマ帝国の華美で贅沢な習慣を引き継いでいて、シルクに対する需要も小さくなかった。

　ビザンツの養蚕は小アジアとバルカン半島南部でおこなわれ、シルクの織物工房はコンスタンティノープルのほか、アテネ、コリンズ、テーベなどにあった。コンスタンティノープルは生糸と織物のもっとも重要な集積地、取引センターであったといわれる。重要な点はビザンツがシルクの染織を国家独占のもとに置いたことである。パープルについても厳重な国管理をした。その大きな利益を国家で確保しようとしたのだとされている。

　ビザンツの織物はヨーロッパの博物館や教会に多く残されている。また、アクミン－パノポリスの遺跡から出土した裂などもある。これらを分析したフォレラー（R. Forrer）の『ローマとビザンツのシルク産業』（1891）は貴重な研究である。同書には多くの裂が掲示されている。フォレラーによると、遺跡から出土した裂のシルクは非常に少なく、「ウールの裂は幾百とあるけど、シルクはひとつしかない、というほどに希少だった」（Forrer, p. 10）。パリーゼ（E. Pariset）も、ビザンツではシルクは非常に希少だったという。シルクはやはり貴重だったのであろう。

　フォレラーの本に掲示してある文様の写真をみると、一口にビザンツといってもローマ帝国の影響を受けたと思われるもの、アラビア文字をデザインしたムスリム風のもの、

図表Ⅲ-4　ビザンツ初期の織物の文様

（出所）Forrer, p. vi.

具象的なもの、抽象的・幾何学的なもの、初期と後期のものと、じつに色々あることがわかる。ビザンツは1000年余続いたし、ヨーロッパからアジアにまたがった版図だったから、当然のことである。

　図表Ⅲ-4はビザンツ初期の織物であって、1と2は麻布にシルクの糸で文様を出している。いずれも十字架の印が施されている。3と4は同じ手法でジグザグ文様、5と6は幾何学文様になっている。7～11までは綾織のシルクで色調はグレイと白である（Forrer, p. vi）。ただ、ビザンティニスムス、ビザンチン様式というのは、教会の絵画や工芸品などをみると、なにか独特のものがあり、秀麗である。ところが、ビザンツの織物に対する評価は、フォレラーもふくめてあまり高くはない。ササン朝ペルシャやムスリムの織物に対する評価が高いのと対照的である。とりわけ文様についてそうである。十字架、エンゼル、動物、幾何学模様の文様が非常に多く、しかも模倣が多いという。また文様に「ある種の単調さ、画一性がある」（Silbermann, I, p. 38）。ドイツ語のビザンチーナ（ビザンツの人）には追従者という意味も込められている。これはシルク工房が国家管理のもとにあったことと関係があるのかもしれない。

6　ロ　ー　マ

　シルクロードの西の端は紀元前後から4世紀末頃までローマであった。ローマにシルクはいつ到達したのか。大方の見方では、それは紀元前後で、おそらくはカエサル（Caesar, Julius, 101-44BC）の時代ではなかったかとする（Zeuner、Heusser、Silbermannなど）。もっとも中国のシルクがはるばるローマにやってきたかどうかは定かではないが、人びとは中国のシルクだと信じた。権力者や富裕層、とくに女性はたちまちシルクに魅せられてしまった。さきにふれたコス島の透き通るように薄い、美しい布などとしても、大変な人気があった。シルクはほぼ同じ目方の金と交換されたという。アダム・スミス（1723-90）も『国富論』の中で、「シルクの織物は、同じ重量の金と引き換えに売られた」（Adam Smith、訳335ページ）とのべている。名君の誉れ高い皇帝アウレリウス（Aurelius, 121-80）の后が、1着のシルクのドレスを欲しがったが、皇帝は首をたてに振らなかったというエピソードもある。

　一方で、ティベリウス（Tiberius, 42BC-37AD）をはじめ何人もの皇帝はシルク

を贅沢品だとして着用を禁じたりした。また、女性が身に纏うにはあまりに薄すぎるとか、男性の着衣としては軟弱な布だといった市井の批判も少なくなかった。こんなエピソードもある。222年のことだというが、皇帝ヘリオガバルス（Heliogabalus, 204-22）はガーゼ（gauze）のように薄いシルクの服を纏って、群臣のまえにあらわれ、みんなを仰天させた。皇帝はだれかにそそのかされ、裸の王様になったのであろう（Silbermann、Zeuner）。もともとかれはクレージーな皇帝ではあった。しかし、ローマ帝国の爛熱期になると、豊かな人びととシルクをますます愛用するようになった。さらに、380年頃になると、シルクの値段も安くなり、一般市民も買えるほどになっていた。ただ、ローマ帝国時代のローマでのシルクの織物については、薄手の羅や紗の類のエピソードばかりで、中国特産ともいうべき錦織、紋織の布のことは出てこない。中国風の文様の衣服を着用した話もない。

　ところが、ローマ帝国の地中海東岸の領地では、すでに紀元前後から養蚕がおこなわれていたと思われるのに、イタリア半島には中々やってこなかった。そうなるのはシルクが到来してから、何百年かあとのことである。ローマでは、シルクがどのようにしてできるのかについてさえ、正しい知識がなかった。皇帝ネロ（Nero, 37-68）の時代の高名な行政官で博物学者のプリニウス（G. Plinius, 23-79）の膨大な『博物誌』（77）の中にかいこ蛾が出てくる。「シルクの発明」という小見出しのその記述は以下のようになっている。「大きなウジが2本の突出した特別の角をもつ毛虫になり、次に繭というものになり、そしてこれが蛹になり、またこれが6ケ月経つとカイコになる。このカイコがクモと同じように巣を張り、婦人の衣服になるシルクとよばれる贅沢な材料をつくり出す。この巣を解きほぐし、その糸をまた織り上げる方法を初めて発明したのはコス島にいたプラテオスの娘パムフィラという名の婦人であった。この婦人はたしかに、婦人の衣服を薄くしていって裸に近くする方法を発明したという否定すべくもない栄誉を担っている」（プリニウス、訳491-492ページ）。プリニウスはローマ帝国の第一級の知識人であり、最大の博物学者であったが、これがかれのかいこ蛾に対する知識であった。

7 西南ルートとインド

　さきの図表Ⅲ-1をみると、長安、新疆ウイグル自治区、中央アジア、イラン高原、メソポタミア、地中海東岸、ローマ、コンスタンティノープルをむすぶシルクロードのほかに、中国の四川省や雲南省からミャンマー、バングラデシュ、インドに出る陸路があった。チベットを経由する場合もあった。西南ルートがそれであって、こちらも高い山脈を越え、いくつも川を渡らなければならなかった。高温多湿で、風土病に罹りやすく、厳しい旅になった。チベット経由の場合も、高い山、荒涼たる高原を通らなければならない。昔はもっと厳しい旅であったろう。

　中国が公的にこのルートに関心をよせ、調査をこころみたのは、やはり漢の武帝の時代で、西域の開拓に功績があった張騫が、ルートの調査をこころみたことが知られている。しかし、どうもうまくいかなかった（羽田・山田・間野・小谷、153ページ）。唐の時代になると、ようやくチベットとの交流がはじまり、太宗のとき王玄策はチベット経由でインドに往復した（前掲書、221ページ）。

　西南ルートは他の2ルートに比し、交易ルートとしては昔も今も、大きなウエートをもちえなかった。シルクロードとよぶに足りるほどのシルクに係る交易はおこなわれなかった。しかし、漢や唐の時代よりずっと前から、西南ルートがあり、しかも何通りかのルートがあって、人びとの交流、交易はおこなわれていたのではないか。加えて、このルートぞいの地域には、カイコガ科やヤママユガ科の多くの蛾がいた。カイコガ科は、いずれもくわこであり、ベンガルくわこ、ミャンマーくわこ、マドラスくわこ等がいた。これらのくわこの家蚕化がおこなわれたかもしれない。またヤママユガ科では、第Ⅰ章でふれたような、トゥソール蚕、エリ蚕など。ツォイナーはこの方面から養蚕や野蚕からのシルクの採取の慣習が中国からインドへと伝わったと考えていたらしい。インドの「もっとも早いシルク産業はプラマプトラ川流域に、紀元前1000年頃にあったようだ」とのべている（Zeuner、訳560ページ）。プラマプトラ川はインドの東部とバングラデシュ国内を流れている。プラマプトラ川流域からガンジス川方面へと養蚕、野蚕からのシルクの採取、シルクの染織は西進したという。

けれども、この点でのインドの歴史的事情はわからない。「中国人は記録を
よく残すが、インド人は記録を残さない」といわれるように、インドの古い時
代の養蚕、シルク産業の状況に関する情報は極端に少ない、あるいは皆無に等
しい。インドは大きなブラック・ボックスになっている。もっとも、サンスク
リットの文書を精査すれば、なにか判明するかもしれない。インドでもおそら
く、紀元前から養蚕、野蚕からのシルクの採取やシルクの染織がおこなわれて
いたが、中国ほどには技術が発達しておらず、そのシルク製品の交易上の価値
は中国産の品物に比し、格段にひくかったと思われる。人びとが欲しがるよう
な見事な織物、あるいは高級品ではなかったのではないか。ちなみに、『アレ
キサンドロス大王遠征記』の「インド誌」には、インドの人びとは、一般に麻
を着用していたとある（訳Ⅱ、262ページ）。

　養蚕に関して中国からの伝播があったとすると、それはシルクロードを通じ、
タクラマカン砂漠のすぐ南のホータンからカラコルム山脈を越えて、カシミー
ルに入ってきたのではないか、とする意見もある（Rawlley, p. 3）。すでにふれ
たように、ホータンは新疆ウイグル自治区において最初に養蚕がはじまったと
ころだとされている。カラコルム山脈越えでカシミールのほか、パキスタンの
カラチ、さらにアフガニスタンのカブールにも伝わったという。十分にありう
ることである。具体的には、ホータンの西方のヤルカンド（莎車）（塔什庫爾干）
からカラコルム山脈を踏破してインドに入るルートがあった。中国からいくつ
かの複数のルートを経て養蚕とシルクの染織がインドにやってきた可能性は十
分ありうる。そして、インドでの独自の発展もあったと思われるが、その具体
的エビデンスは今のところない。

　カラコルム山脈越えのルートは、中国から地中海沿岸に達するシルクロード
全体からみると、ひとつの脇道ということになる。だが、この脇道は東地中海
沿岸とインドとの交易ルートに通じている。クレンゲルが描き出しているよう
に、インドとペルシャとの人的交流、交易は大昔からおこなわれていた。いな、
大きな目でみると、ペルシャの商人は仲介者であって、インドと東地中海沿岸
との交易が、中国と東地中海沿岸とのそれと並んで、営まれていたというべき
かもしれない。

　以上のような東西間の２つの人的交流、交易の流れの中で、インドでも養蚕

がおこなわれるようになり、ペルシャ、メソポタミア、シリアにもそれが広がる。ムスリムの著名な博物学者のアル・ダーミリー（al-Damiri Kamāl al-Din, 1344-1405）はかいこ蛾を「インドの虫」とよび、「もっとも素晴らしい生物」だとのべているというが（Rawlley, p. 15）、西方の人びとにとって、かいこ蛾と養蚕は「インドから渡来」したと思ったとしてもおかしくはない。

　ちなみに、インドでは養蚕とシルク産業はそれなりに発展したのであるが、それは自国の人びとの需要を満たす程度のものだったといわれている。その存在がヨーロッパにおいてクローズアップされたのは18世紀になってからで、イギリスによるインドの植民地化がきっかけだった。同国をはじめヨーロッパ諸国ではシルク産業が台頭してきて、生糸や屑シルクの供給が逼迫しがちであった。インドや中東諸国はそれらの安価な供給国になったわけで、イギリスの東インド会社等はそうした国々の生糸、シルク屑をせっせとロンドンまで運んだ。カシミールのほか、ベンガル地方で養蚕が盛んになった。ヨーロッパではインドの生糸はベンガルとよばれていた（Silbermann, I, p. 421）。ベンガル地方が主たる産地だったのであろう。中国と日本がここに参入するまで、インドの生糸、シルク屑には、ヨーロッパのシルク産業にとって、それなりの重要性があった。ただ、イギリスのインドでの養蚕のプランテーションは、第Ⅵ章でふれるが、それほど成功しなかったのではないか。

　なお、20世紀はじめ頃の生糸産出量は、日本が2185万ポンド、中国が1768万6000ポンドに対し、インドは220万ポンドと少ないし、中東の365万3000ポンド、イタリアの850万7000ポンドよりも劣る。ただ、21世紀においてはインドは中国に次いで繭産出量の多い国になっている。2015年には中国の生糸産出量が12万2000トン、インドのそれが2万474トンになっていて、中国の6分の1ほどの産出量だが、3位のウズベキスタンを大きく引き離している（前章の図表Ⅱ-9）。20世紀末頃の時点でのインドの主なる生産州は南部のカルナタカとアンドラプラデシュ、西部の西ベンガル、北西部のジャンムとカシミールである。これら5州でインドの生糸産出量の9割を占めていた。インドにはせんい省があり、中央シルク局（the Central Silk Board：CSB）があって、それなりにシルクのバックアップをしている。

8 海 路

　東西をむすぶもうひとつのルートは海路である。さきの図表Ⅲ-1 が示して
いるように、中国側からいうと、それは杭州（明州）、揚州、泉州、広州などの
港からスタートして、南シナ海、マラッカ海峡を抜けてインド洋に出て、イン
ド沿岸にそってすすみ、アラビア海からオマーン湾、ホルムズ海峡を通ってペ
ルシャ湾の奥に向かってすすみ、そしてチグリス川かユーフラテス川を遡り、
バスラやバグダッドなどに着く。もっとも、首都としてのバグダッドの建設は
762 年であり、バスラは 8 世紀になってムスリムが開いた港で、それ以前には
ウボラ、ヒーラなどの港が知られていた。これらの港には中国の船も入り、
『旧唐書・西戎伝』などにも同地域の事情にふれる記述があるという（桑原・b、
367 ページ）。ちなみに当地の商人の一部には、ワクワク（al-Wāqwāq）とよばれ
た日本について知っている者もいた。オマーン湾に入らずに、アラビア海から
アデン湾に入り、紅海を奥にすすんで、どこかで上陸し、アレクサンドリアや
ダマスカスに到るコースの取り方もあったという。それから地中海に渡って、
ローマ、ヴェネツィア、コンスタンティノープルなどに行く。ただ、イスラム
勢力が強大になり、豊かになり、とくに 8 世紀にバグダッドにアッバース朝が
できると、中国、インドとバグダッドとのあいだの交易が重要になってくる。

　ひとりの商人がこの海路を端から端まで往き来したこともあったかもしれな
いが、普通はリレー方式で、中国、インド、ペルシャ、ムスリム、ギリシャ、
イタリアなどの商人が、それぞれ得手とする個所を分担で商売したのではない
か。それにしても、船が堅牢でなく、羅針盤もないときに、よくぞ海に乗り出
し、交易をおこなったものである。

　古代においては、この海路も陸のシルクロードと同様、あるいはそれ以上に
海難、海賊による略奪・襲撃、寄港地でのトラブル、疾病などのリスクが高か
ったであろう。海路は赤道のすぐ近くを通るので気温も高く、積載した食料品
が腐敗しやすい。それでも、この海路での交易は大昔からおこなわれていたに
ちがいない。使節団の往来もあったらしい。古い記録では、ローマ帝国のマル
クス・アウレリウス・アントニヌス（Marcus Aurelius Antoninus：『後漢書』では大
秦王安敦、121-80）が派遣した使節団は海路で中国に赴き、洛陽に行って、166

年に後漢の桓帝（在位147-67）に拝謁したというのがある（『後漢書』）。両国間でシルクの交易を促進することも、使節団のひとつの目的だった。

　造船技術が発展して、より堅牢な大型の船がつくれるようになり、また通過海域・寄港地に関する情報も増え、国の交易体制の整備・交易ルールの共有化もすすむにつれて、リスクも低下し、海路での往来も多くなる。とりわけ唐の時代になると、交易制度の整備もすすみ、関税、交易の手続などの役所、市舶司もできて、海路での交易もいっそう盛んになる。司馬遼太郎の記述だと、「まず貿易船が明州に入る。護岸工事が施された岸壁に横付けされると、市舶司の役人が乗りこんできて必要な事項を記録し、さらにもっとも重要な業務として積荷をしらべ、金額の概算を出し、その一割（ときに変動する）を輸入税として徴税する」（司馬、306ページ）。唐の中頃から広州、杭州、揚州などには大勢のインド人、ペルシャ人、ムスリムの商人などがいた。

　ちなみに、ペルシャ人は日本にもやってきた。736年に聖武天皇は唐人3人とペルシャ人ひとりに謁見している（『続日本紀』Ⅱ、39ページ）。また、李密翳とよばれていたこのペルシャ人に位階を授けたとある（『続日本紀』Ⅱ、40ページ）。李密翳はペルシャからはるばる海路か陸路で中国にやってきて、そして日本に来たのか、それとも揚州あたりのペルシャのコロニーで育った人物が訪日したのか。正倉院のペルシャ風の御物もこの頃海路で日本に渡来したのかもしれない。

　ところが唐末に黄巣の乱（875～84）がおこり、広州や杭州では多数の外国人が殺害されるという事件が起こった。一説では、カンフー（多分、杭州）で12万人もの回教徒、キリスト教徒、ユダヤ教徒、ゾロアスター教徒が殺害された。別の本では広州で795人、カンフーで878人殺されたともいう（Silbermann, I, p. 50）。この黄巣の乱の中での外国人殺害で、海路での交易は大きく後退してしまった。そのうえ黄巣は桑を切り倒し、養蚕に打撃を与えて、シルクの交易にも支障が生じたのだという。しかし、宋の時代になると、羅針盤が航海にも利用されるようになり、海路がより利用しやすくなった。広州、杭州、のちにザイトゥンとよばれた泉州も外国との交易港に指定され、市舶司が置かれて、海路での交易がふたたび盛んになった。とくに広州のウエートが大きかった。海路の殷賑は元の時代まで続いた。その様子は前章でふれたマル

コ・ポーロの『東方見聞録』に詳しい。ヴェネツィアの交易商出身のかれは、船舶や積荷にも関心をもっていたし、往路も途中まで船であったし、ヴェネツィアへの帰路は泉州からの船旅であった。泉州から南シナ海、マラッカ海峡を抜けて、インド洋に出て、セイロン島の港に寄り、インド洋西海岸ぞいにアラビア海を航行して、オマーン湾に入り、ホルムズで上陸したあと、黒海沿岸までは陸路をとり、再び海路をとってヴェネツィアに戻っている。

当時の中国では泉州は最大の交易港湾都市で、「奢侈商品・高価な宝石・すばらしく大粒の真珠などをどっさり積み込んだインド海船が続々とやってくる」(Marco Polo、訳Ⅱ、114 ページ) し、中国各地から商人・商品が集まってきて、この都市は大変な賑わいである。この港はアレクサンドリアの 100 倍もの船が入ってきて、「ザイトゥン市は確実に世界最大を誇る二大海港の一つであると断言してはばからない」(Marco Polo、訳Ⅱ、114 ページ)。

マルコ・ポーロは当時の船についても詳しい説明をしている。当然、船にも大小色々あるが、大型船だと、300 人ほどの水夫が乗船でき、5000 ～ 6000 個の胡椒籠を積み込める。帆を張るマストが 4 本、船体は二重づくりで、いずれも松などの厚板でできており、塗料をぬっている。通常、この大型船は 2、3 艘の小型船を引き連れて航海するのだという、など。

明代になると、永楽帝 (1360-1424) が派遣した鄭和 (1371-1433) の大艦隊が 7 度にわたり、東南アジア、インド、ペルシャを訪れ、東アフリカまで足跡を残したという。その折の最大の船の星筏は 1500 トン、4 階まであった。明は大航海時代を先取りしていたわけであるが、明はいわゆる海禁、対外交易に消極的な政策に転じてしまった。明に代わった清も、対外交易に消極的な政策を継承し、それが 1842 年の阿片戦争の敗北まで続いた。

やがて世界は 16 世紀から大航海時代をむかえて、海路のウエートが決定的になる。そして、海路を結局制したイギリスの手で、シルク交易がおこなわれるようになり、ロンドンがその拠点になる。

第Ⅳ章

ヨーロッパ最初の養蚕とシルク産業の王国
―イタリア―

1 ムスリムのレガシー

　紀元前後にローマにシルクの織物が渡来し、人びと、とくに上流階級の女性に非常に珍重されたことは前章でのべた。その当時は、養蚕はローマの人びとに知られていなかったようである。シルクの素材が何か、それがどのようにしてつくられるのかについて、知識がなかった。ローマ帝国きっての博物学者だったプリニウスさえ、かいこ蛾に関する正確な知識をもっていなかった。

　ローマは紀元前後のシルクロードの西の終点だった。そのイタリア半島で養蚕がはじまり、大々的におこなわれるようになるのはいつか。そして、イタリア半島はやがてヨーロッパでもっとも養蚕が盛んなところになるのであるが、それにはどんな経緯があったのか。また養蚕とのかかわりで、シルク産業はいかにして立ち上がったのであるか。ここでは、イタリアでのそうした諸問題を取り上げてみたい。図表Ⅳ-1はイタリアの地図である。

　『イタリアの養蚕とシルク産業』(1929) の著者のタムボア（H. Tambor）がイタリアのこうした事態を取り上げている。同書は、イタリアでの本格的な養蚕が8、9世紀にはじまっていたとしている。そうだとすると、シルクの織物の渡来とは随分とタイムラグがある。この地の養蚕はビザンツのギリシャ人が伝えたのだともいう。ビザンツ支配下のギリシャや小アジア（現在のトルコ）では、すでに養蚕が営まれていたから、海ひとつ隔てたイタリア半島にそれが持ち込まれた可能性は十分にあるだろう。だが、定説では、大きなきっかけは、すでに養蚕をおこなっていたムスリムが、シチリア島まで進出してきたことによる (Tambor, p. 53; Zeuner、訳565ページ; Silbermann, I., p. 223 など)。ムスリムが北アフリカ経由でかいこ蛾の小アジア品種をシチリア島にもってきたのだという。パ

91

図表Ⅳ-1　イタリアの地図

レルモの陥落は831年である。ムスリムは島内に養蚕をもち込み、シルクの染織をおこなった。

　イベリア半島でのイスラム勢力は、1492年のグラナダ王国の滅亡でなくなるが、養蚕は消滅しなかった。それどころか、シルクはその後スペインの重要な産業になり、輸出品になった。シチリア島でのムスリム支配はもっと早く、11世紀半ばで終わるが、養蚕とシルクの染織の文化はイベリア半島と同様に

なくならなかった。その後も発展し、イタリア半島にも伝わるのである。スペインの場合と同様、イタリアの養蚕、ひいてはヨーロッパのそれはムスリムのレガシー（遺産）なのであろう。

ここでレガシーというのは、イタリアの養蚕とシルク産業がムスリム支配下のシチリア島からはじまったということだけでなく、前章でふれたように、ムスリムのダマス織、ビロード、金襴・緞子などの織り方・染色がイタリアなどを通ってヨーロッパに伝わり、ムスリムの養蚕、シルク産業とシルク文化のうえにヨーロッパのシルク産業と文化が開花したという意味もふくまれている。

シチリア島のイスラム勢力を駆逐したのはノルマンである。ノルマンのロジェール（Roger, 1013 ? -1101）はムスリムを島内から追い出したが、養蚕は保護し、奨励した。後継者ロジェール2世（Roger II, 1093-1154）はビザンツと戦ってギリシャを侵したが、その際にギリシャ人のシルク織工を連れ帰ったという。「ノルマンの王たちはムスリムとギリシャ（ビザンツ）の織物技法を統合させようともした」（Silbermann, I, p. 60）。ロジェール2世はナポリを領有したから、養蚕はイタリア半島にも広まった。

ムスリムがシチリア島にもってきたのは、ボムビックス・モリの亜種のかいこ蛾であった。コス島や東地中海沿岸のパチパサ・オッスではなかった。なぜそうなったのかはわからない。ボムビックス・モリの品種のほうがパフォーマンスが良かったのであろう。ボムビックス・モリの品種による養蚕のために、8世紀頃から桑もシチリア島、イタリア半島、ヨーロッパに広がることになった。「黒い桑」（イル・モロ）といわれるブラック系の木が多かった。のちに（15世紀頃）、ボンギ（bongi）とよばれるホワイト系の桑も植えられるようになる。桑は農地や牧草地の周囲に並べて植えた。このやり方だと、農地や牧草地をつぶさなくてすむ。養蚕はつぎの節でのべるように、イタリア半島南部で盛んになり、さらに北部へと拡がる。ただ、養蚕は少なくとも18世紀頃までは、アジアのやり方と大差はなかったのではないか。農家は桑を植え、屋内でかいこを飼育し、繭を得、それを紡いで糸にし、その糸で布などを織っていた。ところが、自家用ではなく、繭を集め、糸を紡ぎ、その糸をスロウイングして織物にし、その織物を売る組織があらわれる。しかも、豪華な織物をつくった。ただ、この組織は私的業者というよりも、都市国家やその委託を受けたギルドで

あった。そうしたかたちでのシルク産業の出現である。そして、「オリエント
の特徴が段々とうすれ、ゴシック風、イタリア式の織物の時代がやってくる」
(Tambor, p. 80)。つまり、織物レベルでは、中国、インド、ムスリムとは多少
ちがったシルク文化が発展することになった。ルネッサンス期にはその独自性
がはっきりとしてくるが、こうした織物の問題には、あとでふれることにする。
以下、まずイタリアの養蚕の発展をたどり、ついでシルク産業の生成・発達を
追ってみよう。

2　養蚕の北上

　イタリアの養蚕は南部ではじまり、中部にも拡がるが、当初はどんどん広が
っていくという状況ではなかった。しかし、養蚕が広くおこなわれるようにな
ると、主要地域は北上し、やがて中・北部で盛んになる。中・北部の都市には
早くから生糸を輸入し、シルクの織物を手がけているところもあって、自前の
養蚕に意欲的だった。中国では逆に、養蚕が南下して、長江下流、太湖周辺が
中心になり、今日さらに南下しているのと対照的である。地域的発展のベクト
ルが反対だった。

　13世紀になると、中・北部のボローニャが養蚕で知られるようになった
(Tambor, p. 1)。ボローニャだけでなく、その北方のモデナ、南方のフィレンツ
ェ、ルッカなどでも養蚕がおこなわれるようになった (Silbermann, I, pp. 223,
224)。「桑はよく知られた木」だった。このあたりが養蚕に向いていたという
よりも、これら都市国家とその権力者が養蚕を奨励したり、強制したからであ
ろう。むろん、農民が個人あるいは家族で自発的に養蚕をはじめる場合もあっ
たろうが、「養蚕の発展史をみると、国はつねに、養蚕をおしすすめる積極的
なエージェントであったことは明白である……」(Rawlley, p. 156)。このことは
中国はじめアジア諸国でそうであったが、イタリアでも真実だった。養蚕が国
や領主の財政を潤おし、国富に大きく寄与するからである。

　モデナでは1306年に繭に課税することの是非が議論され、それが導入され
た。そして桑栽培が強制されたともいう。同じような措置が1440年にフィレ
ンツェで、また1470年にロンバルディアでもとられた。たとえばフィレンツ
ェでは、「1440年に農民に対し毎年5本の桑を植えるべしという命令が出され、

1443年には桑の葉、繭、紡いだ生糸の持出しが禁じられた」（Schmoller & Hintze, Ⅲ, p. 9）。ボローニャにおいては、桑に課税していて、その収入が大きかったという。ルッカは繭について1373年に輸入税を、1399年に輸出税を課し、1435年には桑の葉、繭の輸出を禁じた。

　養蚕は農業セクターの副次部門のような位置にあった（Tambor, p. 93）。中世の一般農民はむろん非常に貧しくて、イタリアの場合は、農閑期にかいこを飼って繭を得、生計の足しにしていた。中部と北部の農閑期は5月中旬から6月中旬のことで、それはちょうど、かいこの飼育には向いた時候だったという。ちなみに、イタリアのかいこ蛾は年1回サイクルの1化性のものだった。中国の農民と同じように、桑を植えてその葉をかいこに供し、繭を得て、それを買人に売り渡す。しかし、農民の配偶者や娘が木製の簡便な、素朴な糸車を使い、生糸を紡ぐことも非常に多かった。養蚕だけでなく、製糸もまた農業に包摂されていたわけである。農業と養蚕と製糸は多くの場合、ひとつの場所でおこなわれていた。

　その製糸もプリミティブなものであった。まず繭を選別して、不良な繭は目視で別にする。ついで選んだ繭をよく洗い、鍋（ベイジン）に入れ直火で煮る。いくつかの繭から同時に、糸をとっていく。糸を乾かし、桛（かせ）に巻き取る。これらは女性のしごとであるが、慎重さとスキルを要するものでもある。

　繭から生糸を紡ぐ際、不良の繭を分別することはすでにふれた。この不良の繭は廃棄されるのではない。屑シルク（waste silk）とよばれるものになる。屑シルクは製糸の際にも出てくる。この屑シルクで、イタリアでも真綿（フロス）をつくったり、撚糸をしたり、布などにすることもあった。むろん、屑シルクは生糸に比べると、5分の1ほどの価値しかなく、見栄えも良くない。しかし、後年、シルク産業が盛んになると、屑シルクも増えて、絹糸紡績なる産業が成立する。もっとも、イタリアではイギリスやスイスほどに絹糸紡績は発展しなかった。

　その後、養蚕はイタリアの中部と北部でさらに拡がり、養蚕はヨーロッパで最大規模となる。南部こそ養蚕に向いたところだと思うのであるが、労働力人口が少ないうえ、とくに19世紀から海外移住者が多くなったこと、近くに製糸場がないこと、養蚕よりぶどうやオリーブの栽培を選ぶ傾向があることなど

で、養蚕は衰退した。南部が「伝統的養蚕をやめてしまう基本的動機は、利益が少ないことにある」（Tambor, p. 185）。しかし、中部、北部では養蚕が盛んになった。19世紀においては、イタリアは中国、日本についで、世界で3番目の養蚕大国になる。そして、他のヨーロッパ諸国に対し、繭、生糸、屑シルクを輸出するようになる。そうなるにつれ、製糸が産業として成り立つようになるが、この点についてはあとで取り上げる。

　ところが、19世紀半ばに、イタリアの養蚕は大打撃を蒙<ruby>蒙<rt>こうむ</rt></ruby>る。それはかいこの病、ペブリン（pébrine）の流行・蔓延である。19世紀にはヨーロッパでコレラの大流行があったが、ペブリンの大流行もビッグな出来事であった。ペブリンは1852年に南フランスで発症したといわれているが、1860年代にイタリアでも拡大し、他のヨーロッパ諸国でも流行した。ペブリンは中東、インドあたりまで拡がったが、この時期の日本は、被害を免れた。このペブリンによって、フランス、イタリアなどで大量のかいこが死んだ。養蚕国にとって、ペブリンのこの大流行は大変な事件だったのである。

　イタリアの養蚕は甚大な被害を受け、繭の産出量は急激にダウンし、生糸の

図表Ⅳ-2　イタリアの繭出荷高（1862〜1900年）

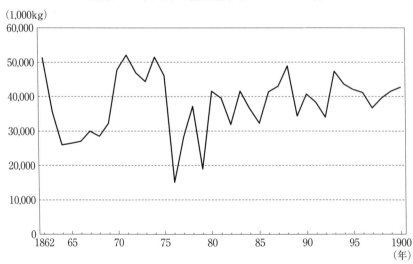

（出所）Tambor, pp. 314, 315. の図表をもとに作成。

96

供給が滞った。図表IV-2はイタリアの1862～1900年間の繭出荷高を示したものであるが、1862年に5129万5000キログラムあったものが、ペブリン流行期の1863～70年の期間では、それが極端な場合は半減する。繭の出荷高は天候などに左右され、もともと少なからぬ変動があるものだが、このときは落ち込みが著しかった。繭と生糸の価格は高騰して、シルク産業を直撃した。イタリア国内だけでなく、イタリア産生糸の輸出先のフランス、スイス、ドイツ等のシルク産業にも影響が出た。むろんこれらの国々の養蚕もペブリンの打撃を蒙っていた。

当初、ペブリンの病源は不明で、対策を講じることができず、深刻な事態が長引いたが、やがてフランスのパストゥール（L. Pasteur, 1822-95）らの手で、それが微生物によるものであることがわかって、有効な対策も見つかった。このことは次章のフランスのところで取り上げる。

ところがちょうどその頃、東アジアで、生糸の大量供給国があらわれた。中国と日本である。中国は1842年の南京条約をきっかけに、日本は1858年の日米修好通商条約で交易上の本格的開国をおこなって、翌年から生糸の大量輸出を開始した。

イタリアをはじめ、ヨーロッパ諸国のペブリンによる繭の出荷不足、生糸の品薄は、中国と日本などからの生糸の輸出により補われた。しかも、ヨーロッパ産の生糸よりも、中国や日本のそれらは安価であったから、シルク産業にとっては好都合だった。「渡りに舟」だったであろう。ただ、養蚕農家はペブリンによる打撃と国外からの安い生糸輸入、さらにはあとでふれるように、国外産の繭の流入で大打撃を受けた。

イタリアにも蚕種をつくり、売る業者がいた。蚕種業（日本では「蚕種製造業」とよんでいた）がいつ頃成立したかはわからない。おそらく中北部で養蚕が盛んになる時期であろう。ペブリンで養蚕が大打撃を受けたとき、蚕種業者は国外の蚕種をどんどん輸入し、大活躍をした。

日本にも幕末から明治のはじめにイタリアの蚕種業者がやってきて、日本の蚕種を買い付けたし、日本の蚕種業者もその頃、トリノやミラノに店を構え、日本の蚕種を売った。秋田県川尻組の川村永之助が1881年にトリノに販売店を出し、群馬県の田島善平、田島彌三郎等はミラノに蚕種の店を構えたという

記録がある（『日本蚕糸業史』Ⅲ、126ページ）。蚕種は商社を介在させず、直接に輸入したり、輸出したりすることのほうが多かった。しかし、蚕種の大々的輸入は長く続くことはなかった。

　こうして、中東や中国、日本などの安い生糸がイタリアをふくめてヨーロッパに大量に入ることになり、イタリアはじめヨーロッパの生糸は、そうした安価な生糸と競争しなければならなくなる。そのことがヨーロッパの養蚕の立ち直りを遅らせる、あるいは、妨げることにもなった。図表Ⅳ-2はそれも物語っているようである。しかし、スロウイングや織物の業者や職人は、中国や日本、とくに前者の生糸の品質に不満をもった。「生糸の正しい選択こそが、シルク産業の基本である」（Rawlley, p. 243）という信念の持主は、とりわけ中国産、中でも広州積出しの生糸を避けた。

　中国や日本との生糸取引を手掛けていたのは、すでにふれたように、ロンドンの商社であり、ロンドンが世界の生糸取引センターになっていたが、そこでは糸の強度、弾力性、手ざわり、光沢などにおいてイタリア産とフランス産は高い評価になるのに対し、「カントン」とよばれる広州積出しの生糸の評価は、高いものも一部にはあったが、概して低く、「安かろう、悪かろう」の代名詞のようなもので、「ダーティ」とさえよばれていた。それは安価なシルクの織物のために、またよこ糸の一部のために、あるいは混紡の織物のために使われていた。ただ、上海積出しの生糸の評価は、「カントン」の場合ほど悪評ではなかった。

　以上のような状況からして、イタリアでは国内養蚕の再生の取り組みがおしすすめられた。ヨーロッパでは、19世紀は生物学などの実証研究が盛んにすすめられ、第Ⅰ章でふれたようなかいこ蛾について多くの科学的分析がおこなわれ、品種改良、科学的養蚕法などを通じ、良質の繭をより多く確保しようとした。つまり、かいこ蛾の（繭）生産性を高めようとした。その結果、その生産性は向上するのであるが、品種によってもともとの生産性と生産性アップに差があった。

　ジルバーマンは、1880年から1893年にかけてのかいこの品種別生産性の推移を分析している（Silbermann, I, p. 226）。ここにいう生産性とは一般に、分母にかいこの数や重量、分子に繭産出量をとったものである。ジルバーマンによ

図表IV-3　イタリアのかいこ蛾品種の推移（1880 ～ 94 年）

年	国内品種	国外品種		計
		輸入品種	国内再生産品種	
1880	368,483	637,147	710,960	1,716,590
1883	547,533	229,429	667,317	1,444,279
1886	612,947	124,919	508,748	1,246,614
1888	765,226	116,519	457,991	1,339,736
1891	1,008,782	24,197	174,791	1,207,770
1894	1,021,947	17,309	99,274	1,138,530

単位　孵化したときのオンスで表示した重量（1 オンス＝ 28.35 g）。
（出所）Silbermann, I, p. 225.

ると、イタリア産かいこ蛾の生産性はもともと高かったが、その生産性は13
年間でいっそう高くなっている。1880 年に日本からグリーンの蚕種を輸入し
て育てたかいこ蛾の生産性はもともと低かったが、段々と生産性が高くなる。
日本の蚕種が年々良くなるのか、それともイタリアでの養蚕法が改善されてく
るのか。しかし、イタリア産かいこ蛾の生産性には及ばない。もとは日本産か
いこ蛾であったが、イタリアで飼育を重ねた再生種の生産性は、イタリア産の
かいこ蛾の生産性に劣るが、日本から蚕種で持ち込み、育てたかいこ蛾の生産
性を上回る（Silbermann, I, p. 226）。

　図表IV-3 をみると、1880 ～ 94 年の期間では国内品種が増え、国外品種が輸
入品種（蚕種を輸入して国内で孵化されたもの）ならびに国内再生産品種とも減っ
ていることがわかる。ただ、19 世紀後半はイタリアの養蚕とシルク産業は、
ペブリンの流行、中国や日本からの大々的な生糸輸出、各国のシルク産業との
競合などが重なって、大変厳しい状況になってきていた。図表IV-2 と図表IV-3
はそうした状況の一端もしめしているようにみえる。

3　製糸、フィラチュア

　度々ふれたように、古代においては、養蚕と糸紡ぎは、ひとつの家の中でお
こなわれていた。家族で協力して桑を育て、かいこを飼育して繭を得、その繭
から糸を紡ぐことがおこなわれていた。イタリアにかぎらず、どこでも長い間、

養蚕と製糸とは一体になっていて、ともに農業の副次部門として営まれていた。養蚕も製糸も農家、農村が舞台だった。そして、そうした製糸はプリミティブなものであったろう。

　ところが、シルクの織物等に対する需要が拡大し、大量の生糸が求められ、しかも需要が多様化し、高度化してくると、製糸にも新たな対応が求められるようになる。「製糸はもはや、農業の副次部門や手工業の小事業所のしごとというよりは、独自の自立的な産業として発達するようになった……」(Tambor, p. 119)。製糸のこうした動きは、前章で取り上げた中国でもみられたわけで、イタリアや中国だけでなく、非常に普遍性のある動きである。製糸は農業から産業 (industry) へと籍を移し、自立し、近代産業へと歩みはじめる。まず手を貸したのは、すでにふれたように、都市国家である。やがてそれは近代化のために、もうひとつの関門をくぐることになる。この関門をくぐって製糸はシルク産業の中核部門になり、せんい産業の重要な柱になる。

　イタリアで製糸が近代化のための関門をくぐり抜けたのは、ヴィットーリオ・エマヌエーレ2世 (Vittorio Emanuele II, 1820-78) がイタリアの王位に就き、同国の統一を成し遂げつつあった時期だった。

　製糸がそうした変身をする際、どうしても身につけなければならないシステムがある。それは産業革命の所産である工場制システムである。同じせんい産業部門でも、綿紡績部門の産業革命は早かったが、シルク産業ではそれが遅かった。しかし、製糸にも19世紀半ばにそれが訪れたのである。それがフィラチュアの登場である。フィラチュアについては、すでに説明したが、あらためて定義すると、それは工場制システムを採った製糸場のこと、またそのアウトプットたる生糸のことである。

　工場制システムの製糸場、フィラチュアの特徴は動力付繰糸機を何台も据え付け、大勢の作業者を雇い、大量に糸を紡ぐ点にある。手動の繰糸機ではなく、水力、スチーム、電気などで動く繰糸機で、家族従業者ではなく、大勢の作業者に賃金を払って働いてもらって、一定の品質の生糸をつくるのである。ただ、イタリアはファミリー・ビジネスの国だから、その点からも、量産化にブレーキがかかるのかもしれない。

　タムボアによると、イタリアが工業統計をとりはじめた1876年において、

同国には 3600 の製糸場があり、8 万 3036 台の繰糸機があった計算になる
（Tambor, p. 50）。このうち、2 万 9666 台は直火で温めるベイジン（basin）をも
った繰糸機だった。つまり、この時点で、機械の面からいうと、35.7％は旧式
で、64.3％が水力、スチームなどによる近代的な動力付繰糸機を使っていたわ
けである。イタリアの製糸の近代化のスピードは早いのか、そうでないのか。
この問いに答えるのはむずかしいが、第Ⅱ章で取り上げた中国と比べて、また
第Ⅸ章の日本の状況と比べてとくに早い、とはいえないのではないか。

　なお、イタリアの製糸場は北部に集中するようになる。川上の養蚕も中・北
部だし、川下のスロウイングや織物の事業所も北部に立地していたからかもし
れない。労働力の確保も北のほうが有利だったのかもしれない。時代は下って、
第 1 次世界大戦前年の 1913 年の状況は図表Ⅳ-4 のようになっていて、製糸場
の立地はロンバルディア、ヴェネトー、ピエモンテの 3 州が多い（Rawlley, p.
51）。都市ではとくにコモ、ミラノ、ベルガモ、ウジーネが多い。タムボアの
挙げた数値と、ラウレイの北部 3
州だけの数値を単純に比較するこ
とはできないが、1876 年と比べ
ると、製糸場の数も、繰糸機台数
も大きく減っているのではないか。
ただ、一製糸場あたりの繰糸機台
数は増えている。あとでふれるが、
織物の事業所も減っていて、イタ
リアの養蚕とシルク産業は、19
世紀半ばからのペブリンの流行を
契機にして、生糸市場への中国、
日本等の参入、産業革命の進行・
工場制システムの普及、市場の変
化などの要因も加わって一大変革
期に入っていく。この間に合理
化・リストラクチャリングがすす
んだ、といえそうである。ただ、

図表Ⅳ-4　イタリアの製糸場と繰糸機台数
（1913 年）

州・都市	製糸場数	繰糸機台数（ベイジン）
ロンバルディア		
ミラノ	134	10,000
コモ	143	10,500
ベルガモ	88	7,500
ブレシア	49	2,700
クレモナ	42	3,000
ヴェネトー		
ウジーネ	87	3,000
ビチェンツァ	46	2,500
トレント	45	2,200
ピエモンテ		
トリノ	41	2,100
クネオ	47	3,000
計	622	41,400

（出所）Rawlley, p. 51.

イタリアの養蚕・シルク産業がこの大変革期をうまく乗りこえたかというと、あとでのべるように、そうではなかったといわざるをえない。

　イタリアでは長い間、国内産の繭で生糸を紡いできた。国外に繭を求めることは少なかったのではないか。ところが、ペブリンの流行で国内産の繭不足が深刻化すると、製糸場、とくにフィラチュアでは操業を維持するため、国外からの（乾）繭を輸入することを考えざるをえなくなる。品質に問題があるとしても、国外の繭のほうが割安なことも、そのモティベーションになった。図表IV-5は、繭輸入の推移をしめしたものである。1860年代は、国外産繭の輸入量はわずかであった。しかし、その輸入は次第に増加して、イタリアの製糸は、国外の繭に大きく依存するようになる。これも、イタリアのシルク産業のグローバル化のひとつの局面である。もっとも、第1次世界大戦によって、この国外依存は一頓挫してしまう。これは供給地が地中海東岸地方であったためで、その領有者のトルコ帝国とイタリアとが敵対関係になってしまったからである。

　製糸場での労働はどのようなものだったのか。従業者総数は1913年において1万1137人であり、その86％が北部で働いていた。従業者の大部分が女性

図表IV-5　イタリアの繭輸入の推移

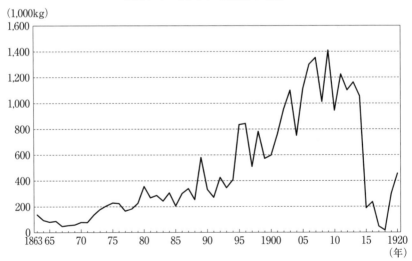

（出所）Silbermann, I, pp. 316-317. の図表をもとに作成。

102

と15歳未満の子どもであり、前者の比率が72.9％、後者のそれは22.8％であった。成人男性は4.3％でしかなかった。製糸場は女性と子どもの労働に頼っていた。なお、あとでふれるように、イタリアでは1886年に年少者就労規制の法律ができていたから、それ以前は、子どもの比率はもっとあったかもしれない。ただ、この法律ができたことで、子どもの就労が大きく制限されたり、改善されたかというと、必ずしもそうではなかったようである。この点については、あとのスロウイングのところであらためて取り上げる。なお、フィラチュアの職場のしごとは、筋力よりも繊細さが求められるから、従業者に女性・子どもが多くなるというが（Tambor, p. 57）、もともと製糸は女性のしごとであった。製糸場の機械化が、筋力の要るしごとをいっそう減らし、女性や子どもが担いうるしごとを拡大した。なんといっても、女性と子どもの人件費は安くつく。

　ただ、器械式製糸場、フィラチュアの労働状況は厳しかった。1日の労働は12〜13時間で、女性も子どもも例外ではなかった。深夜労働もよくおこなわれた。第Ⅱ章でふれたように、職場では蒸気が立ち籠めていて、蒸し暑く、清潔ではなかった。独特の臭気もあった。健康を害する可能性が高く、また子どもの心身の発達を損なう危険性も大きかった。

　賃金のデータはあまりない。一般には日給、現金払いだった。固定時間給だが、出来高給の製糸場もあった。全員一律の賃金ではなく、教育訓練を受けたり、経験のある者と、そうでない者とで賃金格差を設けているところもあった。大ざっぱにいって、賃金は1日1リラ程度であったろう。1826年のピエモンテの1日の平均的賃金は1.04〜0.94リラだったという（Tambor, p. 59）。

　イタリアのフィラチュアでの厳しい労働状況は、第Ⅱ章でふれたように、中国の広州や上海のフィラチュアの場合にもみられた。それは『職工事情』（1903）で描かれている日本の生糸の職工事情にも通じている。19世紀の製糸場、フィラチュアでは、多少時期は前後するものの、グローバルにこうした就労がみられた。

　ちなみに、イタリアでは1886年に満15歳未満の年少者就労規制の法律ができた。それからは子どもの就労は若干減った。同法では9歳未満の子どもの就労禁止と、15歳未満の子どもの就労の際の医師の同意を条件にした。さらに、

図表Ⅳ-6　イタリア式製糸

（出所）Silbermann, I, p. 363.

9〜12歳の子どもは1日の労働時間を8時間とすることを定め、深夜労働は原則禁止とした。年少者の就労規制は、1903年の新法でさらに強化され、また女子労働に対する規制も導入された。こうした労働保護法の制定・整備によって、イタリアの製糸場、とくにフィラチュアの女性・子どもの就労は大分改善されたといわれている。

　製糸について、「イタリア式」があるという。ジルバーマンによると、製糸には「イタリア式（á la taulle）とフランス式（á la chambon）という2つの方式がある」（Silbermann, I, p. 362）という。フランス式については次章でふれるが、イタリア式の基本は図表Ⅳ-6のように、糸を1本だけ機械にかける。フランス式は2本の糸をすり合わせたり、交差させたりするが（129ページの図表Ⅴ-7）、イタリア式は1本なのである。1キロの生糸を紡ぐのに、イタリア式は5日と4時間、フランス式は5日と8時間を要する。また1キロの生糸を得るのに前者は、4738キログラム、後者は4662キログラムの繭を使うという。

4　スロウイング、撚糸

　スロウイングとは第Ⅰ章でのべたように、リールした生糸を、織物にできる状態にする一連のしごとの総称のことである。その一連のしごとの最終段階が

生糸を撚ることであり、たて糸とよこ糸を撚ることである。イタリアでは、製糸とともにスロウイング、とくに撚糸が、シルク産業の重要な部門になっていた。

イタリアでは、スロウイングを担う事業所は製糸場、フィラチュアよりもはるかに多い。製糸の場合と比べると、スロウイングでは零細な家内工業の事業所が非常に多いことを物語っている。そして、これまた製糸と同様、スロウイング部門でも、機械化、集約化がすすむ。1865年からイタリアが工業統計をとりはじめた1876年までに、事業所数は大きく減っている。ジルバーマン（Silbermann, I, p. 475）によると、約4分の1が消えた。その後も、スロウイング部門の淘汰は続く。ただ、淘汰のテンポは製糸部門よりは緩やかだったという。

この部門の事業所も、製糸の場合と同じように、ロンバルディア州、ピエモンテ州、ヴェネトー州に立地していた。1872年においてロンバルディア州が78.6％、ピエモンテ州が17.1％、ヴェネトー州は2.6％だったという（Tambor, p. 62）。川上の製糸の大部分も、川下の織物の多くも、ロンバルディア州を中心とする北イタリアに立地しているわけだから、必然的にこうした立地にならざるをえないのであろう。

イタリアのスロウイングは国内の生糸が対象だった。しかし、ペブリンの流行などで国内の生産・出荷がダウンしがちになり、当部門は新たな活路を見出さなければならなくなる。そして、それは国内産の生糸だけでなく、国外の生糸も加工することであった。「イタリアのスロウイングは外国から、たとえ限られた量であっても、生糸の供給を受けなければならない……」（Tambor, p. 63）。

この頃、生糸の世界市場ができつつあり、中国と日本からの生糸の輸出が急増したこと、それらの生糸に対するロンドン市場での評価も、イタリア、フランスのシルク産業の職人・事業者のあいだの評判も、決して高くはなかったことについてはすでにふれた。そこでイタリアのスロウイングは1860年代からこれらの生糸を輸入して再加工し、価値を付加して、国内外の市場でさばくという戦略を選択するようになった。「ヨーロッパとアメリカの織物業者の求めに応えうるように、中国と日本の欠陥の多い製糸法に手を加える……」（Tambor,

p. 62) ことによって、イタリアの1860年代のスロウイングの落ち込み（12.4%）は、製糸部門の落ち込み（21.7%）よりも軽かった（Tambor, p. 63）。中国や日本からイタリアのスロウイング業者のもとに届いた粗悪な生糸はここで再加工され、大部分がフランスへ輸出された。

　同じく製糸との比較で、イタリアのスロウイングの労働状況を取り上げる。1876年において、イタリアのスロウイング部門には7万4352人の従業者がいた。そのうちの79%がロンバルディア州で、15%がピエモンテ州で、3%がヴェネトー州で働いていた。事業所数と同じように、従業者数もロンバルディア州をはじめとする3州に集中していたし（Tambor, p. 143）、製糸部門と似た状況にあった。

　注目すべきは、スロウイングの従業者構成である。成人男性の割合が7.6%、女性が43.5%、子どもが48.9%となっていて、子どもの割合が非常に大きい。とくにロンバルディア州で成人男性が6.8%、女性が37.1%に対し、子どもが56.1%という構成になっていて、子どもが従業者の半分をこえる状況だった。しかも、子どもとは大部分が少女である。この数字は平均値であるので、事業所によっては、従業者の大部分が子どものところもあったのではないか。少なくとも、1876年までは、イタリアのスロウイング部門はこうした従業者構成であったわけで、製糸、フィラチュアの場合と比べても、子どもの使役が甚だしい。スロウイングの職場では、しごとをしている成人のまわりに、補助をしたり、雑役をしたりする子どもが大勢いたのだろう。子どもの日給は1847年に0.33リラだったのが、1866年には0.4リラになった。1874年には部分的には1リラになった（Tambor, p. 142）。

　すでにふれたように、1886年に年少者就労規制の法律ができた。この法律ができたことで、事態は少なからず改善されたとはいわれているが、しかし、現場のほうからは、これはほとんど「実施できない、遵守できない」規定ではないかとの声もあがっていた。たとえば、ファミリー・ビジネスでは、子どもも大人も一緒に働いているので、子どもの就労だけ制約すると、大人も困り、職場が成り立たなくなるとか、機械設備の一定の操業度を維持するには、夜間も稼働させる必要があるなどの声である。当時のイタリアでは、子どもが働くこと、子どもを働かせることは、そう珍しくはなく、社会的にも容認されてい

た。ところが年少者就労が規制の対象になったこともあって、事態が変わりは
じめたのか、1891 年において、成人男子、女性、子どもの割合は 7.0％、72.6
％、20.4％になり、1903 年には、これが 8.4％、73.3％、18.3％になった。なお、
ロンバルディア州では 1891 年の割合が 7.2％、72.1％、20.7％であったが、
1903 年には、8.7％、73.9％、17.7％になった（Tambor, p. 148）。子どもを女性に
代置するという動きがみられよう。職場改革をすすめるには、産業や事業所に
痛みを伴う新たな対応をしてもらわなければならないこともあろう。それが産
業、事業所の近代化というものであろう。

5 染 織

　製糸場でつくった生糸は、川下の撚糸、染色などのスロウイングの業者へ、
さらに織物業者へと渡っていく。川下の加工によって、シルクの価値は格段に
高まる。豪華な衣装や優美で繊細で光沢があり、肌ざわりの良いシルクの衣料
等が生まれる。

　ここでは、イタリアのシルクの染織を取り上げる。それはいつ、はじまった
のか。むろん、イタリア半島ではシルクの織物が渡来する以前から、ウール、
麻などを素材とする布は織られていた。また、79 年のベスビオ火山の大噴火
で埋まったポンペイの遺構からは、染色工房跡が見つかっているという。その
壁画には、当時の染めの有り様が描かれている。この壁画はナポリ博物館にあ
る。この頃、ローマには染色学校があったという（Heusser, p. 23）。

　シルクの織物も、当初はシチリア島、とくにパレルモでつくられたらしい
（Tambor, p. 2）。7 世紀には南部のカタンツァーロに織物工房があったともいう。
同地はイオニア海をはさんでビザンツ支配下のギリシャの対岸になる。中世に
なると、中部のルッカがイタリアのシルクの織物の産地として知られるように
なる。

　12 世紀と 13 世紀に「ルッカは中世ヨーロッパの最初のシルク・センターだ
った」（Heusser, p. 34）。ルッカは今はトスカーナ地方の小都市だが、度々他か
ら侵略を受けつつも、自治都市としての長い歴史をもつ。またフランスとのつ
ながりもあった。ルッカはシルクの織物の産地として、イタリア国内だけでな
く、フランス、ドイツ、イギリスなどでも知られていた。シュモラー（G.

Schmoller）とヒンツェ（O. Hintze）によると、「13世紀にはルッカのシルクの織物は非常に重要だった。ルッカの商人はその織物をもって世界各地に出掛けた。……ローマ、アヴィニョン、パレルモ、ナポリ、ヴェネツィア、ジェノヴァ、ロンドン、パリ、ブルージュなどに出掛けた」（Schmoller & Hintze, Ⅲ, p. 7）。またアダム・スミス（1723-90）の『国富論』（1776）の中にも、「13世紀にルッカで栄えた昔のシルクの織物やビロードや錦織の製造業」（Smith、訳228ページ）という表現がある。

　なぜ、ルッカがシルクの織物の産地になったのかはよくわからない。この地に織物工房を設けたのは、ルッカの人ではなく、ピサの人間だともいう。周辺では養蚕がおこなわれており、25キロ離れたピサの港には国外の生糸も入ってきたし、この港から織物を輸出できたという。また、フィレンツェ、ボローニャ、ジェノヴァなどの都市も遠くはなかった。産業クラスター、産地の形成は経済論理的に説明できることもあるが、偶然がきっかけで、あるいはそれが重なり合って、産業クラスター、産地ができることもある。産地は「小さな偶然の出来事が集積していって形成される」（Krugman、訳66ページ）。

　ルッカがシルクの織物の産地たりえたのは、優れた染織の職人を抱えていたからであろう。ルッカの権力者も、かれらを保護したし、商人もギルドをつくり、職人を大切にしていた。13世紀にはルッカのダマス織、平金糸をあしらった（よこ糸にした）金襴などが有名になっていた。これらの織物は前章でふれたように、ムスリムでもつくられていたものである。こうした機織のノウハウは門外不出だった。シルクは昔から先染だが、ルッカでは、セルキオ川ぞいに染色工房があり、糸を様々な色に染め上げていた。青色染料としての大青、ブルーの色を出すインド産のインディゴ、黄色を出すにはペルシャ苺、赤色の染めにはブラジルすほう、茜色を出すにはオルキル（リトマス苔などの地衣類）など。こうした様々な染色法に加え、ある種の黄色を出すときは、硝酸を少し加えるとか、蜂蜜と生石灰を入れると、インディゴが溶けやすくなるなどの秘伝の処方もあった。イタリアでも、第Ⅱ章でふれた『天工開物』の染めの場合と同様に、植物系染料が非常に多かった。そして、ホイッサーによると、「15世紀には、職人は望む色合いを、かなりのところまで出せるようになっていた」（Heusser, p. 37）。機織と同じく、染色のノウハウも門外不出であった。ルッカ

の織物はイタリア国内はもちろん、他のヨーロッパ諸国の王侯・貴族、高位の聖職者、富裕な商人に大いに好まれた。

　ちなみに、シュモラーとヒンツェはイタリアでは14世紀になって、ギルド組織の重要性が増してきたという（Schmoller & Hintze, III, p. 52）。とくに商人と親方との一定の関係がはっきりしてくる。ルッカの1482年の条例では、親方は商人の「完全な指揮のもと」にあることになった。親方たちが互いに連携して商人に対抗することもあったであろうが、ギルド組織が強化され、親方はギルドに入れなかった。親方と商人のあいだになにかトラブルが生じても、商人サイドのギルドが調停し、判断を下す。そうした産業のガバナンスが、シルク産業などにおいて14世紀のイタリアの都市から生まれた。

　しかし、ルッカの染織の栄光は長くは続かなかった。それは非経済的な次元の理由によって、ルッカの優位性が崩れることになったためである。次章でふれるが、じつはフランスのシルク産業でも同じ事態がくり返された。シルク産業はその職人の優れたスキルによって支えられているわけであるが、かれらが離散し、他に移り、移った先でスキルを生かして働きはじめると、新たなライバルが出現することになる。14世紀中頃からルッカの政情が不安定になり、一部の職人がフィレンツェ、ヴェネツィア、ミラノ、コモなどに移った。「非常に多くのルッカの職人と事業主が半島の他の都市に移り住み、13世紀のルッカの優位性を保証してきたしごとの組織と技術をそこに伝えた」（Molá, p. 3）。ルッカの職人や事業主はさらにフランスのリヨン、ツールにも移り住んだ。これらの都市では、14世紀頃から、シルク産業が立ち上がることになる。

　アダム・スミスはこうのべている。カストルッチョ・カストラカーニ（1281-1328）の暴政の中で「1310年に900家族がルッカから追放され、そのうち31家族がヴェネツィアに退去し、同地にシルクの織物業を導入したいと申し出」た（Smith、訳228ページ）。かれらの申し出は受け入れられ、多くの特権が与えられた。

　イタリアの上記の諸都市では、それぞれに特色をもつシルクができるようになるのである。たとえば、ジェノヴァでは13世紀からシルクの染織がはじまったといわれているが、この地のパンナスというシルクは宗教用としてひろく知られるようになった。フィレンツェのタフタもブランドだった。ジェノヴァ

のライバルのヴェネツィアのシルクについては、モラー（L. Molá）の『ルネッサンス期ヴェネツィアのシルク産業』（2000）によって、その事情を知ることができる。

　もともとヴェネツィアはその総督で、のちにコンスタンティノープルを一時{いっとき}制圧してラテン帝国を樹てた E. ダンドロ（E. Dandolo, 1110-1205）が、ギリシャから織工をヴェネツィアに連れ帰り、シルク産業を興そうとしたことがあった。ルッカの職人が移り住むまえに、イタリアの他の都市と同様、ヴェネツィアにもシルク産業はあった。そしてペロポネソスという特産の織物を開発していたともいう。それがアダム・スミスがいうように、14 世紀はじめに、ルッカから職人が移ってきて、ルッカの方式をヴェネツィアのシルク産業に持ち込み、染織は一段と発展した。この時期にはギルドがつくられ、製造と販売がむすびついた。ヴェネツィアの商人はイタリア内外にヴェネツィアの織物を売った。織物づくりは都市国家の統制下にあって、厳しい品質検査があり、合格印をもらわなければ売ることができなかった。ヴェネツィアが公的にそのシルクの保証をしたわけであって、地域ブランドはこうしてつくられたのである。

　15 世紀から 16 世紀にかけてのヴェネツィアのシルク産業について、多少の数字がある。シルクの織機はギルドの見積りで 15 世紀末から 16 世紀のはじめにかけて 2000 〜 1 万 2000 台で推移していたという（Molá, p. 17）。もっとも、シルクの織物づくりには起伏が少なからずあって、織機の台数の増減も結構あった。1529 年には 700 台まで落ち込んでいたが、1604 年には 2400 台に達したという。

　またギルドの見積りだと、ヴェネツィアのシルク関係の従業者数は 1529 年で約 2 万 5000 人、1561 年には 3 万人以上になっていたという（Molá, p. 16）。また織物の親方（master artisan）の人数は、1430 年が 400 人、1493 年が 500 人、1554 年が 1200 人だった。なお、職人（ジャニーマン：journeyman）の人数は親方の人数とほぼ同じであった。

　ルネッサンス期はルッカ、ヴェネツィアだけでなく、イタリアの多くの都市で、シルク産業はお互いに競争しながら栄えた。「ルネッサンス期を通じて、シルク産業はイタリアのもっとも重要な産業であり、イタリアの布地がヨーロッパと東地中海沿岸の市場を制覇していた……16 世紀の中頃には、イタリア

のシルク製品がフランスの全輸入量の30％を占めていた」（Molá, introduction XV）。イタリアではじまったルネッサンスの膨大な財源は、この国のシルク産業が生み出した、ということができるのではないか。シルク産業の繁栄がなければ、ルネッサンスの輝きも大分ちがったものになっていたであろう。

　しかし、イタリアの諸都市のシルクの織物が名声を保ち、好調だったのは、そう長い期間ではなかった。リヨン、ツールなどのフランスのシルク産業が台頭してきて、競争優位はフランスのほうに移っていく。「良き伝統がなかったわけではなく、生糸も上等であって、種類も多かった。従業者の技能も高かったが、名はとどろいていても、古い技芸はいまや残月のようなものだった」（Tambor, p. 70）。イタリア諸都市の繁栄が過ぎると、18世紀頃から、「イタリアはただの貧しい国」でしかなくて、国内需要の拡大は見込めず、かといって織物業者のほうも、果断にイノベーションをおこなって突破口を開こうとする風でもなかったからだろう。いな、事業者がなにかしようにも、あとでふれるように、イタリアが置かれている事業状況は厳しかった。シルクの織物に関していうと、いつの間にか国外の新興の産地から新しいタイプの織物が入ってくる、という事態になっていた。114ページの図表Ⅳ-8が示しているように、イタリアの生糸消費量はスイスやロシアさえも下回る状況になっていた。

　19世紀になると、製糸と同じく、織物もおし寄せる産業革命の波の中で、大きな変革を受ける。1876年において織物の事業所は北部のロンバルディア州に集中していて（81.3％）、とくにコモに多かった。ピエモンテ州が10.3％、ヴェネトー州が0.9％だった。シチリア島などの南部は4.6％であった。これらの織物事業所で機械化がはじまる。ここでいう機械化とは手動ではなく、動力付機械の据付けのことだが、同じく1876年において、ロンバルディア州では、機械化した事業所は5％にすぎなかった。機械化という意味での近代化に、ロンバルディア州の織物は遅れをとっていた。ただ、ピエモンテ州は少し機械化が進んでいて、22.9％だった。機械織は中級品、普及品だった。なお、手動機械にも大きなイノベーションがあって、フランスのジャカールが発明したジャカード織機がイタリアにも入ってくる。この機械によって、省力化がすすみ、また精巧な機織ができるようになったはずであるが、その状況はわからない。ジャカードという織機は、次章で取り上げる。

イタリアの織物の労働状況はどうなっていたか。1876年において、1万4664人がこの部門で就労していたが、その86%はロンバルディア州であった。製糸、スロウイングとは異なり、織物では、成人男性の割合が高く、35.5%になる。それでも女性従業者の割合は47.1%であり、子どもは17.4%だった。子どもも製糸の場合と異なり、男の子が多かった。

コモでは、男子の織工の1日の平均賃金は、1874年において3リラ、女性は2リラだったという（Tambor, p. 75）。男女の賃金格差は職務内容を反映したものか、それとも単なる性差別なのかはわからない。あるいは出来高給制度があったのかもしれない。

ここで、文様にもふれておく。もっとも、文様だけでなく、服飾全般、モードやファッションやスタイルなども取り上げなければならないのかもしれないが、文様だけにふれる。イタリアでつくられたシルクの織物の文様はどのようなものであったか。ヨーロッパの博物館や教会には、少なからず織物が残されていて、いくつかの段階が識別できるという（Silbermann, I, p. 96）。14世紀までは、十字軍の影響もあって、ムスリム風の動物の文様やシンボルが好まれ、使われていた。この傾向はイタリアだけでなく、フランス、フランドル地方の織物にも共通してみられるという。ムスリムの東洋的文様と、古いヨーロッパ、とくにローマ風の文様がむすびついた、いわゆるロマネスクの時代だった。

ところが、14世紀半ばから、ゴシック様式があらわれ、それが織物の文様や色調にも反映されるようになる。ゴシックの時代は文様と色調についてはムスリム、東洋の影響はますますうすれ、新しいヨーロッパ風、ゲルマン・キリスト教の様式ができてきた。「ゴシックになって、ざくろがシルクの織物の文様のひとつのモチーフになった」（Silbermann, I, p. 96）。そして、「ざくろは中世の典型的な文様」ともいう（Silbermann, I, p. 96）。もっとも、ざくろは西アジアやインドにルーツがあるのかもしれないが、キリスト教の世界ではそれは自己犠牲や献身を象徴するものであった。ちなみに、ざくろはアジアでも、たとえば朝鮮王朝でも豊じょうのシンボルとして好まれたという。

図表IV-7はざくろをモチーフにした織物の例である。ざくろのほか、オーク、ぶな、ぶどうの葉、木蔦、せいようひいらぎ、ばら、あざみ、ゼラニウム、す

みれ、ぜにあおい、はなきんぽうげ、ひ
なげし、いちごなどもモチーフになった。
これらはヨーロッパの山野でよく見かけ
る植物であろう。ヨーロッパ的文様とい
いうる。

　中世の工芸からルネッサンス期のそれ
への移行は、15世紀のはじめ頃から、
まずはフィレンツェでおこなわれたとい
われる。ルネッサンスは古典の復活、と
くにローマ帝国時代の古典の再興ともい
われる。ただし、古典の伝統を新しい精
神で再生しようという意図は明確だった
が、織物の分野では、必ずしもそれは具
体的な文様となって結晶しなかったし、
混乱すらあったという。結局は従来の花

（出所）Silbermann, I, p. 97.

や葉の装飾意匠を縁どりで囲むとか、プ
ロットの花や葉を小さくするとか花や葉に鳥や花瓶をあしらうといった文様の
織物が登場した。また、16世紀から17世紀初頭にかけてのルネッサンス後期
になると、様式の純粋性、美学的端正さが求められたり、逆に果実や花を現実
に忠実に表現しようとする自然主義に立った意匠もみられるようになった。

6　その後のシルク産業

　イタリアはシルクロードの西の端に位置していて、ヨーロッパで最初にシル
クがもたらされ、また養蚕が定着したところであった。その後、養蚕もシルク
の染織も非常に発展し、中世においてイタリアはヨーロッパのシルク・センタ
ーの観があった。だが、19世紀になると、イタリアは上記のような地位を保
持していなかった。養蚕については、中国と日本が世界市場に登場してきて、
生糸の大量の輸出に乗り出す。ペブリンの流行もあって、イタリアの養蚕はト
レンドとしては下降傾向をたどり、アップ・ダウンの振幅も甚だしくなったが
（図表Ⅳ-2参照）、20世紀初頭までには、すでにのべた理由により、それなりの

地位を保っていた。製糸の地位もそれほど低下しなかった。

　織物に関しては、すでに示唆したように、シルクの織物のイタリアのウエートは下がっている。図表IV-8は欧米諸国の生糸の消費状況を示したものであるが、アメリカのウエートが断然高く、ついでフランス、ドイツになっている。予想に反し、イタリアのウエートは低い。フランスのリヨン、サンテチェンヌなどのシルクの産業クラスターや、アメリカのパターソンを中心とするシルク・クラスターに先を越された状況になっていた。ドイツやスイスも差別化したシルクの産業クラスターを立ち上げた。

　イタリアが立ち遅れたのは、フランス、アメリカなどに比し、豊かで広い国内市場がなかったことによるし、中世以降もフランス、スペイン、神聖ローマ帝国などの国外の政治勢力が介入し、国内の政治統一がおくれ、産業化のための社会的条件の整備が遅れをとったためであろう。タムボアはイタリアが自前の機械産業をもち得なかったという（Tambor, p. 7）。イギリスから機械を購入すると、梱包、輸送、関税などで30～40%高くつき、競争力を減じる。機械を据え付けても、その動力はあるのか、稼動させる能力のある働き手がいるのかという問題もあった。そもそも、産業近代化を推進するには大きな投資が要するが、十分な資本はあるのだろうか。インフラ整備の問題もある。鉄道、道路、港湾などは、競争相手の国々に比し遜色はないのか。

　以上のような厳しいイタリアの産業環境を反映してか、19世紀末にシルク産業は厳しい状況にあった。1876年に製糸、撚糸・染色などのスロウイング、織物、つまりシルク産業の事業所数は3829であったが、1891年には2084に減り、1903年には

図表IV-8　欧米の国別生糸消費状況

消費国 ＼ 年	1908～09	1910～11	1912～13
アメリカ	20.35	21.45	25.74
フランス	9.57	9.13	9.46
ドイツ	7.37	7.7	7.92
スイス	3.52	3.63	3.96
ロシア	3.3	3.63	3.74
イタリア	2.64	2.53	2.53
オーストリア	1.76	1.65	1.76
イギリス	1.43	1.21	1.54
その他	3.3	3.41	4.4
計	53.24	54.34	61.05

（注）数字は各2年間の平均値。単位100万ポンド。
（出所）Rawlley, p. 199.

1947になった。27年間でほぼ半減したことになる。従業者数も1876年の20万393人が、1891年には17万2356人に減り、1903年には若干増えて18万3800人になったが、1876年を100とすると、1903年は90である。従業者数よりも事業所数の減少が大きいのは、事業所の集約化がすすみ、スケールメリットの追求がおこなわれたことを示している。

イタリアのシルク産業の退潮ぶりは、国内市場にフランス製品が流れ込み、フランス製品に人気が集まっていたことにもあらわれている。イタリア製品を買うのは、同国にやってくる観光客だけともいわれたりした。政府は1888年に100キロあたり700～1300リラの関税を設定し、フランスからの輸入を抑制しようとし、実際効果はあったものの、こうした措置はしょせんモラトリアムであって、自国産業の競争力強化にはつながるものではなかった。

20世紀になっても、また第1次世界大戦後もイタリアのシルク産業のこうした状況はあまり変わらなかった。ところが、第2次世界大戦後、とくに最後の四半期のあたりに、シルク産業の川下で大きな変化がおこった。思わぬ方向から、イタリアの復権がみられるようになった。きっかけは1920年代、30年代にファシスト政権下ではじまったデザイン運動、とくにインダストリアル・デザイン運動だった。それは「反ブルジョアの大衆性」と「合理主義的な近代化」を旗印にしていて、自動車、事務機械などから、建物・建築、家具、照明器具、靴そして服飾、アクセサリーなどの幅広い産業製品が対象だった。デザインを通じて社会改革をやろうとしていたのである。そして、ファッション、モードとむすびついたデザインがもつインパクトの大きさを思い知ったのである。伝統のあるなし、素材の良し悪し、スキルの優劣もさることながら、デザインのインパクトは強烈だった。

そうした運動が下敷きとしてあって、1970年代後半から、服飾・アパレル分野でいうと、「イタリア・ファッション」が俄然注目されるようになった。イタリアでもパリの動向に追従して、オートクチュール、高級注文服のメゾンを設けるケースもあったが、若者や働く女性をターゲットにした高級既製服のプレタポルテで勝負しようというデザイナーや事業者が輩出した。国立イタリア・モード協会（1962年設立）の後押しもあって、アルマーニ（G. Armani, 1934- ）、ヴェルサーチ（G. Versace, 1946-97）、フェラガモ（S. Ferragamo, 1898-1960）、グッ

チ（G. Gucci, 1921- ）などの有名高級ブランドが誕生した。また、必ずしも高級でない、広範な需要を見込むアパレル・ビジネスも生まれた。オートクチュールとは逆に、ある程度の規格化、小ロットでの量産、外注などを武器にするのである。この戦略は図にあたり、イタリアのアパレル産業は黄金期をむかえる。だが、事態はどんどん変わり、1990年代には、シルク製品をふくめてアパレル生産は中国を中心におこなわれるようになる。上記のイタリアの事業者も確立したブランド、定評のあるデザインにもとづいて、生産・加工は中国でおこなうようになる。

　これらのこころみは必ずしもシルク産業ではじまったわけではない。たとえばフェラガモは靴からスタートしていて、シルクとは縁がなかったが、確立したブランドでシルクも手掛けるようになる。シルクは高級品のイメージが定着しているし、イタリアには優れた染色、織物などの技術があって、そうした分野の卓越した技能者も少なからずいる。ネクタイ、スカーフなどを売り出し、シルク産業をうまく活用することがブランド・イメージを高めることにつながる。これらのブランドのシルクの「メイド・イン・イタリー」によって、イタリアのシルク産業は脚光を浴びることになった。もっとも、素材の織物の多くはイタリア国内でつくられているわけではなく、中国などでのOEMによる。しかし、状況は刻々と変化するわけで、20世紀末には中国などからシルク製品をふくむ非常に安いアパレル製品がどんどん流入するようになり、イタリアのアパレル産業は厳しい事態に直面するようになっている。

第Ⅴ章

アルプスを越えた養蚕とシルク産業

1　フランスへの伝播

　シチリア島に伝わったムスリムの養蚕は、一方ではイベリア半島にも入り定着し、南東部で養蚕とシルクの染織が盛んにおこなわれるようになっていた。このことはすでにふれた。養蚕はやがてフランスでもおこなわれるようになり、スイス、ドイツ、フランドル地方（今日のベルギーとオランダ）などにも拡がった。さらにイギリス海峡かドーバー海峡を越えてイギリスでも、またバルト海を渡ってスウェーデンでも養蚕がはじまった。これらの国々の人びとの果断なチャレンジなり、弛まぬ努力が、ヨーロッパの冷涼な場所もふくむ広い範囲の土地において養蚕を可能にしたわけであるが、同時に桑もかいこ蛾も、驚くほどの適応力があった、ということでもあろう。

　この第Ⅴ章では、フランスでの養蚕とシルクの染織を取り上げる。「フランスはヨーロッパでイタリアについで2番目に養蚕の盛んな国」（Silbermann, I, p. 229）であったし、シルクの染織も17世紀にはイタリアを凌駕して、リヨンは「シルクのメトロポール」（Silbermann, I, p. 155）といわれたほどの存在になっていた。19世紀までに、フランスはヨーロッパの最大の生糸消費国になっていたのである（114ページの図表Ⅳ-8、参照）。図表Ⅴ-1は現在のフランスの地図である。

　フランスもイタリアと同じように、シルクの織物のほうが、養蚕よりも早く入ってきた。フランスの地域がローマ帝国のゴール（Gaule）とよばれていた時代に、シルクは伝わっていたのではないか。フランク王国時代のことになるが、パリーゼによると、6世紀に建立されたパリのサン・ジェルマン・デ・プレ教会を大修理した際、内陣下の建立当時の埋葬者の遺体はシルクにくるまれていたという（Pariset、訳95ページ）。また、第Ⅲ章でふれたように、8世紀のシャ

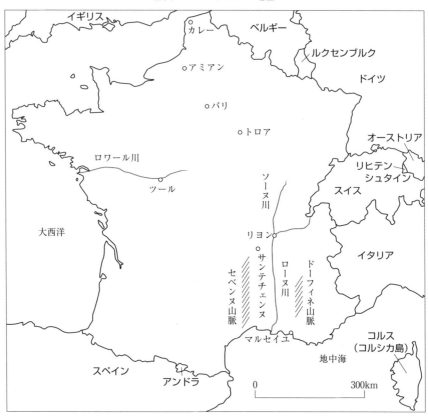

図表V-1　フランスの地図

ルルマーニュの財宝目録にはムスリムの豪華なシルク製品がふくまれていたという。

　フランスには養蚕はどのようにして伝わったのか。3つのルートが考えられる。ひとつは地勢学的に、イベリア半島からピレネー山脈を越えてか、海づたいにか、入ってきたと考えられる。すでにふれたように、ムスリムの時代には半島の南東部（セビリア、グラナダ、さらにサラゴサなど）で養蚕がおこなわれていた。ムスリムの時代が終わっても、「スペインの南部と東部では、農民は桑を植え、かいこを育て、繭を入手していた」（Rawlley, p. 58）。養蚕とシルクの染織は同国の重要産業になり、その輸出品にもなっていた。そのイベリア半島か

ら、フランスに養蚕が伝わったとも考えられる。

2番目のルートとしては、中東から直接フランスに伝わったことも考えられる。すでにシャルルマーニュの時代にフランスで養蚕がおこなわれていたともいう。ビザンツ時代のギリシャ商人は非常にアクティブであったが、かれらが桑と蚕種をこの地に持ってきたのだという説もある（Heusser, p. 38）。また、第二次十字軍がムスリムの捕虜をフランスに連れ戻り、その捕虜が養蚕を伝えた、ともいわれている。

3番目がイタリア伝来説である。こちらには数々のエビデンスもあって、定説のようになっている。フランスとイタリアとの間の往来は昔から非常に頻繁だった。歴代のフランス王は教皇はじめイタリアの権力者とのあいだで同盟と抗争をくり返した。フランス国王はしばしばイタリアに出兵した。たとえば、1303年にはアナニ事件がおこって、フランスのフィリップ4世（Philippe Ⅳ, 1268-1314）が教皇ボニファキウス8世（Bonifacius Ⅷ, 1235-1303）を捕まえたり、1309年には教皇クレメンス5世（Clemens V, 1260-1314）がアヴィニョンに移ったりした（『教皇のアヴィニョン捕囚』）。メディチ家の娘はフランス王の后にもなった。メディチ家のアレッサンドの妹はフランス王フィリップ2世（Philippe Ⅱ, 1165-1223）の后になったし、同家出身のトスカナ大公フランチェスコ1世の娘もフランス王アンリ4世（Henri Ⅳ, 1553-1610）の后となり、ブルボン王朝の祖となった。そのほか、メディチ銀行の支店がアヴィニョンにあったなど、フランスとイタリアとのあいだの頻繁で濃厚な政治や社会や経済の交流の中で、当然に、養蚕とシルクの染織が伝わるという機会は、あとでふれるように、多々あったのである。

2 養蚕、シルクの染織への国の支援

フランスでも、国王はじめ権力者は養蚕を奨励した。この点はイタリアの都市国家と同様である。シャルルマーニュもそうであったといわれている（Heusser, p. 38）。フランソア1世（François Ⅰ, 1491-1547）は1520年頃、ミラノを制圧し、同地から大勢の織工をよび寄せて、リヨンにシルクの織物工房を設けたという。リヨンのシルクの織工はカニー（canut）とよばれていた。この国王はロワール川ぞいに城を築き、近くのツールにもイタリアのシルクの織工を呼

び寄せた。また、アンリ4世も養蚕をバックアップして、その治世中に、それが盛んになった（Heusser, p. 39）。ちなみに、フランスの親方、職人、徒弟の関係を定めたのもアンリ4世だという。産業の発展にとって、その人的秩序、ガバナンスの規制は非常に大切なことだが、フランスでは、16世紀末には、シルク産業もふくめて、そうした人的秩序がつくられた。

　太陽王と称されたルイ14世（Louis XIV, 1638-1715）の財政総監だったコルベール（J. B. Colbert, 1619-83）は、国富を大きくするため、養蚕とシルクの染織の振興に大きな関心を寄せていた。ボローニャから撚糸加工の良い機械をフランスに導入したといわれている。この時代まで、フランスはイタリアからシルクの織工や機械・道具を調達していたようである。

　ちなみに、コルベールはシルク産業のガバナンスをつくり上げた。それはさきにふれたアンリ4世の資格制度のうえに、ルッカの場合と同じように、重商主義（mercantilism：マーカンティリズム）の立場による秩序を構築するものであった。長くひろくフランス産業の秩序、ガバナンスにもなった。シルク産業に従事する者は、3つの階層グループに分けられた。トップがシルクの織物等を売買する商人、とりわけ主だった（有力）商人である。つぎに、織物等を売るとともに、織機での作業を監督するマーチャント・マスターがいる。3番目が商人との短期契約をむすんで工房で織機を動かすマスター（親方）織工である。シルク産業のガバナンスはこれら3者が担う。3者は会議体をつくって、自分たちの産業の諸問題を話し合うのである。

　なお、親方の織工の下に年季5年の職人（journeyman：ジャニーマン）と、2年の徒弟がいる。ただ、職人と徒弟はガバナンスの外にいる。職人と徒弟は資格であるが、工房では職人や徒弟の資格をもたずに働いている人もいるし、子どもも働いていた。

　コルベールのときのそれぞれの人数は不明だが、フランス大革命がはじまった1789年の数値はある。この年のリヨンとその郊外の人口は約14万3000人だったという。シルク産業で直接働いていたのは3万4762人である。このうち、308人がシルクの商人であり、42人がマーチャント・マスターである。マーチャント・マスターは非常に少ない。この下にカニーがいて、マスター織工が5575人、その女房で織機でしごとをするのが3924人である。職人が1796

（出所）Heusser, p. 58.

人、徒弟は 507 人、その他資格なしで働いている者が 2 万人以上いた（Bezucha, p. 7.）。

　ナポレオン（B. Napoléon, 1769-1821）は戦いに明け暮れた人生を送ったようにみえるが、産業と芸術についての理解者でもあり、パトロンでもあった。ナポレオンが皇后ジョセフィーヌ（B. Joséphine, 1763-1814）とともに、リヨンのシルクの織物工房を訪れた様子を描いた絵が残っている（図表Ⅴ-2）。また、ナポレオンは 1811 年に公式な儀式においてはシルクの衣服を着用するように命令した。もっとも、これはかれが退位する 3 年前のことだった。

3　養蚕の状況

　フランスの養蚕もイタリアの場合と同様に、農業の副次部門のような格好でおこなわれ、その飼育方法もイタリアのそれと同じだった。ただ、イタリアでは中北部が主たる養蚕地であったのに対し、フランスでは、それが南部に集中していた。

　19 世紀におけるフランスの県別繭出荷状況は図表Ⅴ-3 のようになっている。

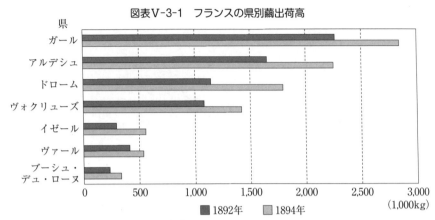

図表Ⅴ-3-1　フランスの県別繭出荷高

（出所）Silbermann, Ⅰ, p. 231. より作成。

図表Ⅴ-3-2　フランスの県別繭出荷高割合（1914 年）

県名	%	県名	%
アルデシュ	28.0	ブーシュ・デュ・ローヌ	2.5
ガール	26.5	オート・ザルプ	2.0
ドローム	18.2	ロゼール	1.6
ヴォクリューズ	8.8	エロー	1.2
ヴァール	5.5	コルス※	0.9
イゼール	3.5	その他	1.3

※コルスは日本ではコルシカ島と一般に表記している。
（出所）Rawlley, p. 55.

図表Ⅴ-3-1 は 1892 年と 1894 年の数値、図表Ⅴ-3-2 は第 1 次世界大戦がはじ
まった 1914 年のものである。こちらは百分率で示している。いずれの図表で
もガールとアルデシュの両県の繭出荷高が非常に大きい。なお、図表Ⅴ-3-3
はこれらの諸県の地理的位置を示している。これから一目瞭然なのは、フラン
ス南部、とくにローヌ川ぞいの東側のドーフィネ山脈と西側のセベンヌ山脈に
はさまれた地域ならびに南東部の諸県で養蚕が盛んなことである。あとはコル
シカから少々の繭出荷があるだけである。これらの県の大部分は山地が多い。
またイタリアにも比較的近い。とくに西側のセベンヌ山脈周域はフランスの第
一級の生糸の産地で、この生糸を用いた織物は肌ざわりや伸び縮みが抜群であ

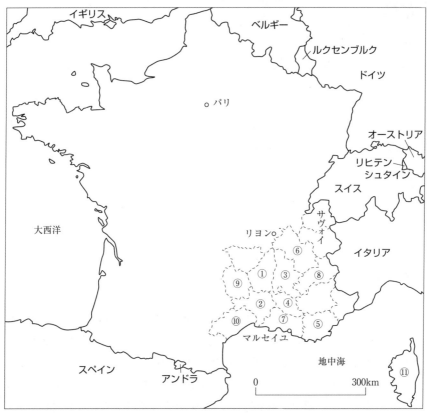

図表V-3-3　フランスの養蚕県

①アルデシュ、②ガール、③ドローム、④ヴォクリューズ、⑤ヴァール、⑥イゼール、
⑦ブーシュ・デュ・ローヌ、⑧オート・ザルプ、⑨ロゼール、⑩エロー、⑪コルス

り、毛ば立たずセベンヌ・シルクとして高く評価されていた。

　フランスの養蚕も、第Ⅳ章でふれたペブリン（フランス語：pébrine）の流行で
大打撃を受けた。そもそもペブリン（微粒子病）は19世紀半ばに、フランス南
部で発生したのである。図表V-4はペブリン発症前後の繭出荷高の推移を示
したものである。1849〜54年の平均年間出荷高は3180万キログラムで、こ
れはペブリン流行の直前と直後の数値と考えてよい。ところが、ペブリンが広
がり、流行中の1855〜60年の期間になると、他の要因が働いたにしても、3
分の1に落ちる。さらに、1861〜66年の期間では、1849〜54年の期間の5

図表V-4　フランスの繭出荷高の推移

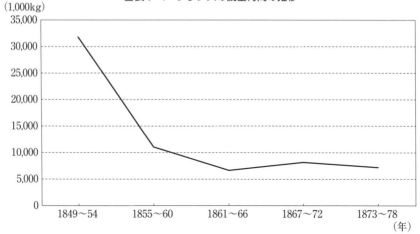

(1,000kg)

(年)

（出所）Silbermann, I, p. 229. より作成。

分の１になってしまう。フランスの養蚕にとって、大変な事態だった。フランスの養蚕の窮状は遠い日本にも伝わり、1866年にフランスと親密な関係にあった江戸幕府は、蚕種１万5000枚をナポレオン３世（1808-73）に届けたりした。パストゥール（L. Pasteur, 1822-95）はこう記している、「我皇帝陛下が日本大君より進物として受納した蚕卵紙１万5000枚」（Pasteur、訳１ページ）。とにかく、フランスの国内産繭の出荷の激減は当然に価格の高騰をまねいた。フランスはイタリア等からも、繭や生糸を輸入していたが、イタリアの養蚕も同じくペブリンの大流行でそれらが大きく減ったし、価格も上昇した。

　ペブリンの正体は当初わからなかったが、既述したように、パストゥールたちの研究で、それがノゼマ・ボムビシスという微生物によるものであることが判明した。ペブリン研究はかれの主要業績のひとつであって、『蚕病論』（1888）にまとめられている。ノゼマ・ボムビシスはかいこの体内細胞に取りつく。病蚕の体内の膜を顕微鏡で細視すると、直径１ミリメートルほどの粒子状の微生物が見えるが、この微生物に犯されると、そのかいこは１齢までに食欲が減じ、黒い斑点が生じ、体力が弱り、生長しなくなり、死をむかえる可能性が大きい（Pasteur、訳12ページ）。たとえ、生きて子孫を残しても、親から卵を通じ子孫にも伝染し、卵を通じ感染が拡大する。したがって、汚染していないかいこ蛾

を確保し、それを安全に飼育することがペブリンの予防になる。

　ペブリン流行による国内の養蚕の打撃に対し、フランスはいかなる手を打ったか。ひとつは国外のかいこ蛾の蚕種を輸入するという対策がとられた。フランスの蚕種ビジネスのウエートは、国内で蚕種をつくることから、国外の蚕種を取り寄せることに移った。蚕種業者はイタリア、バルカン半島、小アジア、シリアなどを訪れ、イタリア、ギリシャ、トルコ、シリアなどから蚕種を入れたが、これらの国のかいこ蛾もペブリンにやられてしまった。日本の蚕種を輸入することもおこなわれた。パストゥールによると、「1866 年までに日本から輸入した蚕種紙は 240 万枚になる」（Pasteur、訳 7 ページ）。前章でふれたように、日本のかいこ蛾はペブリンの被害を受けなかった、日本のかいこ蛾はペブリンには強いとフランスでは思われたのであろう。図表Ⅴ-5 は 1870 年代から 1880 年代はじめにかけての問題状況をあらわしていると思われる。1872 〜 74 年には、フランス産かいこ蛾で得た繭のウエートは 31.6％にすぎなかったが、日本から蚕種を輸入し、フランスで育てて得た繭のウエートはじつに 58.2％にもなる。ほかの国外産蚕種でかいこを育てて得た繭のウエートは 10.2％だった。

　ちなみに、19 世紀中頃から日本の養蚕に対してフランス、イタリア等では関心が高まり、この本でも引用している上垣守国の『養蚕秘録』（1803）などが

図表Ⅴ-5　フランス産かいこ蛾による繭の割合

（※）国外産かいこ蛾を再生して得た繭をふくむ。
（出所）Silbermann, I, p. 230. より作成。

フランス語に翻訳されたりしている（*Yo-san-fi-rok: L'art d'élever les vers á soie au Japon.* Paris & Torino）。1848 年のことであるが、完訳ではない。この本によって日本、中国の養蚕事情はよくわかったと思うが、科学的知見に立った養蚕方法に傾斜しつつあったヨーロッパでは、日本のやり方が役立ったかどうか、なんともいえない。ちなみに、19 世紀後半になると、少なくとも養蚕分野では日本に対する関心が高くなり、ジルバーマンによると、リッター（Ritter）の『日本養蚕論』（1894）やバビール（Bavier）の『日本養蚕論』（1874）などが刊行されるようになったという（Silbermann, I, pp. 274, 276）。

　しかし、1878 ～ 80 年になると、国内産かいこ蛾による繭のウエートは 88.3 ％になるのに対し、日本産蚕種から得た繭のウエートは 7.5 ％に急落する。1883 年にはこの傾向が強まる。日本からの蚕種の輸入は一時的で、緊急避難の措置であった、といえる。ただし、日本の蚕種で育てたかいこ蛾は、フランス国内で再生産されていく。このウエートは決して小さくはなかった。

　緊急避難といえば、ペブリンによる大被害の時期、中国からの生糸輸入も急増した。1876 ～ 80 年の期間には、中国からの生糸輸入も拡大した。1876 ～ 80 年の期間には、中国からの輸入はフランスの生糸輸入の 70 ％ほどにもなったという。フランスの生糸輸入は従来イタリア産が多かったが、イタリアでもペブリンの被害が甚大だったため、こうした事態になった。当時、東アジアからの生糸輸入はすでにふれたように、ロンドンの業者の手にかかるのが一般的であったが、リヨンでは輸入組合をつくって、1869 年に完成したスエズ運河を利用して上海－マルセイユのルートの直接取引もこころみ、これが全体の 14 ％にもなったという。またリヨン商工会議所の要請で、政府と銀行は輸入の保証をした（Boles, p. 23）。ボールズ（E. E. Boles）によると、あとでふれるシルクの「日米ネットワーク」に対し、「チャイナ－フランス・シルク・ネットワーク」とよぶべき結びつきができたという。フランスはむろん、中国産生糸を少なからず買付けていたが、総じて主たる輸入先はイタリアであった。

　しかし、中国産生糸、とくに広州積出しのものは、高級品志向が強いリヨンなどの織物の業者や職人を、到底満足させるものではなかった。国内産に比し、またイタリア産に比し、品質に難点があるものが多かった。20 世紀になると、中国からの輸入量は減り、フランスの生糸輸入の約 78 ％はイタリアからのも

のになった。「チャイナ－フランス・シルク・ネットワーク」は一時的なものであった。

　フランスでは、国内養蚕の再建もはかられた。国策として推進したのが、イタリアの場合と同様に、当時の科学的知見を動員してのかいこ蛾の品種改良である。ペブリンのような病気に強い、また良質な繭をつくる、さらに歩留の良い生糸を生み出す、つまり生産性を高める品種改良がこころみられた。こうした努力の結果、たとえば、蚕種1オンスあたりの繭の産出量は1857〜62年期間において、約12.46キログラムであったのが、1884年には22.2キログラムになり、1893年には38.47キログラムになったという（Silbermann, I, p. 230）。

　なお、ペブリンの蔓延との関係でふれておくべきは、ポスト・シルク、シルクに代わるせんいの探求である。高価で、天候等による供給の不安定なシルクに代わるせんいの探求は、ヨーロッパでは以前からおこなわれていたが、ペブリンの流行でこれに拍車がかかった。科学技術も進歩していて、開発の可能性もたかまっていた。まずは再生せんいをつくり出す方向だった。セルロース（せんい素）を溶解して人造絹糸（artificial silk）・人絹をつくる方法の開発がすすめられ、いくつかの方法が見出されていたが、フランスの男爵シャルドネ（H. Chardonnet, 1839-1924）は1891年に硝酸エステル法による人絹製造をはじめて事業化した。その後、とくに20世紀になって人絹製造は欧米に拡がりをみせることになる。アメリカでは1927年の段階でシルクの消費量を人絹のそれが凌駕することになり、さらにナイロンなどの合成せんいの開発で、シルクの劣勢は決定的になる。

4　製糸、フィラチュア、スロウイング

　フランスの製糸はどのような状況にあったか。当初は他の国と同様に、養蚕と製糸は農民の手で一体的におこなわれていたが、段々と分離する。というよりも、製糸がひとつの産業として独立するようになる。といっても、いきなり大規模の製糸場ができるわけではなく、多数の家内工業的な零細な事業所があらわれる。そして次の段階で集約化がすすむ。

　ところが、フランスでは19世紀後半から20世紀はじめにかけて、1事業所あたりの機械台数は少なかった。ラウレイによると、フランスの製糸場はイタ

図表Ⅴ-6　フランスの製糸場数と機械（ベイジン）台数の推移

年	製糸場数	機械台数
1853	600	30,000
1884	－	12,000
1890	－	10,000
1892	238	10,451
1896	280	13,395
1906	224	11,000

（出所）Rawlley, p. 56.

リアのそれよりも、規模はずっと小さかったのである。イタリアの製糸業のほうが競争優位の状況にあった。このためか、「フランスの製糸業は衰退傾向にあった」という（Rawlley, p. 56）。

図表Ⅴ-6をみると、フランスには1853年に600の製糸場があり、繰糸機（ベイジン）台数は3万台だった。それが約50年後の1906年には、製糸場は224にまで減り、機械台数は1万1000台になった。約3分の1になったわけである。事業所数も繰糸機台数もほぼ同じテンポで減っているので、機械の生産性は問わないとすると、とくに集約化が進行したともいえない。

養蚕と製糸が分離しても、後者の立地は前者の近くがよいとされる。繭の輸送コストが少なくてすむし、繭がフレッシュなうちに、製糸場に持ち込むことができる。フランスでは、主たる養蚕地域には製糸場、フィラチュアがあった。繭の主要な産地であるアルデシュとガールには多くの製糸場があった。とくにガールは「シルクの製糸センター」といわれていた。

第Ⅳ章でふれたイタリア式の製糸法とならんで、フランス式の製糸法があり、シャンボン（Chambon）式とよばれた。図表Ⅴ-7がその基本である。フランスのやり方はベイジンの中の繭から2条の糸を引き上げ、それぞれリンクを通し、2条をすり合わせ、また分離させ、リンクを通して再び交差させるやり方をする。シャンボン式の特色は1本でなく2本の糸をすり合わせたり、交差させたりする点にあるが、このやり方だと、すり合わせたり、交差させたりする際に、湿った柔らかい糸がこすれて、面取りというか、丸みを帯び、光沢も出るし、すべすべするようになる。また強度も増すという。ただ、すでにふれたように、イタリア式でやっても、フランス式でやっても、生糸のデニール、強度、弾力性等には大きな差は生じない（Silbermann, I., p. 363）。

フランスのスロウイングの記録は乏しい。ジルバーマンによると、1258～69年のあいだにパリで、スロウイングの2つの組合が結成されたという

（Silbermann, I, p. 476）。なぜパリだ
ったのかはわからない。スロウイ
ングは養蚕や、とくに製糸と地理
的に近接した立地で、また織物づ
くりの場所に近いところで営むの
が一般的である。ただ、シュモラ
ー（G. Schmoller）とヒンツェ（O.
Hintze）によると、パリにも早く
からシルク産業の集積があった
（Schmoller & Hintze, III, p. 10）とい
うから、スロウイングも同地でお
こなわれていたのであろう。

　フランスのスロウイング、とく
に撚糸ではアヴィニョンが知られ
ている。同地は養蚕、製糸のすぐ
傍だし、シルクの織物産地のリヨ
ンにも近い。アヴィニョンには最

図表 V-7　フランス式の製糸法

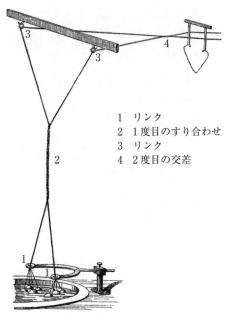

1　リンク
2　1度目のすり合わせ
3　リンク
4　2度目の交差

（出所）Silbermann, I, p. 364.

初の撚糸工房が1463年に設けられ、1470年にもうひとつの工房ができたとい
う。だが、スロウイングも零細な家内工業のかたちでおこなわれていた。1720
年には、アヴィニョンに400の撚糸工房があったという。

　アヴィニョン産の撚糸、とくにたて糸の品質は高かった。リヨンのシルクの
織物の評価が高いのは、コニーたちの技能の高さ等にもよるが、川上の優れた
スロウイングにもよるところが大きいのではないか。

　なお、スロウイングでも染色の工房はリヨンに立地していることが多かった。
これらの工房も家内工業として営まれていた。リヨンには染色に向いたローヌ
とソーヌの2つの川が流れている。ただ、京都の加茂川、東京の神田川、金沢
の浅野川などでの職人が川の中に入って染色の濯ぎをしている光景を見慣れて
いる日本人からすると、護岸に囲まれた水深のある大きな川で、どうやって濯
ぎをするのか、と思ってしまう。フランスのディドロ（D. Diderot, 1713-84）の
『フランス百科全書絵引』（1751～76）には、その絵が載っている。18世紀半ば

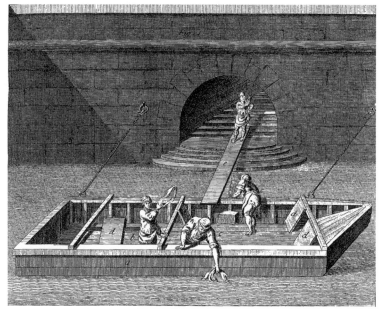

（出所）大阪府立図書館「デジタル画像　フランス百科全書　図版集」〈繊維技術：絹
　　　　の染色〉（https://www.library.pref.osaka.jp/France/Senni/sensyoku/
　　　　sensyoku6.html）

の光景であるが、川岸の護岸に船が固定されていて、職人はその船に乗り、そ
こから体を乗り出して布の濯ぎをしている（図表V-8）。

　しかし、フランスは20世紀初頭には、一部を除いて、養蚕ならびに製糸の
競争優位を確保するのがむずかしくなりつつあり、両者からの漸近的な撤退を
はじめていたのかもしれない。あとでふれるように、フランスは養蚕・製糸・
織物づくりのワンセットのモデル、「トータル・モデル」から、養蚕はイタリ
ア、後半は中国等に頼って、織物加工中心の「部分モデル」への移行、さらに
はアパレル、ファッション、モード分野へのシフトを開始していた、というこ
とであろう。

5　リ　ヨ　ン

　リヨンという都市の名前はすでに何度も登場した。フランスのシルクという

と、すぐにリヨンが思い浮かんでくる。この都市は長い間、「シルクのメトロポール」として君臨してきた。リヨンの前身はローマ帝国時代のゴールの首府ルグドゥヌムで、紀元前43年には、もう1万人の住民がいたという。

リヨンはローヌ川とソーヌ川の合流点に位置している（口絵5）。市内を2つの川が並ぶようにして流れている。水量豊かな川があるのも、染色の重要な立地条件であるが、とりわけソーヌ川は軟水で、染めには向いていた。今はみられないが、かつて川辺りには多くの染色工房があった。

リヨンが交通・交易の要衝だったことは、多くの指摘がある。「ローマからパリへ、パリからマルセイユへ、フランクフルトからマドリッドへと向かう人も財貨もリヨンを通る」(Bezucha, p. 2)。近世、ブルージュ、ゲント、ブリュッセル、アントワープ、アムステルダムなどのフランドル地方の都市は、商業とものづくりでイタリアの諸都市と張り合うほどの力をもってきていたが(Warner, p. 27)、陸路だと、リヨンはイタリアの諸都市とフランドル地方の往来の中間点のようなところだった。

リヨンの歴史的状況も、産業立地の大きな要因だった。同地は14世紀初頭にフランスに併合されるまで、必ずしもフランスの主権下になかった。「政治上の独立、自由、特典があって、パリ、ニーム、ツールなどの商人・事業者だけではなく、外国人にも門戸を開いていて、イタリア、スイス、ドイツ、フランドル地方の人びとも往来していた……」(Silbermann, I, p. 410)。

リヨンとシルクのむすびつきは、15世紀からで、リヨンはイタリアから輸入したシルクの販売独占権を得る。またシルク商人のギルドもできる。1536年には、イタリアのピエモンテの人がリヨンに40台の織機を持ち込み、布を織りはじめた(Bezucha, p. 4)。フランソア1世はリヨンに対し税と兵役を免じた。そうした特典もあって、同地のシルクの織物づくりは急速に発達した。

ただ、リヨンはロワール川中流にあるツールとシルクをめぐって競合関係にあった。すでにふれたようにフランソア1世がこの地の近くに城を築き、その際にイタリアから腕の良い織物職人を呼んだのがきっかけだという。ツールでもシルク、織物づくりが盛んになり、リヨンと競った。1470年には国王はリヨンのシルクの商人と織工にツールに移るように命じたりした（『フランス百科全書絵引』訳597ページ）。ちなみにフランソア1世はレオナルド・ダ・ヴィンチ

(Leonardo da Vinci, 1452-1519) を招いたことでも知られている。ダ・ヴィンチは晩年をフランスで過ごし、その墓はツールの少し上流のアンボワーズ城の中にある。シルク産業の振興といい、ダ・ヴィンチの招へいといい、同国王はフランスの中世からルネッサンスへの橋渡し役を演じたように思う。ただ、立地からいうと、ツールは養蚕がおこなわれている南部の地からはより遠く、また交易上至便というわけでもなかった。リヨンの人びとの努力もあり、リヨンにはふたたび活気が戻り、その優位性が次第にはっきりしてきた。すでに 1556 年の時点で織機は約 7000 台を数えるようになっていた (Bezucha, p. 4)。とくに、リヨンのブロシェ (broché) が有名になって、王侯、貴族、高位の聖職者、富裕層は競って購入しようとした。ブロシェはよこ糸に金糸、銀糸をはじめ多くの色糸を使って織り上げた、一見刺繍を施しているようにみえる厚手のシルクで、じつに豪華であった。

　「リヨンには大きな工房はないが、親方が何人かの従業者を雇う代わりに、家族に手伝ってもらって、自分で原料を買ってきて布を織ったり、染色をしたりしていた」(Heusser, p. 62)。そして、さきにふれたように、親方のうえにはシルクの商人がいた。こうした状況が長いあいだ続いたらしい。

　ところが、産業の発達にはアップダウンがあるらしい。良いきっかけもあれば、悪い引き金もある。16 世紀後半はフランスで新旧の宗教対立が激しくなった時期だった。カニーには新教徒が多かったといわれている。アンリ 3 世 (1551-89) 治下の 1572 年には大勢の新教徒が殺された「サン・バルテルミーの虐殺」があり、カニーのあいだに大きな動揺が拡がった。そして、アンリ 4 世による「ナントの勅令」(1598 年) で信仰の自由が認められるまで動揺は続いた。この勅令によりユグノーのカニーは安堵し、しごとに精を出せるようになったと思われる。

　ところが、ルイ 14 世の時代に、宗教上の問題が再燃した。コルベールの死後、ルイ 14 世は「ナントの勅令」でうたっていた信仰の自由を取り消す措置をとった。カニーたちは再び身の危険を感じるようになった。この措置のインパクトは非常に大きくて、すでにシルクの街になっていたリヨンでは、カニーが大勢国外に脱出した。この点については次章で取り上げる。14 世紀のはじめにイタリアのルッカでおこったのと似た事態が、リヨンでも生じた。1 万

8000台ほどあった織機は4000台ほどしか稼働しなくなった（Heusser, p. 40）。つまり、ルイ14世のこの措置がフランスの産業、とくにシルク産業を大きく、停滞させることになったのである。「この時代の歴史家は敵対勢力もふくめて、フランスのユグノーがベストの農民であり、……街のユグノーにベストの教養があり、かれらはきわめて生産的であった」としている（Warner, p. 37）。リヨンのカニーも、シルク産業を支える人たちだった。

　他方、ルイ14世のこの措置は、シルク産業をヨーロッパ諸国に拡散させるきっかけになった。次章でのべるように、ユグノーのカニーはイギリス、プロイセン、フランドル地方などに移住し、そこでシルクの織物のノウハウを伝え、シルク産業発展の種をその地にまいた。その意味ではルイ14世はこの措置によって、ヨーロッパの他の国々のシルク産業の勃興と発達に大きな貢献をしたわけである。

6　マリー・アントワネットの衣装

　リヨンのシルクの織物の顧客はどのような人びとであるか。この点で興味深いのは、オーストリア出身の著名な社会評論家、伝記作家のツヴァイク（S. Zweig, 1881-1942）の定評のある『マリー・アントワネット：普通の性格の肖像』（1932）である。「普通の性格」とは、毀誉褒貶の甚しいこの王妃を、どこにでもいる普通の女性としてできるだけ偏りなく、描こうとしたからだろう。宮廷文化の中で服飾は重要な要素だが、ブルボン王朝最後の王妃マリー・アントワネット（Marie Antoinette, 1755-93）の服飾は想像をはるかにこえるものである。彼女はあまり眠らないらしく、朝4時、5時に自室に戻ることも珍しくなかった。帰ってくると、彼女は今日はどんな服を着るかを決定しなければならない。これはマリー・アントワネット個人にとって大変な意思決定問題だった。

　ツヴァイクによると、「各季節ごとに12着の公式用式服、12着の非公式の衣装、12着の儀式用衣服がある」。そうすると、年に144着の衣服が用意されている。王妃は新たな衣装を身に着けて人前に出なければ、ひんしゅくを買ってしまう。お抱えの裁縫師が、リヨンから届けられるシルクを、絶えず仕立てていなければならない。裁縫師、衣装係はベルタン（R. Bertin, 1747-1813）で今日までその名が残っている。当時の宮廷の衣装は以下のようなものであった。

女性の場合、基本はローブ・ア・ラ・フランセーズとよばれるもので、豪華なシルク織物で仕立てた前開きのローブとペティコートと胸当て（ストマッカー）から成り立っていた。外側になるローブは腰枠で下方が左右に大きく開くように工夫されていて、袖口や胸元はレースや刺繍で飾られていた。刺繍はシルクの糸、金・銀糸、シュニール糸で編まれていた。一方、男性の宮廷衣服はコート（アビ）、ベスト（ジレ）、半ズボン（キュロット）から成り立っていて、刺繍が施され、凝ったボタンが付いていた（文化学園服飾博物館コレクション『ヨーロピアン・モード』3ページ）。やはりシルクが使われることが多かった。この半ズボンが長いものになって今日のスーツの型ができたのだといわれている。男性はまた長いストッキングをはいていた。こうした男女の衣装・服装はこの時代を取り上げた映画の中で見ることができる。また、そうした衣装・服装を身に着けた多くの肖像画もある。

　人びとはそうした服のほか寝巻・寝具、レースのスカーフ、帽子などについても人目を気にした。そのほかコサージュ、靴・靴下、手袋など。これらの素材もシルクが多かった。ベルサイユ宮殿に出入りする貴婦人たちは、これと似たような服飾生活をしていたのではないか。また、ヨーロッパの各国の宮廷でも、これほど極端ではないにしても、同じような生活が送られていたのではないか。第Ⅱ章で取り上げたフビライ・カーンの顕官たちへのシルクの礼服の下賜の規模には及ばないかもしれないが、マリー・アントワネットをはじめとする貴婦人たちの服飾生活も相当のものであった。こうした服飾のニーズが、多分にリヨンのシルク織物を支えていたのであろう。

　リヨン織物装飾芸術博物館（Musée des Tissus et des Arts décoratifs de Lyon、口絵4）には当時の宮廷衣装やタペストリーが展示されていて、アントワネットがリヨンでつくらせたというカーテン、ベッドカバーもふくまれている。これらは宮廷の女性たちの虚栄の生活の産物だということもできようが、フランスの宮廷文化の高さを示すものでもある。そして、リヨンのシルクの織物の技術水準を高め、この産業の発展に寄与していた事実は否定できないであろう。

　なお時代の服飾の傾向というか、モード、ファッションの問題は昔からあったが、アントワネット、あるいはポンパドール夫人の頃、つまり18世紀頃からのモードの変遷は後づけができる。ヨーロピアン・モードの推移である。ア

ントワネットやポンパドール夫人をファッション・リーダーとするモードは、ロココスタイルとよばれる（『ヨーロピアン・モード』2ページ）。それは優雅で装飾性に富んだもので宮廷を中心に上流社会で流行った。ロココスタイルのあと、19世紀の前半には新古典主義の影響を受けたエンパイア・スタイル、ロマン主義を反映したロマンティック・スタイルなどが、また19世紀後半になると、馬毛（クリノ）と麻（リーノ）を織り込んだペティコートが流行ったクリノリン・スタイル、腰の後ろが張り出したバッスル・スタイルなどが流行った。さらに、それらは20世紀へと続くのである。ひとつの時代にいくつものモードが並存することも多かった。

　重要な点は、シルク産業、せんい産業の川下のほうで、織物よりもさらに川下のほうで、ファッション、モードといった要素が大きくなり、あるいはそうした要素に人びとが意識的にか、無意識的にか左右される度合が大きくなり、ファッション、モードの事業や業界が形成されるようになったことである。あとの図表V-9をみると、1834年においてリヨンで服飾に携わる人びとや、あるいはデザイナーがいて、こうした業界があったことがわかる。モード雑誌が刊行されたり、メゾンが設けられたり、オートクチュールがはじまったり、ファッションショーが開かれたり、アパレルが大量販売されたりしはじめる。こうした動きが18世紀に徐々におこり、19世紀に顕在化する（1778年の「ギャラリー・デ・モード誌」の発刊、ナポレオン3世の后の専属デザイナーだったイギリス人のウォルト〔C. W. Worth, 1825-95〕のパリでのメゾン開設、パリ・コレクションの立ち上げ、1845年のミシンの実用化など）。20世紀にはさらに大きな動きになる。

7　フランス大革命と「リヨンの反乱」

　フランス大革命の直前には、リヨンとそのシルク産業はかなりの発展をしていた。すでにふれたように、1789年において、リヨンとその近郊の人口は約14万3000人であった。そして、7分の1の人はなんらかのかたちでシルクの製造・加工・販売にかかわりをもっていた（Bezucha, p. 7）。ところが、1789年にはじまったフランス大革命によって、リヨンとそのシルク産業は大きな痛手を蒙ることになる。また、これに続く1831年と1834年の「リヨンの反乱」により、再度の、あるいは再々度の打撃を受けることになる。

フランス大革命ではリヨンは若干の経緯があって、王党派、穏健なジロンド党派が権力を掌握した。ここらの事情はベズーカ（R. J. Bezucha）の『リヨンの1834年の反乱』(1974) や小井高志『リヨンのフランス革命：自由か平等か』(2006) に詳しくのべられている。リヨンのカニーは、労働者として急進的な革命派のジャコバン党派に組するのかとも思われたが、さにあらず、かれらもジロンド党派に味方した。シルク産業で働く人びとは、大きな顧客であるアンシャンレジームの人びとに親近感、好意をもっていたのかもしれない。

　ところが、パリ中央ではジャコバン党派の政府ができると、パリとリヨンは激しく対立することになる。ついにリヨンは1793年に中央政府の軍隊により囲まれ、6ケ月にわたる包囲攻撃後、占領されてしまった。この戦いとその後の処刑で、なんとリヨンの人口の4分の1が命を落とし、多くのカニーも死んだ。「シルク産業はこの不幸な期間にほとんど破壊されてしまった」(Bezucha, pp. 12-13)。リヨンは今は美しい落ち着いた街で、ここでそんな悲惨な出来事があったとはとても思えない。

　ところが、リヨンの悲劇はこれで終わらなかった。1831年と1834年に、同地でまた流血を伴う事件がおこった。ただ、1831年と1834年の争乱は、産業、シルク産業、とくにカニーのガバナンス問題が絡んでおこった。フランス大革命後、その三色旗の理念が次第に人びとに受け入れられるようになると、産業の従来のガバナンスの秩序との矛盾に、保守的な人間の多いカニーも気づくようになり、フラストレーションが高まる。たとえば、具体的にシルク産業の労使協議会（Conseil des Prud'hommes）の問題があった。それは賃金などの紛争を調停、裁定する最終機関であって、1804年には4人の商人と3人のマスター織工から構成されていた。構成員は選挙で選ばれるのだが、マスター織工の被選挙権については制約があり、またジャニーマンは排除されていた。そのうえ、選ばれるマスター織工はお飾りのような存在であり、実質この機関は商人の意向に沿うものだったといわれていた。その後、この労使協議会は拡大され、他産業もカバーするようになり、構成員も25人になり、マスター織工全員が被選挙権をもつように改められ、マスター織工の発言権も大きくなった。しかし、ジャニーマンは労使協議会から排除されたままだった。

　1831年の場合はその年の不況で、多くのカニーが報酬に関心をもったのが

ひとつのきっかけで、3万～4万人のカニーがこの問題について嘆願書に署名し、改善を求めた。ところが労使協議会、シルク産業の幹部はこれを退けた。これまで産業のガバナンスから排除されてきたジャニーマンを中心としたカニーや、他の産業の働き手も加わって集会、デモ、ストライキなどがおこなわれた。フランス大革命の荒々しい空気も残っていたし、産業での紛争処理のルール、制度のない中で、新しい勢力は当局、軍隊、反対派のカニーと衝突し、この事件で75人が殺され、263人が負傷したという（Bezucha, p. 65）。これはリヨンとその近郊で、労働者あるいは労働者階級という新しい大きな塊ができるプロセスでもあった。

　1834年にさらに大きな争乱がおこった。当時のフランスの政治状況は流動的であって、パリのルイ・フィリップ（Louis-Philippe, 1773-1850）の保守派政権は台頭する労働者勢力を押さえ込もうとしていた。同年4月フランス政府は結社の自由を制限する「結社法」を成立させた。この法律で結社には認可を要し、その認可は取り消されることもあること、不法な結社のメンバーは刑を免れえないこと、あるいは最高1000フランの罰金が課せられること、違法の集会と知りながら場所を提供した者も刑罰を免れないこと、これらの違反者は国家の安全を危険に晒したかどで高裁で裁かれることの4点がうたわれていた。一方で、リヨンは共和党派の一大拠点になっていて、同法に反対する集会、デモなどを繰り返していたが、ついに官憲・軍隊と労働者たちは衝突し、300人以上の死者が出た。

　この事件の逮捕者526人の職業別データがある（図表V-9）。

　これは非常に興味深いデータであろう。まず、リヨンにおけるシルク産業の存在の大きさを物語っている。逮捕者の37％弱（193人）はシルクの織物関係で働く人たちだが、これに服飾分野を加えると、シルク産業関係者は48％弱（252人）になる。シルクの織物では、ジャニーマンが多い。マスター織工の逮捕者も少なくない。無資格者の逮捕者もいる。かれらはコルベールの産業ガバナンスの体制の中で低くみられた人びと、あるいはそれから閉め出されていたグループである。フランス大革命で得られた自分たちの諸権利が、「結社法」の制定で奪われるのをみて、「動乱」に参加し、逮捕されたのであろう。なお、図表V-9は織物（第1次せんい製品）に対する服飾（第2次せんい製品）の当時の

図表 V-9 職業別逮捕者一覧

職業	逮捕者数	%	職業	逮捕者数	%
シルク織物	193	36.7	自立業	59	11.2
マスター織工	34		飲食の店主・従業者	23	
ジャニーマン	112		鍵職人	2	
無資格者	27		刃物職人	2	
染工	4		印刷工	4	
捺染工（プリンター）	12		書籍販売人	7	
デザイナー	4		製本屋	2	
服飾	59	11.2	紙販売従業者	4	
仕立屋	23		両替	2	
靴屋	20		たばこ屋	2	
帽子屋	5		宝石商	7	
かつら屋	7		薬局店主・従業者	2	
ボタン屋	4		花屋	1	
建築・輸送	102	19.4	楽器職人	1	
大工	29		未熟練者	39	7.4
塗装工	7		行商	2	
木工・飾り付け職人	4		燃料商	9	
左官	3		日雇い	14	
れんが工	12		家事手伝い	5	
かじ屋	9		農業従業者	9	
ブリキ職人	11		食品販売	15	2.9
銅職工	1		パン屋	4	
革なめし職人	6		雑貨屋	5	
馬具職人	2		肉屋	1	
車引き	16		卸売従業者	5	
車両職人	2		その他の職業	19	3.6
専門家	23	4.4	神父	2	
法律家	2		学生	6	
教師	4		役者	2	
所有者（propriétaires）	8		軍人	1	
宮廷・裁判所職員	9		退役軍人	8	
			無職	2	
			不明	15	

（出所）Bezucha, pp. 245, 246.

ウエートを知るヒントになるかもしれない。1830年代のリヨンでは前者に対する後者の割合は4分の1ほどであった。

この逮捕者のリストからは、シルク産業以外の分野の人びとも大勢いたことがわかる。分野をこえて、働く者のあいだで、連帯感が生まれ、新しい、より大きな塊が形成されつつあったのか。いずれにしてもこのリストは産業においても新しい状況ができつつあることも物語っているようにみえる。

8　シルクの織物業の近代化と発展

リヨンのシルク産業はフランス大革命や1831年と1834年の動乱で大きな痛手を蒙ったが、しかし、この時期までに、リヨンはフランス全土の中で確乎たる地位を占めるようになっていた。図表V-10は1889年における同国のシルク製品の地域別出荷金額を示したものである。この図表によると、リヨンの金額が圧倒的に大きく、全体の61％を占める。近辺に位置するサンテチェンヌの金額も加えると、全体の76％に達する。リヨンのかつてのライバルのツールの存在感はうすれてしまっている。

それでは、リヨンではどのようなシルク製品がつくられているのか。図表V-11は1890〜94年の金額でみた数字である。やはり大きなウエートを占めるのはシルクの平織であって、その用途は服地、カーテン、テーブルなどである。装飾を施したファサンニールもあり、またウール、コットンなどとの混紡の平織とそのファサンニールも織られている。この期間においては、これらの製品が全体のほぼ85〜90％を占めている。これらのほか、クレープ、紗、モスリン、レース、チュール、縁飾り、刺繍飾り、金襴なども織られている。

19世紀に入ると、リヨンのシルク産業にも近代化の波がやってきて、

図表V-10　フランスのシルク製品の地域別出荷額（1889年）

（フラン）

リヨン	400,000,000
サンテチェンヌ	103,000,000
カレー、コドゥリー	93,000,000
ルーベ、ボアン、アミアン	25,000,000
サン・シャモン	12,000,000
トロア	12,000,000
ツール	7,000,000
ニーム	4,000,000
ルプュイ	4,000,000
計	660,000,000

（出所）Silbermann, I, p. 118.

図表V-11　リヨンの種類別シルク製品

（単位：100万フラン）

織物の種類 ＼ 年	1890	1891	1892	1893	1894
平絹織	140.5	131.9	156.0	165.0	155.55
平絹織ファサンニール	38.7	37.1	35.5	30.8	35.0
平混紡	131.3	113.5	123.3	125.3	116.05
平混紡ファサンニール	24.45	24.0	24.0	21.1	18.25
クレープ、紗、モスリン	17.9	17.7	28.6	24.0	26.7
レース、チュール	15.2	14.6			
縁飾り	13.0	13.0	10.5	7.5	8.0
刺繍飾り					
金襴	3.9	5.8	4.5	5.5	5.8
計	384.95	357.6	382.4	379.2	365.35

（注）ファサンニール（façonnier）は平絹織と平混紡を装飾加工したもの。
（出所）Silbermann, I, p. 116.

構造的変化がおこってくる。そのテンポはイタリアを上回っていた。その違い
は、機械工業の有無であったろう。機械工業はフランスにはあって、イタリア
にはなかった。目立ったのは、製糸よりも織物のほうだった。リヨンでも、染
織は長い間、家内工業的な仕方でおこなわれていて、伝統的な手動の機械を使
っていた。

　カニーは染めや織の長年の経験で身に付けた技法を駆使して高級な、あるい
は豪華な織物をつくることを目指していた。「フランスのカニーは、一般市場
向けの品よりも、高級な織物のほうを重視する」（Hafter, p. 55）という基本的態
度がみられる。

　だが、フランスでも、イギリスの場合と同じように、一般市場向けの普及品
をつくるための、いわゆる「大量生産の法則」が働く工場システムが少しずつ
と導入されるようになる。以前に比し、人口も増え、豊かな人びとも多くなっ
て、シルク製品に手が届く段階になったこともある。それはまず、手動の機械
に代えて、動力付機械を何台も据え付けていくことを意味する。動力とは水力、
スチーム、後になって電気である。ジルバーマンによると、フランスで動力付
機械の登場は1872年である（Silbermann, I, p. 115）。その後、動力付機械の台数

は増えていくが、19世紀末でも、それは少数派だった（図表V-12）。こんな意見もある。「イギリスでは、人手を省くことに強いこだわりがあるが、フランスにはしごとはできるだけ多くのひとで分かちあわなければならないという商人道の考え方がある」（Hafter, p. 55）。

シルクの織物では、動力付機械の普及問題よりも、手動機械の改良、イノベーションのほうがずっと重要かもしれない。少なくともリヨンの織物業者やカニーの気分からすると、そういうことではなかったか。古い工房に置かれている「古い機械は木製で素人でも操作でき、スピードも遅いし、待ち時間も多く、ミスも多い。こうした織機は発明家の動機をかき立てずにおかない」（Hafter, p. 52）。しかも、発明に対する金銭的見返りも小さくないとすると、意欲も高まるというものである。また事業主も当然、少々高くついても、効率の良い、スピーディな、待ち時間の少ない、ミスの出ない手動機械を求めるであろう。

加えて、イタリアと同様、フランスでも織物工房では大勢の子ども、女性が働いていた。かれらは低賃金で単調な長時間の労働に従事していると世間ではみられていた。リヨンではサヴォイ地方がそうした女性の供給源だった。だが、子ども・女子労働に対する社会批判が大きくなると、それが工房や織機の改良の一因になったかもしれない。

織機改良はよくおこなわれてきた。18世紀ではフシュ（1725年）、レジュ

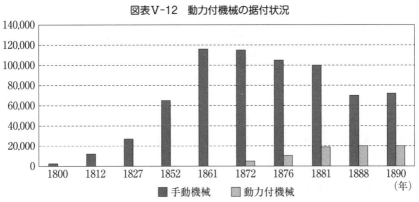

図表V-12　動力付機械の据付状況

（出所）Silbermann, I, p. 115. より作成。

（1740 年）、クレー（1754 年）などによる発明・改良が知られているが、なんといっても、ジャカール（J. M. Jacquard, 1752-1834）の発明になる織機のインパクトが決定的であった。ジャカード織機はまたたく間に中国、日本等をふくめて、世界中で使用されるようになり、今日も使われている。1801 年にジャカード織機はフランスの産業振興会の 3000 フランの賞金付き募集に応じてジャカールが作り上げたものである。ホイッサーによると、「18 世紀はじめのヨーロッパ、とくにフランスの歴史で突出した人物 2 人の名前を挙げるとすると、ひとりは偉大な軍人ナポレオン・ボナパルトであり、もうひとりはジョセフ・マリー・ジャカールである。2 人とも、偶然の一致だが、シルクのために最大の寄与をした」（Heusser, pp. 58-59）。

　『第二の産業分水嶺』の著者のピオリ（M. J. Piore, 1940-　）とセーブル（C. F. Sabel, 1947-　）によると、それは今日の数値制御装置（NC 機械）の先駆となるもので、カードを入れると、ドラウガール（drawgirl：女子織工）が手でたて糸を上下させなくても、カードの穴（図面になる）にしたがい、機械がたて糸を上下させ、穴のサイン通りに織ってくれるのである。ジャカード織機の導入には、2 つのメリットがある。ひとつは作業精度がたかく、非常に精巧な織物ができるようになること。従来ドラウガールは 1 台の機械に 2 人付いていたのが、ひとりですむようになり、省力化に資するのである。もっとも、ジャカード織機は当初、リヨンでは不評であった。導入反対論もあった。それは、ひとつには、古い建屋で働いている親方には、それを据え付けるスペースがなかったこと、また、最高で 1 台 4000 フランと機械の価格が高すぎたこと、さらに失業を生むことによるものであった。口絵 3 は『フランス百科全書』に載っている機械である。それは『フランス百科全書』に載るほどの機械である。

　さて、19 世紀中頃からは、すでに部分的にふれてきたように、中国と日本が生糸の大量輸出を開始した。生糸の世界市場ができたのである。このことが養蚕とシルク産業、その産業クラスターのあり方に大きな作用を及ぼすことになる。これはどういうことか。
　歴史をみると、養蚕なりシルク産業を興そうという国はすべて、それらをワンセットとしてとらえ、養蚕も製糸もスロウイングも織物も育てようとした。

「トータル・モデル」からスタートする。あとでふれるイギリス、ドイツ、アメリカも当初はそうであった。ところが、国外から安価な生糸を輸入できるようになると、つまり生糸の世界市場ができると、「トータル・モデル」は崩れかねない。国内で養蚕をおこなって生糸を入手するよりも、国外から安価な生糸を輸入し、後段のシルク産業に特化するほうが得策かもしれないからである。イギリス、アメリカなどは、19世紀末には、織物づくり、さらにファッション、モード、アパレルにウエートを置いた「部分モデル」に移行していたし、フランスも124ページの図表V-4や128ページの図表V-6をみると、そうした傾向が読み取れる。

　フランスの場合、20世紀になるとこの動きが決定的になる。それに対し、グローバルな世界市場をみると、養蚕・製糸のほうにウエートがある「部分モデル」の国がある。いうまでもなく、19世紀後半から20世紀前半の中国、日本がそうであったし、イタリアもこの傾向があった。もちろん、当時の中国や日本は国内に相応のシルクの需要があって、そのためのシルク産業も発達していたのだが、グローバルな視点からいうと、これらの国々は養蚕・製糸に比較優位があった。すなわち、生糸・シルクの織物の世界市場が成立すると、養蚕・シルク産業クラスターは川上の養蚕・製糸にウエートを置く「部分モデル」と、川下の織物づくりにウエートを置くものとに分かれる。

　フランスの場合、とくにパリにおいて織物の川下に、もうひとつ目立った存在になるビジネス分野が開けた。オートクチュール（haute couture）、高級でオリジナルな仕立てを売物にするメゾン（店）である。産業化が進行する中で、宮廷の外にも富裕層が広がり、こうしたビジネスが成り立つようになったからであろう。さきにふれたウォルト（英語だとワース）が1857年にパリにメゾンを構えたのがはじまりだという。すでに1867年にはウォルトが中心になって、パリでオートクチュールのシンジケート、現代版ギルドが結成されるほどの状況になっていた。オートとはフランス語で高級、クチュールは仕立ての意味で、衣装の素材はシルクとはかぎらないが、高級感ということからすると、シルクが多かった。

　けれども、オートクチュールのビジネス・モデルのキー・ファクターは、シンジケートの規約が物語っているように、素材、シルクではなく、デザイン、

オリジナリティ、コレクションでの発表などである。また、規格や量産、外注の否定であった。こうしたビジネスコンセプトは時代に受け入れられ、19世紀末から20世紀にかけて、ランヴァン・ブルーのランヴァン（J. Lanvin, 1867-1946）、豪華でエレガントな服のパキャン（J. Paquin, 1869-1936）、オリエンタルなデザインを手掛けたポワレ（P. Poiret, 1879-1944）、帽子房からスタートしたシャネル（G. Chanel, 1883-1971）などが輩出した。第2次世界大戦後になると、ディオール（C. Dior, 1905-57）、カルダン（P. Cardin, 1922-　）、イヴ・サンローラン（Y. Saint Laurent, 1936-2008）、ジバンシィ（H. Givenchy, 1927-2018）などのメゾンが出現するようになる。しかし、第Ⅳ章でふれたプレタポルテのビジネス・モデルが時勢を背景に台頭し、発展して、オートクチュールのメゾンは守勢に立たされる。これらのメゾンもプレタポルテの戦略モデルを選択するようになる。オートクチュールの場合も1973年にプレタポルテ部門を設けるという組織的対応をせざるをえなかった。

　「部分モデル」が一般化すると、後段のシルク産業を担う国々では、もうひとつの変化がおこる。そうした国ではもはや養蚕、かいこ蛾を目にすることはない。生糸は単なる素材として輸入される。シルクは人間とかいこ蛾とのコラボレーションの成果だとする古代からの意識は希薄になり、この意識に由来するシルクのイメージも変わるかもしれない。シルクは様々な織物、アパレルのたんなる素材のひとつにすぎなくなる。古代からの人びとのシルクへの特別のこだわりは消えていくのではないか。

　いまひとつの大きな変化は、産業化がすすみ、人口が増え、豊かな生活を享受できる人びとも多くなることである。シルクに手が届く階層が拡がる。服飾等について規制、慣行もゆるみ、個人の選択範囲も拡大する。素材もシルク、コットン、麻、ウールのほか、19世紀には人絹、スフなどの再生せんいが登場するし、20世紀にはナイロン、ポリエステル、アクリルなどの合成せんいが続々加わった。こうした、一段と多様化し、品質も良くなったせんい素材を巧みに選択して、ファッション、モードなどを重視するビジネスのウエートが大きくなる。シルク産業、せんい産業の川下において大変化が進行しているわけで、その影響は川上のほうに波及してくる。川上のほうでも、このことに応じる、あるいはこれを見越した戦略がなければならない。

第Ⅵ章

イギリスとドイツのシルク産業

　養蚕はヨーロッパではまずはイタリア、スペイン、フランスなどで定着し、それらの国からシルク産業が発展した。これまで第Ⅳ章でイタリアの場合を、また第Ⅴ章においてはフランスの状況を取り上げた。ところが、養蚕の前線はさらに北上し、イギリス、ドイツ、フランドル地方、スイス、スウェーデンなどでも、養蚕への挑戦がこころみられた。北方のスウェーデンではストックホルム近郊やゴトランド島で養蚕がおこなわれたことが確認されている。なお帝政ロシアでも養蚕がおこなわれたが、その場所はコーカサスのカフカス山脈の南側、現在のジョージアやアゼルバイジャン、アルメニアあたりであって、これらはヨーロッパには属さない。ただ、ヨーロッパの中部、まして北部では、養蚕は定着するにいたらなかったが、地域によってはシルク産業が発達した。

　この章ではイギリスとドイツについて、養蚕とシルク産業を取り上げる。養蚕はなぜ定着しなかったのか、それにもかかわらず、なぜシルク産業は立ち上がり、発展したのか。

A　イギリス

1　15世紀頃までの状況

『イギリスのシルク産業・起源と発展』（2015）の著者のウォーナー（F. Warner）によると、イギリスでは1066年のノルマン・コンクェストの前後まで、人びとはじつに素朴な生活をし、戦争の合間は農業に携わっていた、あるいは農作業の合間に戦いをするといった暮らしをしていたという。金銀の装飾、高尚な工芸、豪華な刺繍、透き通るようなシルクの着衣などは一般の人びとの日常生活とは無縁であった。いな、それらは知られてもいなかったであろう。ただ、国王・王族、貴族、上位の聖職者などは例外だった。しかし、多少の装

図表Ⅵ-1　イギリスの地図

飾・工芸品やシルクの品物を保有していても、それらはイタリアからもたらされたものであって、国内でつくられる工芸品には見るべきものはなかった (Warner, p. 13)。見るべき産業もなかった。

　だが、11世紀後半からはウィリアム征服王 (William I, 1028頃-87) とその部下たちはフランス文化をイギリスに持ち込んだろうし、その後のイギリスとフ

146

ランスのあいだの交流と抗争の中で、少なくとも前者の権力者のあいだでは、その行事や日々の生活でシルクを用いることが多くなったようである。たとえば、1251年にヘンリー３世（Henry Ⅲ, 1207-72）の娘マーガレットとスコットランド王アレキサンダー３世（Alexander Ⅲ, 1241-86）の結婚式には、イギリスの騎士1000人が同じシルクの飾りを身に付けて列席したという（Heusser, p. 41）。婚礼は数日続いたようだが、別の日にかれらはまた華美な礼服を着てあらわれたという。もっとも、この礼服がシルクだったかどうかはわからない。

　当時のイギリスでも、王権の威厳さを示すのに、シルクが使われた。プランタジネット家やチューダー家の紋章旗はシルクでできていた。イギリスの若きヘンリー５世（Henry Ⅴ, 1387-1422）がフランスに侵攻したとき（1415年）、イギリス海峡を渡る際の国王の座乗する船にはシルクのパープルの旗が掲げられていたという。また、リチャード２世（Richard Ⅱ, 1367-1400）はシルクの刺繍と宝石で飾られた高価な上衣を着用していたという（Heusser, p. 43）。もっとも、上衣の素材はシルクだけではなかったかもしれない。王や王族だけでなく、騎士たちも競って、シルクの天蓋や紋章旗を立てていた。第Ⅱ章でふれたフビライ・カーンの祝宴ほどの規模ではないが、ロンドンでもシルクが権力者の政治ショーで活用されていた、というのは興味深い。ただ、これらのシルク製品は、イギリスでつくられたものとは、必ずしもいえないのではないか。それだけに、自前でシルク製品をつくりたいという思いも強かったであろう。

　イギリスでは、国王はじめ権力者が養蚕をこころみた。それはイタリアやフランスよりも遅く、15世紀前半の頃だという。チャールズ１世（Charles Ⅰ, 1600-49）がロンドンの現在のセント・ジェームズ・パークに桑を植え、かいこを飼育したという記録がある（Silbermann, Ⅰ, p. 235）。この公園は国会議事堂やウエストミンスター寺院の近くにある。歴代の国王の中にはこのように養蚕に熱心な人物もいた。おそらく、チャールズ１世より前のエリザベス１世（Elizabeth Ⅰ, 1533-1603）も産業振興のひとつの柱として、養蚕を奨励したと思われる。しかし、民間ベースでは、つまり「商売のうえで、イギリスにかいこ蛾を定着させることには決して成功しなかった」（Rawlley, p. 18）。養蚕への挑戦は19世紀前半まで続き、1825年には「イギリス・アイルランド植民シルク会社（British, Irish & Colonial Silk Company）という資本金100万ポンドの公社が設

立され、アイルランドで養蚕をやることが構想されたが、これも見事に失敗した。同国の気候が養蚕には向いていなかったからだという。また、17世紀からはイギリスがアジア産の生糸を輸入できたことも大きい。東アジア、インド、ペルシャなどの生糸は大体においてアフリカ南部の喜望峰回りでロンドンに届けられた。イギリスでのシルクの染織の素材は、このようにして補給された。また、そうした生糸は、ロンドンからフランス、イタリア、ドイツなどの染織業者にも供給された。さらにロンドンからは、北アメリカにも生糸が届けられた。ロンドンはその間、生糸の国際的な流通センターであった。

　ただ、あとでふれるように、アメリカもまた、イギリスと同様、養蚕が定着しなかった、あるいは定着させなかったという点は、興味深いものがある。なにかアングロサクソン風の共通項があるのかもしれない。

　もっとも、イギリス本国で養蚕がおこなわれなかったというわけではない。ケント州リューリングストンにある養蚕場からは、エリザベス2世（Elizabeth Ⅱ, 1926-　）の婚礼衣装と戴冠服のためのシルクが提供されたという。

　要するに、イギリスはこれまで取り上げた中国、中東、イタリア、フランスとは異なり、川上の養蚕をあまり発達させることをしないで、川下のシルク産業に入っていった国である。まえの章でいう「部分モデル」の国である。しかも、シルク産業を立ち上げたのは、イギリスの人たちではなく、国外から同国に亡命してきた人びとであった。

2　インドでの養蚕

　イギリスはエリザベス1世の晩年の1600年に東インド会社（East India Company）を設立し、中東、インドなどとの交易に乗り出した。オランダの東インド会社が1601年、フランスのそれが1604年、デンマークが1614年だから、イギリスが一番乗りであった。当初は胡椒と生糸が主たる交易品目だった。ただ、生糸の輸入は主にペルシャからであった。イギリスは1615年にインドのムガル帝国に使節を送り、交易をはじめる。1633年にはベンガルに植民するようになっていた。そして東インド会社はベンガルの土地所有者に桑の栽培をすすめ、蚕種を配ってかいこを飼育させ、繭を買い取り、製糸をおこなって、生糸をロンドンに送るようになった。1770年にはイタリアとフランスから繰

糸機を買い、またこれらの国の技師を招き、製糸場を建設し、運営をはじめた。この頃、中国から大量のボムビックス・モリの蚕種を持ち込んだともいう（Warner, p. 381）。さらに、インド中部のラーンプルに養蚕・製糸方法を教える学校（シルク・スクール：silk school）もつくった。

　イギリスの東インド会社はとんでもない会社で、交易を標榜しながら、砲艦などをもっていて、他国の植民地化の尖兵の役割も果たしていたわけで、悪辣な手段・策略を使って200年余にわたりムガル帝国を蚕食し、1857年にムガル帝国を滅亡させてしまう。イギリス領インド（British India）になるのである。インドの人びとにとって、これ以上の屈辱があろうか。

　ちなみに、第Ⅲ章でふれたように、インドの養蚕の古くから拠点のカシミールにも、イギリスはヨーロッパ流の手法を持ち込み、養蚕のてこ入れをして、ヨーロッパの需要に見合う生糸づくりを開始した。インドがイギリス領になって3年後の1860年から10年間のインド産生糸の本国への輸入状況は図表Ⅵ-2のようになっている（Warner, p. 385）。輸入数量にはかなりのアップダウンがあるが、すでにふれたような事由から、こうした事態は生糸の宿命なのであろう。ただ、1860年の数値から、1861年と1862年にかけて、輸入数量が大きくアッ

図表Ⅵ-2　イギリスのイギリス領インドからの生糸輸入量（1860～70年）

（ポンド：lbs）

（出所）Warner, p. 385. より作成。

プするのは、1860年にイギリスが国外のシルク製品に対する関税を撤廃した
ことによるといわれている。あとでふれるコブデン条約、フレンチ条約の問題
で、これによってフランスのシルク製品が「洪水のように」イギリスに流入し、
イギリスのシルク産業は大打撃を受けるのであるが、フランスなどのシルク産
業は活況を呈し、ロンドン経由での生糸輸入が増大した。また、ヨーロッパ諸
国でのペブリンの流行のせいでフランスやイタリアの生糸産出量がダウンして
いたためであろう。これが1860年代後半にダウンするのは、中国や日本から
の生糸輸出が伸びたためではないか。ベンガル生糸の質は、中国産や日本産に
比しあまり良くなかった。いずれにしても、イギリスでは本国、グレートブリ
テン島での養蚕はうまくいかなかったが、その植民地において養蚕をおこなっ
た。

　ちなみに、いまのべたインドの養蚕は、ヨーロッパや中国のボムビックス・
モリ、家蚕の蚕種を持ち込んでおこなわれたのであるが、すでに第Ⅲ章でふれ
たように、インドにはもともと、様々な野蚕もいたわけである。ベンガルには
トゥソール（Tussore）とよぶ野蚕がひろく分布していて、インドの人びとはか
なり前からトゥソールの繭から糸を紡ぎ織物をつくっていた。トゥソール・シ
ルク（tussore silk）という。中国でもトゥソール・シルクがつくられていたし、
ヨーロッパにも、その存在は知られていた。インド当局はこの野蚕を活用しよ

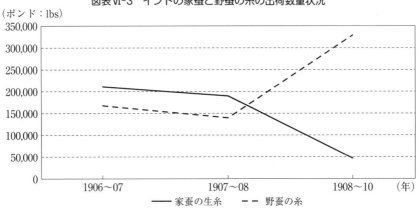

図表Ⅵ-3　インドの家蚕と野蚕の糸の出荷数量状況

（出所）Warner, p. 387. より作成。

150

うとした。トゥソールの製糸について、大金を投じて実験を重ね、改良をおこない、ヨーロッパで通用する糸をつくり上げることに成功した。そして、これを漂白し、染めたシルク・ビロードは1878年のパリ万国博覧会で大いに注目を集め、金メダルを獲得した。ヨーロッパではトゥソール・シルクを使ったジャケットやマントに人気があり、その他カーテン、モール、トリミングなどの素材としても使われた。はばひろい用途があったわけで、インドのトゥソール・シルクは中国のものと競争しつつ、販路を拡大した。トゥソールの糸はイギリスよりもフランスで人気があり、好まれたという。図表VI-3は、1906～10年という短い期間ではあるが、家蚕とトゥソールをふくむ野蚕の糸の出荷状況を示したものである（Warner, p. 387）。後者の糸は相当のウエートをもち、1907～08年からは、前者の糸の出荷が低迷するのと対照的に、出荷が大きく伸びていることがわかる。

3　ユグノーの居住

　ウォーナーによると、イギリスのシルク産業はすべて、外国人によってもたらされたものである。「外国人が移動してきた結果、18世紀のはじめまでに、シルク産業はイギリスの非常に栄える商売になった」（Warner, p. 51）。その外国人とは主にフランドル地方の人びとと、フランスの人びとのことである。フランドル地方もフランスも当時は、イギリスよりも産業・商売は盛んだった。

　フランドル地方については前章でふれたが、1556年、その大君主をスペインのハプスブルク家のフェリペ2世（Felipe II, 1527-98）が相続することになり、旧教徒のフェリペ2世およびその子どもたちと、新教徒が多い都市連合のあいだに軋轢が生じるようになった。1550年にはスペイン国内と同じように、宗教裁判所も設けられた。とくに、「フランドルのマグナ・カルタ」とよばれる「大特権」（Great Privilege）の信仰の自由のほか、関税などの条項をめぐっても対立が大きくなり、ついに約50年に及ぶ争乱がはじまる。「争乱と迫害の期間に、何千人もの人びとがイギリスに向かった。……技能をもった人びともいて、シルクや麻の糸車・織機はフランドル地方の人びとがイングランド東部のノリッジにもたらしたものだといわれている」（Warner, p. 29）。ノリッジはすぐあとでふれるスピタルフィールズやカンタベリーと同じようにシルク産業の拠点に

なる。イギリスの官民はドーヴァ海峡を渡ってきた人びとを歓迎した。

　フランスのユグノーが相次いで、ルイ14世の時代に国外に脱出したことにはふれた。かれらの多くも、イギリス海峡やドーヴァ海峡を渡った。ドーヴァ海峡に面して、「イングランドで一番可愛らしい」といわれる小さな港町ライがある。1562年5月に、ライの町長がエリザベス1世の国務卿ウィリアム・セシル（W. Cecil, 1520-98）に宛てた手紙が残っていて、それによると、「毎日、大勢のフランス人がここにやってきます。すでに500人に達したと思います。昨晩も今日もジェップから2隻の船でやってきました」（Warner, p. 39）。ユグノーたちはボートピープルになって、イギリスに辿り着いたのである。

　イギリスはフランドル地方の人びとと同様、ユグノーたちを大歓迎した。というのも、「イギリス政府は、シルクづくりで大勢の人を雇い、大きな富をもたらすフランスを、長い間羨ましく思っていたからである」（Warner, p. 42）。ユグノーたちへの取り扱いは非常に寛大で、様々な支援が施された。議会は20万ポンドの支援金交付を決め、1年内に、この支援金を使って、ロンドンその他で15万人分以上の住まいが用意されていたという。ユグノーたちはドーヴァの街からロンドンに向かう途中にあるカンタベリーや、ロンドンの東門であるビショップ門を出た先にあるスピタルフィールズなどに定住し、さきのノリッジとともに、これらの場所がチューダー王朝時代のシルクの織物づくりの街になった。カンタベリーには今もウェーヴァズ・ハウス（Weaver's House）が保存されている。スピタルフィールズには一時期、大勢の織物の業者と職人がいて、衣服や、カーテン、テーブル・クロス、壁掛けなどの調度品（furniture）、紋織、ダマス織、ベルベットなどの布を織っていた。

　1662年にはスピタルフィールズを中心とする東ロンドンだけで、シルクに関係している人が、4万人以上いたという（Silbermann, I, p. 480）。なお、18世紀には同地域で年平均40万〜50万キログラムの生糸を使っていた（Silbermannの数字）。もっとも、地域の規定の仕方、関係者の範囲などのちがいがあってか、人により挙げる数字には差異がある。

　イギリスの著名な経済学者のマーシャル（A. Marshall, 1842-1924）は、同国のせんい産業の立地はよく変わるといっている。「せんい産業の場合、移動はとくに顕著だった」（Marshall、II、訳258ページ）。産業が移動するというよりも、

織工が動くわけである。そして新天地で得意とする織物をつくる。ノリッジ、カンタベリー、スピタルフィールズのほかに、ロンドン、ダービー、ノッティンガム、マンチェスター、コヴェントリ、マッカレスフィールド、ブラッドフォードなど（図表VI-1）。「イギリスには、シルク産業の中心地はなく、多くの産業都市に分かれている」(Silbermann, I, p. 129)。たとえば、マッカレスフィールドでは綾織、ネクタイ布地など、スピタルフィールズでは傘布地、ノッティンガムではチュール（網織の薄いシルク）、レース、コヴェントリではリボン、ブラッドフォードではビロードなど。それぞれが得手とするシルク製品をつくるという産地の分業ができたのである。また、それぞれの産地で撚糸、染色などの必要なスロウイングがおこなわれていた。同じシルクづくりでも、様々な産業クラスターがあったのである。

　織物工房は19世紀はじめまでは、大部分が家内工業あるいは納屋工場（cottage factory）とよばれる形態だった。「手動の織機が、2、3台置いてある程度であって、一家の主、妻、年長の子どもが織機を動かし、年少の子どもが織った布を織機から外したり、それに糸を巻き付けたりしていた……」(Rawlley, p. 225)。イタリア、フランスなどで見られたのと同じ光景である。

　しかし、一方ではイギリスではシルク産業もふくめて産業は次第に発展し、少しずつ家族でない従業者が増えていく。同国でもフランスと同じく、産業の人的秩序をつくり上げなければならないという問題が浮上する。すでにエリザベス1世の時代、16世紀後半に「エリザベス法」（「徒弟法」ともいう）が制定されていた。

　「エリザベス法」は48条からなるもので、マスター、職人、徒弟、召使い（サーバント）などの関係、賃金、労働時間、雇用期間、休日、教会での年間の礼拝回数などが規制されている。このようなルールを、公権力で定める必要性も生じてきた。たとえば、夏は12時間、冬は日出から日没までといった労働時間の規制、賃金は地域の治安判事（Justice of Peace）が毎年のイースターのあとの最初の会議で決めるなど。この法律は産業のガバナンスを規定するとともに、最低限であれ、貧しい者、弱者に対する保護も定めている。しかし、「エリザベス法」では律しきれない新事態が生じつつあった。

4 産業革命とシルク産業

イギリスでは、シルク産業をふくめ、産業の発展がその後も続く。そして、同国では世界に先駆けて18世紀には産業革命がはじまるのである。その中で、生産の集約化もすすむ。専用の動力付機械を発明し、それを多く据え付け、大勢の人を雇って量産をするという工場制システムが登場してくる。とくに、いまひとつのせんい産業である綿紡績において、そのことが著しかった。アイリッシュ海に近い中部のランカスターはその大きな集積があるところだったが、すでに18世紀半ばからハーグリーブス（J. Hargreaves, 1720-78）のジェニー紡績機、アークライト（R. Arkwright, 1732-92）の多軸水力紡績機、クロンプトン（S. Crompton, 1753-1827）のミュール精紡機、カートライト（E. Cartwright, 1743-1823）の力織機などが続々と登場し、綿紡績の機械化・動力化・量産化がすすんだ。

マーシャルは「最近までは産業上の画期的な発明はほとんどイギリスからおこった」（Marshall、Ⅱ、訳178ページ）。これは少し言い過ぎではないかと思うが、少なくとも18世紀から19世紀にかけての綿紡績についてはそうである。効率のよい新機械が多く投入され、熟練が機械に移転し、効率よく良質の品がつくられる。総じて、もはや熟練工に頼らなくともすむようになった。こうした産業では、技能をもたない人でもよいわけだから、アイルランドをふくめ各地から、働き手を大勢集めて、工場でしごとをしてもらう。品質の良い、それでいて安価な製品がどんどんできる。古い徒弟制度はそうした産業環境には適したものではなくなってくる（Marshall、Ⅱ、訳177ページ）。工場制システムで規模の経済（スケール・メリット）を追求できる。問題は大量につくり出した製品を売りさばく市場を見つけることである。

そうした市場はしばしば国外で見つけようとする。イギリス製の白地の薄手のコットン製モスリンが18世紀はじめ、フランスに大量に流入して、フランスがこれの輸入禁止の措置に踏みきり（1803年）、両国間の経済摩擦となったことはよく知られている。このコットン製モスリンは高価だったが、カシミア・ショール、コートとのアンサンブルがファッションになり、大いに売れたともいわれている。

だが、そうしたイギリスでも、あとでふれる屑シルクの部門を別とすると、

シルク産業の機械化・動力化・量産化は遅れていた。生糸が高価なこと、その取り扱い・加工にスキルとデリカシーが必要なこと等が理由だった（Warner, p. 457）。シルク産業は産業革命から取り残された感じがあった。19世紀になっても、シルク産業で動力付機械に頼ることへの反対、反発が少なくなかったという。

　ちなみに、ロンドンでの最初に成功したシルクの動力付織物工場は1824年に設立されたシスファン・ワルタース・アンド・サン会社だったという。その後、シルク製品の量産の工場がいくつかできて、綿紡績部門よりも「約75年おくれ」で、ようやく本格的に工場制システムへの移行がはじまったが、あとでふれるフランスとのコブデン条約（Cobden Treaty）締結が1860年だから、機械化は遅きに失したわけである。

　イギリスでも、機械化の動きに従業者が反対し、抵抗することも少なくなかった。機械の導入でしごとがなくなったり、しごとの内容がらりと変わってしまう人びとも多かったからである。「18世紀のイギリスの産業史のひとつの局面は、様々な産業での規制に対する議会への反抗、ストライキ、暴動などがよくおこったことである」（Warner, p. 496）。とくに、新しい機械の導入に際して事件がおこった。産業での係争を調停・処理するシステムも未整備であり、違反のペナルティも厳しかったから、暴力沙汰にまでなることもあった。有名なのはラッダイト（機械打ち壊し）運動である。さきにふれたハーグリーブス、アークライト、クロンプトン、カートライトの綿紡績機械は綿業の質と量をたかめ、産業革命の導火線になったとして、かれらの発明は高く評価され、床屋出身のアークライトはナイトの称位を授けられたりした。かれはサー・アークライトになったのである。また、カートライトやクロンプトンも高額の国家報奨金をもらったりもしたが、一方ではこれらの機械はしごとを奪うとして労働者の激しい憎悪の対象となり、しばしば破壊され、工場が襲撃されたりもした。シルク産業でも、靴下、ストッキングの新しい編機を導入しようとしたとき、影響を受ける従業者が、フレームを次々に屋外に放り出してしまうという事件がおこった（Warner, p. 497）。前章ではリヨンの動乱にふれたが、イギリスでも、この動乱の少し前の1811〜12年にかけて、ノッティンガムでラッダイトの争議がおこり、またたく間に、イングランド中部全体に拡がった。争議はその後

も続き、イギリスのせんい産業は労使のトラブルが多いといったマイナスのイメージをつくった。従業者のあいだには機械の導入が失業を生むという考え方が非常にあって、具体的には工場で機械を導入しようとすると、すぐさま従業者が反発し、その据付けを阻止しようとしたことによる。イギリスのせんい産業はシルク産業もふくめて、どうも労使間のゴタゴタが多いという見方が一般化し、これらの産業に対する投資意欲を低下させることさえあった。

5　シルク産業の衰退

　1860年1月、議会のロイヤル・スピーチにおいて、イギリスとフランスとの自由貿易 (free trade) の問題が提起された。議会で反対意見はあまり出なかったらしい。世論も賛成に傾いていて、自由貿易協定が可決された。さきにふれたコブデン条約、いわゆるフランス条約 (French Treaty) である。これが「200年近くスピタルフィールズで営まれてきた産業に致命的な打撃 (デス・ブロー) をあたえることになった」(Warner, p. 78)。

　イギリスのシルク製品に対する関税はそんなに古くからのものでなく、1760年にはじまる。この頃、国内のシルク産業は立ち上がっていたものの、国外の同一の品物に比し競争力は十分ではないと思われた。そこで、フランスなどから輸入される品物に関税を課することとし、大陸からくるシルク製品に15％の輸入税を設けたのである。

　輸入シルクに関税をかけるのは、自国のシルク産業の保護・育成政策として一般的なものであって、比較優位に立つフランスでさえも、19世紀末にスイスのバーゼルのより安価なリボン、チューリッヒのサテン、ドイツのクレーフェルトのパイル関連のシルクに国内産の品物が脅かされるようになると、複雑な関税をかけて、割高の国内製品を守った。また、シルク製品ではないが、イギリスのコットン製モスリンの流入に対しては、輸入禁止の措置をとった。ところが、イギリスのシルク産業のこの場合は、そうではなかった。「不幸にして、外国との競争に破れ、イギリスのシルク産業は没落した……」(Rawlley, p. 271)。しかも、「自由貿易を標榜する政府は、シルク産業にてこ入れをし、支援することはなかった」(Boles, p. 28)。「イギリスのシルク生産は大いに衰退したのである」(Brockett, p. 129)。

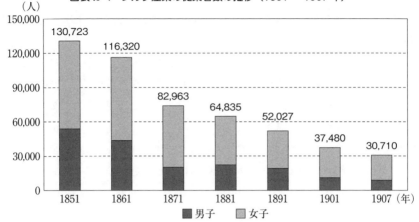

図表Ⅵ-4　シルク産業の従業者数の推移（1851〜1907年）

（出所）Warner, p. 658. より作成。

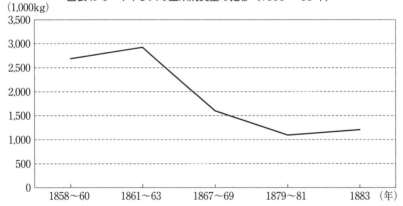

図表Ⅵ-5　イギリスの生糸消費量の推移（1858〜83年）

（注）1883年の数値を除き、数値はいずれもそれぞれ3年間の年平均消費量をあらわしている。

（出所）Silbermann, I, p. 481. より作成。

　ウォーナーは図表Ⅵ-4、ジルバーマンは図表Ⅵ-5のデータをそれぞれ示している。前者はイギリスのシルク産業の従業者数の推移を記したもので、1851〜1907年の56年間のトレンドとしては大きな落ち込みになっている。後者のほうは、1858〜83年のあいだの25年間の生糸消費量の推移をあらわしたものである。「生糸の消費の退潮はある部分、織物づくりの著しい減少によるも

のである」(Silbermann, I, p. 481)。とくに、1860 年のフランスとの自由貿易協定であるコブデン条約締結数年後の落ち込み傾向が目立つ。1858 ～ 60 年間の消費量は 1883 年に半分以下になっている。

　しかし、自由貿易制度への移行だけが、すなわち関税を撤廃したことだけが、イギリスのシルク産業の没落をもたらしたわけではなかろう。たしかに、それは同国のシルク産業にとって大きな打撃になったことは間違いないが、イギリスのシルク製品がフランス製品に負けた理由はほかにもある。この点も非常に重要である。マーシャルはこう書いている。社会の「富が増大したため、あらゆる種類の品物について人びとはその好みに合った意匠のものを選んで買えるようになった……型が重要になり、そのことが日一日重要になる」(Marshall、訳 215、216 ページ)。

　すでに前章で指摘したことだが、ある品物について人びとの選択肢が増え、しかも人びとがより豊かになったとき、価格や品質だけが購買決定のデターミナントではない。人びとは少々値ははっても、自分の好みに合った意匠、デザイン、型を選ぶ可能性が出てくる。しかも、この選択は純然たる個人心理の問題というよりも、社会心理、群衆心理が絡むファッションに係るものである。イギリスでもシルク製品はメイド・イン・フランスのものに人気があった。フランスのシルク製品は趣味がよく (good taste)、またエレガントだという評判でよく売れた。「フランス製のシルクのほとんど半分がイギリスで売れた」(Warner, p. 587)。とくにフランスのファンシー・グッズやシルク・リボンの人気が高かった。マーシャルによると、人びとの好む意匠、デザイン、型を見出すことにおいて、ファッションをつくり出すことにおいて、イギリス人はフランス人に適わない。フランス人は先天的にそうした分野での優れた才能をもっている、という。ただ、男性服の分野では、フランスにはアングロマニー (anglomanie：イギリス趣味) みたいなものがあって、たとえばイギリス風の縞柄が流行したりもした。

6　絹糸紡績

　シルク産業が凋落していく中で、そのある部門だけが生き残ったというのは、興味深い。イギリスでは屑シルクの部門が生き残った。屑シルク (waste silk)

とはすでにのべたように、クヌーブとよばれる繭の外側の部分（かいこが最初の
ほうで吐き出した部分）、傷ついたり汚れたりした繭、製糸の際に出る屑（ウエス
ト）をさす。イギリスでは養蚕も製糸もあまり発達していなかったから、屑シ
ルクはペルシャ、インド、中国、日本など国外から輸入し、イギリス国内で加
工する。それが絹糸紡績、屑シルク・スピニング（waste silk spinning）である。
スピニングということばが使われている点に注意して頂きたい。紡績機械（ス
ピニング・マシン）を使うのである。

　この部門ではまず、国外から送られてきた屑シルクの入った梱包を解き、中
味を等級別に仕分けしていく（ソーティング）。そして、作業対象を良質の水と
洗剤を使い、煮るのである。これは慎重さが必要な作業だという。つぎに、作
業対象を漂白し、乾燥させる。その際、草、砂、ごみ等の夾雑物を取り除く。
作業対象は11％の湿気を帯びていることが好ましいので、この湿り気を保つ
ような調節もおこなわれる（コンディショニング）。あとは作業対象を数回、梳毛
機にかけて、シルクのせんいを整え、適当な長さに切断したうえで糸にしてい
く。糸は必要に応じ、シングルであったり、ダブルであったり、3本撚りであ
ったりする。その際、生糸とコットンなどとの混紡もある。

　イギリスで絹糸紡績、屑シルク・スピニング産業が生き残ったのは、いまの
べたように、素材をよく吟味し、また前処理に手間をかけて、良質の撚糸をつ
くり出せる点にあった（Rawlley, p. 257）。その通りであろう。

　シルク産業のこの部門について、いまひとつ注視すべき点がある。それは立
地であり、産業クラスター形成のあり様である。シルク産業は当初はスピタル
フィールズ、カンタベリー、ノリッジ等に立地する傾向があったが、屑シル
ク・スピニングはランカシャーの東部と西部に立地していた。屑シルクのスピ
ニングは、コットンや羊毛といったせんい産業と類似の立地要件をもつためだ
という。なぜか。屑シルクのスピニングはランカシャーに立地することで、「綿、
羊毛の産業が提供する有利性を大いに享受した……」（Rawlley, p. 229）。その有
利さとは、たとえば、綿紡績の機械と似たスピニング・マシンを使っているの
で、ランカシャーに立地していると、そうした機械の実際の利用や新しい開発
（梳綿機がドレッシング・フレームに変わる）に関する情報をいち早く得たり、機械
メーカーからのサービスを受けやすいなど。つまり、綿業クラスターの一員で

あるかのような振舞いをして、そこに立地することで、綿業クラスターのベネフィットを享受したわけである。

　ちなみに、日本でも絹糸紡績の専門メーカーもあったが、鐘紡、東洋紡、日東紡、富士紡などの多くの大手紡績会社が絹糸紡績の事業所ももっていた。紡績のシナジーがあると認識していたからであろう。

　ちなみに、ヒマ蚕ともよばれるエリ蚕はトゥソール蚕と同じように、よく知られたインドの野蚕であるが、エリ蚕の製糸法はリールするのではなく、スピンする。つまり、屑シルクと同じ仕方になる。「エリ・シルクはリールではなく、スピンする」(Warner, p. 397)。その繭はある種のソーダ、インディゴの葉の灰等を加えたアルコール溶液の中で2時間煮る。そして、あとは屑シルクと似た処理をして、通常の紡績機にかける。エリ・シルクのつくり方は中国でも南ヨーロッパでも同じだという。

　さて、イギリスのシルク産業の衰退について、ふれておかなければならない問題がある。その形勢が悪くなる中で、事業者や職人はどうしたか。さきの図表からして、事業者の中には転廃業した者もいたであろうし、職人も失業したり、しごとを変えたりしたであろう。ところが、一部の事業者や職人は国外に機会を求めた。とくに、新天地をアメリカ東海岸に見出そうとした人がいた。次章において、このことをのべる。

　なお、19世紀の終わり頃になると、生糸取引におけるロンドンの地位も揺らいでくる。ひとつの大きなきっかけは、皮肉にもフランスと一緒に開削したスエズ運河の完成である。同運河のオープンは前章でふれたように、1869年だが、その後、中国、日本、インド等の生糸は、インド洋からアフリカ南端の喜望峰を回って、ロンドンに運ばれたうえで、フランス、イタリアなどに持ち込まれる従来のルートから、次第に同運河を経由して地中海を通ってマルセイユ、ジェノヴァといった港に直接に行くようになった。

　1869年は、生糸取引にとってもうひとつ節目になる年であって、あとでふれるが、同年にはアメリカの大陸横断鉄道が開通した。アメリカ東海岸に立地する新興のシルク産業は国外の生糸に依存していたが、その物流は広州、上海、横浜の港から一旦ロンドンに運ばれ、その後大西洋を渡って東海岸に届けられる従来のルートから、太平洋を横断してサンフランシスコやシアトル－鉄道－

東海岸という直接ルートに次第に変わった。1914年にはパナマ運河が開通し、中国や日本の港で積み込まれた生糸は直接に海路でアメリカ東海岸の港に着くことができるようになった。19世紀後半から20世紀初頭にかけての生糸の世界的規模での物流の変化については、次章でも取り上げる。いずれにしても、この大変化によって、シルク産業でのロンドン、またイギリスの地位は低下したのである。

B ドイツ

1 養蚕

114ページの図表Ⅳ-8をみると、20世紀当初のヨーロッパでは、ドイツはフランスに次いで、生糸の消費量が大きかった。つまり、シルク産業が盛んであった。同国は20世紀になって、イタリア、フランス、イギリス、スイスとともに、ヨーロッパの5大シルク産業国として名を連ねるようになっていた。この国では、養蚕とシルク産業は、20世紀のはじめまで、どのような状況にあったのであろうか。

現在のドイツの地域にシルクが伝わったのは14世紀だといわれる。まずは、シルクの織物がイタリアからやってきた。イタリアと取引関係があった南ドイツのアウグスブルク、ウルム、ニュルンベルクなどにそれが入ってきた（図表Ⅵ-6）。アウグスブルクにはすでに14世紀にシルクのギルドがあったともいうし、麻織物を手がけていた富豪のフッガー家も、シルクを扱うようになった。1573年には、ニュルンベルクではイタリアのシルクの染物屋が域内で営業することがみとめられたという。

一方、養蚕はいつ頃はじまったのであろうか。10世紀末、オットー大帝（Otto Ⅰ, 912-73）の孫のオットー3世（Otto Ⅲ, 980-1002）の妹マチルダがその庭園に桑を植えたという（Silbermann, I, p. 238）。また、王女エリザベートが趣味で桑を植え、かいこを飼育したともいう。養蚕は15～16世紀からはじまったとするのが定説のようである。シュモラー（1838-1917）とヒンツェ（生没年不詳）は『18世紀のプロイセンのシルク産業と創設者フリードリヒ大王』（1892）において、14世紀以前に養蚕と染織がおこなわれていたことは確認できない、

図表Ⅵ-6　ドイツの地図

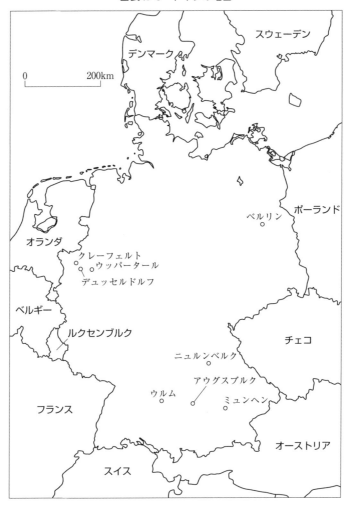

としている。

　おそらく、17世紀から現在のドイツの地域では養蚕とシルクの染織に力を入れはじめ、養蚕を促進する法律ができたり、繭の出荷がみられるようになった。「ドイツでも、フランスのレベルまでシルク産業を育て上げることに、大変な努力がおこなわれた（Rawlley, p. 201）。たとえば、バイエルンでは選帝侯マ

クス・エマニエル (1679-1726) がミュンヘンに養蚕場を設け、マクス 2 世がその傍にシルクの染織工房をつくり、さらにマクス 3 世 (1745-77) はよりひろく、シルクの染織をおこなうようにしたという。

プロイセンについては、さきに引用したシュモラーとヒンツェの『18 世紀のプロイセンのシルク産業と創設者フリードリヒ大王』が、1786 年以降の養蚕もふくめた動きを克明にのべている。同著の中心はプロイセンのフリードリヒ大王 (Friedrich II, 1712-86) の政策である。フリードリヒ大王とはフリードリヒ 2 世のことで、プロイセンをヨーロッパの大国にしたことで知られている。オーストリア継承戦争 (1740 〜 48)、7 年戦争 (1756 〜 63) などを戦いながら、産業振興にも大いに力を入れた。

プロイセンは当時、最重要産業としてウール産業、シルク産業、鉱山・製鉄業を挙げていた。最初の産業化の対象として、従来からあるウール産業ならびに鉱山・製鉄業がノミネートされるのは理解できるが、プロイセンではまだ山のものとも海のものともわからぬシルク産業がどうして登場してくるのだろう。

シュモラーとヒンツェの本の復刻版 (1986/87) の手引には、シルク産業の育成・隆盛は「ヨーロッパの経済・政治権力をめぐる競い合いの中での威信（プレステジ）の問題」(S. Jersch-Wenzel、手引) だとのべている。すでに強国だったフランスでは、養蚕もシルクの染織も盛んであって、同国の経済基盤のひとつになっている。フリードリヒ大王にはそうしたフランスの状況が念頭にあったのかもしれない。フリードリヒ大王だけでなく、ドイツの多くの選帝侯もそう考えていたのかもしれない。いずれにしても、ドイツでは権力者が養蚕とシルク産業の育成に熱心だった。

あとのフリードリヒ・ウィルヘルム 3 世 (Friedrich Wilhelm III, 1770-1840) も「桑の栽培とシルクづくりに大変な犠牲を払った。大金を投じて技能の高いイタリア人たちを獲得し、領国内に住まわせ、かれらを援助し、励まし、他国が羨むほど、シルク産業を立ち上げることに成功した」(Heusser, p. 70)。たしかに、ドイツのシルク産業は立ち上がったが、19 世紀になっても、ドイツ各地での養蚕は振るわなかった。そして急激にしぼむ。「バイエルンの―ドイツ全体の―養蚕がうまくいかなくなった主たる理由は、人びとがより豊かになり、労多くして、得るところが少ないことを嫌うようになったためである。……」

(Silbermann, I, p. 105)。1844 年にドイツ全体で 2 万 4674 本あった桑が、1845 年には 8006 本になったという記録もある (Silbermann, I, p. 105)。1 年でそんなに減るのかとも思うが、理由はよくわからない。ドイツの気候・土壌が養蚕に必ずしも向いておらず、勤勉だといわれるドイツ人でも、そうした条件のもとでの養蚕には辛苦が多かったのであろう。そして 19 世紀半ばに、フランスからやってきたペブリンの流行が、養蚕に止めを刺した。

2　シルク産業

　しかし、シルク産業のほうは、この頃から形成されるようになった生糸の世界市場の拡大のおかげで、ひろく国外からの生糸供給が確保されるようになり、発達することになった。14 世紀にすでに南ドイツの都市にイタリアからシルクの布が入り、ごく小規模ながら染織の工房もあったことは、すでにのべた。しかし、技能がひくく、また需要が限られていたこともあり、しばらくはシルクの染織は大して発展しなかった。けれども、すでにふれたフランスのルイ 14 世によるナントの勅令の中の信仰の自由の停止措置により、ドイツにも多くのユグノーが流入したことで、事態は変わった。ユグノーは新教徒の多いブランデンブルクやベルリンに逃れてきて、こうした地域がシルクの染織、シルク産業の拠点になった (Schmoller & Hintze, p. 1)。1685 年頃には、これらの地域がシルク産業で知られていた。だが、18 世紀はじめで、織機が 1000 台に満たなかったというから、大した集積にはなっていなかった。その後、業者や職人はクレーフェルト、エルバーフェルト（現在のウッパータール）などに移り、19 世紀には、これらの場所が、産地として知られるようになった。とくに、クレーフェルトが有名である。

　クレーフェルトはライン川下流にあって、デュセルドルフの北西約 20 キロメートルのところに位置している。同地はフランス、スペイン、イギリス、プロシャ、オーストリアが入り乱れて争ったスペイン（王位）継承戦争の終結のため、1713 年に結ばれたユトレヒト条約によってドイツ側に割譲されたところである。当時、住民は 2000 人足らずで、麻織物の工房がある程度だったという。

　なぜ、シルク産業はベルリン、ブランデンブルクから、クレーフェルトやエ

ルバーフェルトに移ったのか。後者の土地は労働力が潤沢で労賃も安かったからだといわれているが、ほかにも理由があったのかもしれない。クレーフェルトは、フランドル地方とも交流があり、産業にやさしい土地柄だった。1794〜1814年のあいだはフランスの統治下にあって、デュッセルドルフやクレーフェルトの街の気分（モード）には、ベルリンなどにはない「くつろいだ」（リラックスした）、また自由なところがあった。色々な人もやってきた。服飾の関心もたかく、ベルリンよりも多様性があった。クレーフェルトは19世紀ドイツでもっともリッチな都市だといわれるほどになった。

クレーフェルトはシルク産業だけでなく、綿業も盛んであって、ドイツのせんい産業の重要拠点になっていたというべきだろう。1809年には880万ポンドのシルク、220万ポンドのコットン、800万ポンドのシャッペ（混紡糸）を出荷していたという。このうち、1809年にはシルク関連の工場が11あり、6264人がそこで働いていたという。同地には、小規模の21の工場もあり、これらの工場には約2000人が雇われていた（Silbermann, I, p. 119）。

クレーフェルトの工場制についていうと、1840年には、シルクとシルク混紡の3000台の機械があり、ビロードの機械が1500台、フラシ天のそれが1000台、リボンのそれが950台あったという。合計すると、機械台数は6450台になる。1872年にはこれが少なくとも5万台になり、従業者数は15万人に達した（Silbermann, I, p. 120）。クレーフェルトのほかに、ウッパータールなどにも工場があり、ドイツのシルクの工場生産は浮き沈みはしつつも、19世紀には発展軌道にのっていたといえる。

なお、19世紀後半でも家内工業での事業形態も少なからず残っていて、相応のウエートをもっていた。ジルバーマンは1876年と1882年の興味深い数字を挙げている（図表Ⅵ-7）。同図表をみると、染色・プリントを除くと、家内工業は数人で営まれていることがわかる。また、ドイツの製糸は南西部のエルザス・ロートリンゲン（アルザス・ロレーヌ）、バーデンなどで集中的におこなわれていたが、1876年から1882年のあいだに半減しており、このデータからも、ドイツのシルク産業のウエートが川下のほうに移っていることがわかる。つまり、家内工業のレベルでも織物とスロウイングがこの6年間で大きくなっている。また、ドイツでも絹糸紡績がおこなわれており、しかもそれが拡大してい

図表Ⅵ-7　ドイツの家内工業形態のシルクづくり（1876年と1882年）

	1876年		1882年	
	事業所	従業者	事業所	従業者
製糸	2,463	5,542	501	1,074
織物	32,982	63,992	41,091	76,264
染色・プリント	200	2,919	248	3,293
絹糸紡績	162	4,738	3,443	9,408

（出所）Silbermann, I, p. 121. より作成。

ることがわかる。総じて、シルク関連の家内工業の数字は大きくなっている。

　クレーフェルトのシルク製品は、リボン、ベルベット、ビロードの一種で長いけばのあるフラン天などであった。中級品が主であって、国内で買われるとともに、多くはイギリス、アメリカ等にも輸出されていた。ドイツ全体のシルクの織物の輸出比率は非常に高い（19世紀末で金額ベースで8割ほど）。ドイツのシルク産業の強みは、相応の品質の製品を、適切な価格で量産できる点にあった。フランスのリヨンやサンテチェンヌの業者のように、流行（ファッション）を追うことはしなかったし、デザインの美しさや高品質にこだわったりすることはなかった。ドイツ的な手堅さがあったのである。

3　染　　色

　クレーフェルトはまた、ドイツの染料の産地でもあった。その意味では、同地にはせんい産業・関連産業のクラスターがあったのである。ドイツも19世紀半ばまで、せんいの染料は天然素材だった。だが、後半になると、フランスと同様、人工染料の開発がはじまる。バディシュ・アニリン・ソーダ・ファブリークは1865年に30人ほどの従業者の会社としてこの地で設立された。じつは、人工染料はその化合物が様々の化学物質・薬品のベースになっていて、染料会社から、後日化学会社、薬品会社へと多角化していくケースがみられる。そして、ドイツでは化学工業が重要産業になっているのである。

　その良い例がバイエルである。この会社は1863年に事業家のフリードリヒ・バイエルと染色職人のヨハン・フリードリヒ・ウェスコットによりウッパータールで設立された。同社には設立当時のシルク、羊毛、コットンのための

染色見本が保存されている。1880 年代にはファルベンファブリケン株式会社と名を変え医薬品部門を設け、とくにアスピリンで、世界に知られることになる。20 世紀になって、他社と合併し、IG ファルベンとして、ドイツ最大の化学会社になる。第 2 次世界大戦直後、同社は解体されたが、1951 年にファルベンファビリケン・バイエル社として再スタートし、1972 年によく知られているバイエル株式会社に名を改め、いまや多国籍企業として多角的に事業を展開している。シルク産業クラスターの一角の染色から、最先端の事業分野が切り開かれたわけである。

第Ⅶ章

アメリカのシルク産業

19世紀にはシルク産業の世界市場において、中国と日本のほかに、もうひとつの国が新しいプレイヤーとして登場した。アメリカである。ただ、中国と日本は世界市場には少なくとも当初、生糸のサプライヤーとしてあらわれたわけであるが、アメリカは生糸のコンシューマーとして、つまりは織物業者と最終消費者として舞台に上がってきた。

1　アメリカと養蚕

もっとも、アメリカも19世紀末までは、桑を植え、かいこを育てることにもこだわっていた。つまり、養蚕に執着した。養蚕とシルクの染織の双方をカバーするトータル・モデルを目指していたわけである。ブロケット（L. Brockett）の『アメリカのシルク産業』（1876）によると、1780～1820年の頃には、アメリカの少なからざる地域では、「多くの家庭が毎年5、10、20、30、50ポンドのシルクをつくっていて、まれに80ポンド、100ポンドになることもあった」（Brockett, p. 35）。染色もしていた。今日のアメリカの家庭からすると、考えられないほどの労苦の要る、また質素な光景であろう。1831年には、マサチューセッツ州で『桑と養蚕のマニュアル』が刊行されていた。

コネティカット州が、アメリカでははじめて養蚕とシルク産業の育成の措置をとった。1784年に桑100本あたり10シリング、生糸（おそらく繭）1オンスに3ペンスの助成金を出すことにしたのである（Heusser, p. 99）。この措置があってか、1788年に32人の出資者がコネティカット・シルク製造会社を設立し、また1790年には、50家族が参加して、ニューヘヴンの近くで5万本の桑を栽培し、シルクをつくろうとした。こうした公的支援があって、アメリカでも最初の期間は、桑を植え、かいこを飼育し、糸を紡いで布をつくったりしていたことがわかる。

図表Ⅶ-1　アメリカの地図

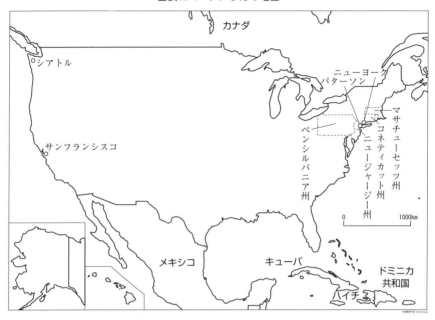

　興味深いのは、これらのこころみの場合、何人かで会社を設立したり、複数
の家族が共同で事業を担ったりすることであって、協力は「新大陸」ではこう
したかたちでおこなわれたのであろうか。ただ、実際の作業は工場とか共同作
業場ではなく、各家庭でそれぞれになされていた。その際しごとの担い手はし
ばしば女性、つまり主婦だったり、子女だったりした。当時のアメリカでは男
性は家の外で働き、女性は家で働くというのが社会通念であったから、そうな
るのかもしれない。「働き者の主婦はゆっくり動くスピンドルで糸を巻きとり、
布を織り裁縫をして、それを村の店でなにかと物々交換するのである」(Heusser,
p. 99)。また、その過程で出る屑シルクで自家用のホームスパンを織ったりし
ていた。また、染色も彼女たちがおこなった。染色は決してきれいなしごとで
はなく、ダーティ・ワークである。また、こんな文章がある。「……染料を入
れた桶は木製であって、ヒッコリー材のたがをはめてあった。その置き場所は
暖炉のそばであって、蓋の上にふとん（クッション）が敷かれていて、家族の若
い者がそこに座ることになっていた。染料ははぜの木、くるみ、栗などの樹皮

からしぼり取った」(Heusser, p. 96)。

コネティカット州以外にも、19世紀に入ってから、いくつかの州政府が養蚕とシルク産業育成の問題に取り組んだ。1834年にはペンシルバニア州の州議会（下院）で「養蚕促進法」が可決されている。ニューヨーク州でも、繭の出荷に助成金を出す州法がつくられた（1841年）。1865年には、カリフォルニア州でも養蚕を促進する州法が可決されたが、同法は間もなく廃されたという。このように、養蚕を促す動きがアメリカにあったものの、イギリス、ドイツと同じように、養蚕は定着しなかった。

あとでふれるように、アメリカではシルク産業が19世紀後半から非常に発展し、生糸の需要も大きくなり、養蚕は立派なビジネスチャンスになるはずであったが、それでも、なぜ、養蚕は国内で衰微してしまったのか。ドイツのところでふれたように、アメリカの人びとも豊かになり、労苦の多い養蚕を嫌うようになったのかもしれない。他にもビジネスチャンスが多くて、もっと楽な、もっと儲かるチャンスが選べるようになったのかもしれない。それに、新大陸には、旧大陸のように、養蚕の歴史、文化がない。試行錯誤の長い歴史があってこそ、それが成り立つのだろう。

2　日本の生糸への依存—日米ネットワーク

しかし、アメリカの養蚕が発育不全に終わったのは、19世紀後半の生糸の世界市場の状況の変化によるところが大きい。この章の冒頭にふれたように、中国は南京条約締結の1842年に、日本は横浜開港の1859年に、この市場に大々的に参入した。つまり、東アジアに安価で大量の生糸の提供者が出現したわけである。当初は開放経済へ移行するのが早かった中国の生糸の輸出量のほうが多かった（59ページの図表II-8参照）。アメリカにおいても1876〜80年の期間では、その生糸輸入の63％は中国から、30％が日本からきていた。残りがフランスその他からの輸入という状況だった（Boles, p. 20）。つまり、この時期はアメリカ市場でも、日本からよりも中国からの輸入量のほうが大きかった。ちなみに、中国からの直接輸入はその10％ほどであって、他はロンドン経由だった。日本産のアメリカ向け生糸も同時期には、多分ロンドン経由が非常に多かったと思われる。

すぐあとでふれるが、アメリカのシルク産業の大部分はコネティカット、ニュージャージー、ニューヨーク、ペンシルバニアなどの東海岸の州に立地していたから（図表Ⅶ-1参照）、東アジアの多くの生糸は、広東、上海、横浜等から積み出されると、南シナ海、インド洋、大西洋を通ってロンドンに着き、それから再び大西洋を渡って、ニューヨークなどに届けられた。バイヤーには、イギリス人が多かった。

　ちなみに、以上のような物流の状況は、アメリカの東海岸と西海岸とをむすぶ大陸横断鉄道が完成することによって、また1914年にパナマ運河が開通することによって大きく変わる。生糸の物流の大きな変動がおこったのである。広州、上海、横浜から積荷された生糸は、太平洋を横断して、まずはアメリカ西海岸のサンフランシスコやシアトルに行くようになった。日本郵船や大阪商船などの船舶が運んだ（本位田、下巻、230ページ）。それからサンフランシスコやシアトルから、大陸横断鉄道で、東海岸に運ぶことができるようになった。なお、この鉄道では生糸とともに、中国人の苦役（クーリー）も、東へ運ばれた。当初は日本で船積してアメリカの西海岸まで運び、あとは鉄道で東海岸方面に届けることがおこなわれていたが、パナマ運河が開通すると、次第に運河経由で直接に東海岸まで船荷にするケースが増えたという。後者のほうが若干日数はかかるが、物流コストは安くつく。いずれにしても、19世紀中頃の物流大革命が、アメリカのシルク産業の国外産生糸への依存をたかめた。

　さて、中国と日本からの生糸輸出は当初は、すでに第Ⅱ章でふれたように、開港が先行した前者からのものが多かった。だが、やがて両者の関係が逆転する。中国からの生糸輸出よりも、日本からの輸出のほうが多くなり、圧倒的に多くなる（59ページの図表Ⅱ-8）。アメリカ市場に限定すると、どうなるか。図表Ⅶ-2をみられたい。同図表では、1892～1935年の期間におけるアメリカでの中国ならびに日本からの生糸輸入量を示している。すでに1892～95年の期間に3222キログラムだったのが、1931～35年の時期には3万1200キログラムになった。「……アメリカの生糸輸入はどんどん増えて、1890年代と1930年代のあいだに、10倍以上になった」（Li, p. 80）。

　アメリカの拡大するシルク産業に、国内産生糸の提供者は対応できなかった。国内産生糸のコストは、イタリア産、フランス産のものに比しても高くついた。

図表Ⅶ-2　アメリカの日本・中国からの生糸輸入（1892 〜 1935 年）

（左側は数量〔kg〕、右側は百分率〔%〕）

年	日本		中国		全体（kg）
1892 〜 1895	1,600	49.7	910	28.2	3,222
1896 〜 1900	2,063	48.4	1,225	28.7	4,265
1901 〜 1905	3,223	49.8	1,414	21.8	6,473
1906 〜 1910	5,228	58.6	1,787	20.0	8,924
1911 〜 1915	8,477	68.9	2,583	21.0	12,305
1916 〜 1920	12,509	76.6	3,265	20.0	16,329
1921 〜 1925	19,063	77.5	4,082	16.6	24,600
1926 〜 1930	28,609	81.9	5,131	14.7	34,949
1931 〜 1935	28,866	92.5	1,468	0.47	31,200

（注）日本・中国以外の国からの輸入もあり、アメリカの生糸輸入総量の中
　　　での百分率。
（出所）Li, p. 81. より引用。

　しかし、すでにふれたように、フランスなどでは、東アジア産の生糸のほうが
コスト安であっても、品質に難点があるとして、これを敬遠し、アメリカの場
合のように、国外産生糸に全面的に依存することにはならなかった。アメリカ
のシルク産業は、どうして東アジア産、とくに日本産の生糸に全面的に依存す
ることになったのか。なぜ、それが可能になったのか。
　図表Ⅶ-2 が示しているように、アメリカのシルク産業は、日本の生糸に大
きく依存している。1870 年代までは、中国産生糸の輸入量のほうが日本産の
輸入量より多かったが、もう 1892 〜 95 年の期間になると、比率比では日本が
49.7％、中国は 28.2％であって、日本産生糸への依存がはるかに大きい。年を
経るにつれ、日本産生糸の割合は拡がり、1931 〜 35 年の期間ではそれは 92.5
％に達する。一方、中国産生糸の輸入量全体に占める割合は 0.47％になってし
まう。1931 年にはいわゆる満州事変がおこって、日本に対するアメリカ国民
の感情が悪化し、逆に中国への同情が高まっていたが、それにもかかわらず、
こうした結果が出ているのである。シルク産業の素材である生糸に関しては、
「日米ネットワーク」（Boles, p. 16）が出来上がっていたのである。ちなみに、上
海と広州から積出された生糸の行先は主にフランスなどのヨーロッパ諸国にな
った。

ここでシルク産業をめぐる日米関係について、もう少し説明したい。この関係は図表Ⅶ-3に端的に示されている。アメリカシルク協会（Association of Silk Industry in America：ASIA）の統計部が作成した図表Ⅶ-3-1は、アメリカの日本、中国とその他の国からの生糸輸入の状況を示したものである。この図表ではアメリカは日本と中国、とくに前者に大きく依存している。日本への依存度は圧倒的である。他方、日本の輸出の仕向地はどこか。同じく ASIA の統計部のつくった図表Ⅶ-3-2をみられたい。こちらは圧倒的にアメリカであって、ヨーロッパ諸国への輸出はマイナーである。

　したがって、太平洋をはさんで日本とアメリカのあいだに養蚕・シルク産業クラスターが形づくられていた、ということができる。日本の養蚕・製糸の川下は国内というよりもアメリカだし、アメリカのシルク産業の川上には日本の養蚕・製糸があった。お互いに依存関係にあって、両者のあいだは緊張をはらみつつも緊密だった。

　ちなみに、シルク産業についての「日米ネットワーク」は、両国にとってとても大きな意味をもっていた。日本にとっては、あとでより詳しく取り上げるように、養蚕の拡大によって小農民（養蚕農家）の家計を支えることを可能にした。1915年の日本の養蚕農家戸数は167万1000戸であったし、1930年のそ

図表Ⅶ-3-1　アメリカの生糸の輸入状況（1914〜21年）

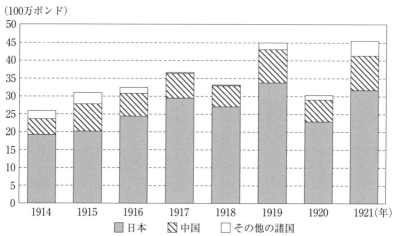

（出所）ASIA, Silk Statistics, Annual Report 1922.

図表Ⅶ-3-2　日本の生糸の輸出状況（1912～21年）

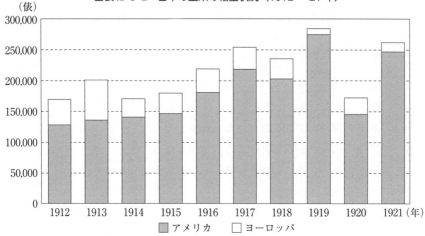

（注）1俵＝60kg。
（出所）ASIA, Silk Statistics, Annual Report 1922.

れは220万8000戸だった。1930年が日本の養蚕農家戸数がもっとも大きくなった年である。それだけではない。プリンストン大学教授だったロックウッド（W. W. Lockwood, 1906-78）の『日本の経済発展』（1954）の中の計算では、1870～1930年の期間において日本は「おそらく生糸交易で国内で使う外国製機械と原材料の全輸入の40％以上の資金を調達した」（Lockwood, p. 94）。この生糸交易の相手は主にアメリカであったわけで、「日米ネットワーク」を通じ日本は近代化、産業化のための資金の少なからざる部分を稼いだことになる。「ちっぽけなかいこが日本の産業化のうえで途方もない大きな役割を演じたことは、ほんとうに非常な驚きである」（Lockwood, p. 94）。日本の人びとはこの指摘を忘れてはならないだろう。アメリカにとっても、日本の大量の、品質の安定した生糸により、世界最大規模のシルク産業を成り立たせることができた。シルク産業において国外の生糸に頼るというビジネス・モデルが大々的に実現できた。

　それにしても、なぜ日本が生糸の対アメリカ交易で中国よりも優位に立つことができたのか。いくつかの理由があろうが、リーによると、日本の優位性は、生糸の質（クオリティ）が平均して相応の水準にあったからだという。「世界のシルク市場における日本の成功は、一定水準の品質のシルクを提供できたこと

による。中国には非常に優れた生糸もあったが、日本のほうがより信頼できるものであった。標準化（スタンダーディゼーション）は動力付織機を使うアメリカのシルク産業にとって決定的に大切な点である」(Li, p. 80)。

　もう少しいうと、動力付機械での大量生産というのが、アメリカ式の生産方法だが、その際、投入する原材料の質が一定であることが肝要である。予定した（プログラム化した）質より悪くても、良くても駄目であって、プログラムに見合った水準を保持していなければならない。それは原材料の歩留りの問題であり、その比率の高さが信頼性というものである。中国産よりも日本産のほうが、生糸の歩留りが良く、信頼性が高かったというごく単純な事実が、アメリカでの日本の生糸への依存度を大きくした。

　生糸の品質の等級付け（classification）は、それを加工・製造する事業体には必要不可欠の問題であって、大昔からおこなわれていた。大量生産事業所にとってはなおさらのことである。この等級付けは業界団体にとっても、回避できない課題、いな担わなければならない大切なしごとである。各地のギルドは等級付けをおこなっていたふしがある。すでに何回かふれたが、ロンドン市場の生糸取引は定められた等級、格付けにしたがい実施されていた。

　それは一般に長年の経験にもとづいて、主に産地別におこなう。まず、ヨーロッパ産とアジア産に分ける。前者はフランス産とイタリア産であって、「コモン（並製）」「クラシカル」「エクストラ・クラシカル」の3等級に分けられる。「コモン」と格付けされるのは少数らしい。アジアは中国産と日本産であって、「エクストラ・ナンバーワン」「ナンバーワン」「ナンバーワン〜ナンバーワン1/2」、「ナンバーワン1/2〜ナンバーツー」に区分されている。中国産の場合、広州積出の生糸と上海積出のそれが分けられる。後者のほうが等級が上である。リールの仕方による等級もあった。一番単純なのが「リール」で、それはサイズも揃っていないこともある。つぎが「再リール」でリールよりは優れている。さらに、生糸の色でも等級が付くことがある。ヨーロッパ産は黄色を帯びていて等級が高いが、日本産は白またはグレイホワイトで、等級が少し低くなる、など（Rawlley, pp. 244-246）。

　アメリカでは、ASIA が生糸の等級化に力を入れた。ちなみに、ASIA は1872年にニューヨークで設立された、染織業者はもちろん、生糸の輸入業者・

バイヤーもふくめた業界団体であって、会員への情報提供、シルク産業界としての意思の調整・形成、連邦・州政府・自治体へのロビー活動、シルクについての啓発・PR、研究などをおこなう組織だった。ASIA は生糸の等級化小委員会を設け、これに精力的に取り組んでもいる。「売手と買手の取引を容易にするため、テストの標準化をおしすすめて、(生糸に関し) 均一の明確な分類ができるようにするため……」(ASIA, Second Report of the Raw Silk Classification Committee, 1927, p. 7)、等級を決めた。それだけでなく、量産のためには、原料の生糸の標準化がどうしても必要なのである。

ASIA の等級化は長年の経験にもとづく、感覚的なものをふくむようなものではなく、客観的な分析にもとづくものである。検査は目視ではなく、所定の専用の検査器具を使う。たとえば、生糸の太さ、デニールを測るサイジング・リール (sizing reel)、強度や伸びを測定するセリメータ (serimeter)、テナシティ、伸縮性を測るセリグラフ (serigraph) など。

いま、机の上に ASIA が刊行した「生糸等級委員会の2次報告書」(Second Report of the Raw Silk Classification Committee, 1927) がある。それには日本のある商社の蔵書印がある。商社ではこの報告書を読んで ASIA の等級評価の仕方を把握し、日本の製糸業者に伝えたことであろう。片倉工業、郡是 (グンゼ) などの大手はニューヨークに拠点を設けていたし、日本側の三井商事、三菱商事、原合名会社、江商、森村などの商社も、またアメリカのバイヤー等も、こうした情報を国内の製糸業者に伝えていたであろう。日本は情報提供を受けてどのような対応をしたかは、第IX章で取り上げる。日本の官民はアメリカのシルク産業のニーズを明確にとらえ、それに見合う生糸をつくり上げることに努めた。シルク産業の「日米ネットワーク」はそうした努力が実って出来上がったものである。

3 シルク産業の誕生

アメリカでは19世紀に入って、ビジネスとしてのシルク産業が立ち上がってくる。それ以前もむろん、シルクの染織はみられたが、すでにのべたような、家庭内での自家用の、あるいは製品を近所の店で売りさばく程度のものであったであろう。まだ産業とはよべない。金持ちはシルク製品を手にしていたが、

それはフランスなどのヨーロッパ製のものであったろう。国内では、人びとの購買意欲をそそるようなシルク製品はまだできていなかったと思われる。

　アメリカの最初のシルク工場は、1810年にコネティカット州のマンスフィールド郊外にハンクス一族が設けたものだとされている。その土地は春先には道がぬかるむような、交通至便でないところだったが、いまはハンクス・ヒル（Hanks Hill）とよばれ、アメリカのシルク産業発祥の地として知られている。図表Ⅶ-4はアメリカ最初のそのシルク工場の写真である。随分と小さなものである。ハンクス一族はそれ以前からシルク関係のしごとをしていたが、1800年に作業スピードが非常に早い（多分手動でない）スピンドルの特許を取得していて、それを据え付けた工場を建てた。ここで撚糸を製造し、また縫製用の布をつくった。4年後の1814年には、ほかの出資者と共同で同州のガーリービルに、より大きな工場を設けた。しかし、この工場はうまくいかず、まただれかと一緒に再起をはかる。というようなことを、ハンクス一族は世代を変えながら、19世紀を通じてくり返してきた。シルク産業の立ち上げは非常に大変だったことがわかる。

　アメリカのこの分野の草分けは、もうひとりいた。ドイツから1815年に渡米してきたウィリアム・ホルストマン（W. Horstmann）である。かれはフィラデルフィアでトリミングの製造をはじめ、やがてリボン、ベルト、ロープ、モールなどもつくるようになり、陸海軍の襟章・肩章なども手掛けた。ホルストマンは渡米前フランスでこうした分野のしごともしていたので、しごとや製品について定評があった。また、工学の知識もあって、自身の設計で様々な機械

図表Ⅶ-4　アメリカ最初のシルク工場

（出所）Heusser, p. 100.

もつくり上げたし、アメリカに最初にジャカード織機を導入したのも、ホルストマンだといわれている。事業規模も拡大した。図表Ⅶ-5 は 1876 年当時のフィラデルフィアの工場（mill）である。5 階建ての立派なビルディングであった。

　ブロケットの『アメリカ・シルク産業』にはハンクス一族とホルストマンの2 社のほかに多くの会社が出てくる。概してそれらは浮き沈みがあって、右肩上がりに持続して成長していくふうはない。会社を畳んだり、他の投資家が参加してリストラクチャリングをおこなったりする例も少なくなかった。ヨーロッパのシルク産業も起伏が激しかったが、アメリカもそうである。当たり前のことながら、「アメリカの歴史の様々の時期に、産業・金融の著しい混乱」（Heusser, p. 144）があって、養蚕とシルク産業もそうした渦中に入った。とくに1826 ～ 44 年の期間は、カリフォルニアのゴールドラッシュに続くときで、一方でインフレがすすみ、投機ブームがあり、他方またそれが終息する折でもあって、大変な時代だった。ハンクスとホルストマンは会社のこの時期を乗り切った。

　アメリカの養蚕は挫折するが、シルク産業のほうは立ち上がり、発展を遂げることになる。なぜ、そうなったのか。いくつかの好条件があった。ひとつはすでにのべたように、19 世紀後半から、中国と日本から安価な生糸を入手で

図表Ⅶ-5　ホルストマンのシルク工場

（注）フィラデルフィアにあった 1876 年頃のホルストマンの工場。
（出所）Brockett, p. 50.

きたことである。とりわけ、その最後の四半期から、日本がアメリカのシルク産業のニーズに応えうるような生糸を提供するようになったためである。2番目の条件は、ボールズによると、「イギリスからのシルク産業家の移住（immigration）」だという（Boles, p. 23）。イギリス本国でのシルク産業の衰退については、まえの章でふれた。国内での事業に見切りをつけ、国外、とくにアメリカでの再起に賭けた人がいたとしても、不思議ではない。

パターソンのシルク産業の発展には、「イギリスとフランスから移住してきたいわゆるマスター織工」の存在が大きいという。「かれらは持参した個人所有の何台かの織機をもっていて、自宅で織物をした。注文が増えるようになると、ジャニーマンの職人を雇う。この職人がやがてマスター織工になり、織機の所有者になる。かれらが段々大きくなって大工場もできる」（Brockett, p. 153）。

ただ、ASIAの19世紀末の起業者名簿をみると、イギリスから渡来したと思われる事業家の人数はそんなに多くはないのではないか。その数少ないイギリスからの渡来起業家のひとりがライル（J. Ryle, 1817-87）である。ライルはイギリスのマッカレスフィールドでシルク織物業を営んでいたが、リヴァプールから船でニューヨークにやってきて、兄弟とともに同地で、後でパターソンでシルク織物業を立ち上げ成功した。ライルは「パターソンのシルク産業の父」（Heusser, p. 179）といわれ、パターソン市長にもなった人物であるので、パターソンのシルク産業の発展に多大の寄与をしたのであろう。

染物業者も移ってきた。イギリスのスピタルフィールズでシルクの染物に携わっていたヴァレンタイン（E. Vallentine）とライ（L. Leigh）も、コネティカット州にやってきて、染物事業をはじめた。アメリカの染物はイタリアのそれには敵わないといわれていたが、2人は、鮮やかで中々色褪せない染色に成功した。だが、事業のほうはうまくいかなかった（Brockett, p. 134）。また、スキナー（W. Skinner）という事業家も1844年にイギリスからアメリカに渡って染色事業に携わったといわれている。アメリカのシルク産業の事業者の中には、フランスやイタリアの事業者となんらかの交流・交易の経験のある者も少なくなかった。

さらにいうと、イギリス、フランス、イタリアなどからは、シルク関連の様々な職人、技術者もアメリカへ移住してきたであろう。アメリカの経済が発

展し、シルク産業も成長しているという情報は、ヨーロッパにも伝わっていた
はずである。それに比し旧大陸のほうのシルク産業のほうは、ペブリンの大流
行、競争の激化、戦争、コレラの蔓延などがあって、将来に不安を抱く人もい
たのではないか。アメリカに機会を求める人も少なくなかったであろう。

　アメリカのシルク産業の成長率は実際、19 世紀末から 20 世紀はじめにかけ
て、ヨーロッパ諸国のそれを上回っていた。前者の生糸消費量は第Ⅳ章でふれ
たように、フランス、ドイツ、イタリアの消費量を合わせた分を上回っていた
（114 ページの図表Ⅳ-8 参照）。アメリカのシルク産業が発展したのは、いま挙げた
諸条件のほかにも多々要因があったのではないか。保護関税障壁、旺盛なビジ
ネス意欲、機械化への熱心な取り組み・量産体制への移行、精力的な市場開
拓・マーケティングなどなど。旧大陸での古くからの様々な慣行・しきたり、
権威、既得権、考え方等に必ずしもとらわれないですむ新天地での挑戦が、シ
ルクをはじめ諸産業を活性化させたのであろう。

　機械化についていうと、アメリカでは人手不足で、賃金がたかくなり、それ
が競争力を殺ぐといわれてきた。このことが機械化の大きな動機である。しか
し、機械には省力化をこえた様々のメリットもある。たとえば、パターソンの
ダンフォース・ロコモティブ・機械会社（Danforth Locomotive and Machine
Company）が開発した撚糸機械はヨーロッパの機械よりも優れていた。それは
省力化に役立っただけでなく、「たて糸づくりもよこ糸づくりもでき、スペー
スもとらないし、機械効率も 50％上昇した……」（Brockett, pp. 91-92）。図表Ⅶ-
6 はその機械である。上がリール機械、下がスピン・フレームである。アメリ
カのシルク産業の機械化は様々な分野でおこなわれていて、1880 年と 1890 年
とを比較すると、図表Ⅶ-7 のようになる（Silbermann, I, p. 139）。同図表では生
地と帯（バンド）とレースの場合を示している。1880 ～ 90 年の 10 年間に、生
地部門では手動機械は 4 分の 1 に減り、動力付機械は 4 倍に増えている。レー
スなどの手動機械は 1 割程度少なくなっている。帯（バンド）の動力付機械は
10 年間で 2 倍ほどになっている。部門により増減に差異はあるものの、総じ
て手動機械は減り、動力付機械は増えている。後者は効率が良いうえ、より精
巧な作業ができる。アメリカの織物関連の機械化のレベルもテンポも、イタリ
ア、フランス、ドイツのそれらを上回っている。

図表Ⅶ-6　ダンフォース・ロコモティブ・機械会社が開発した撚糸機械

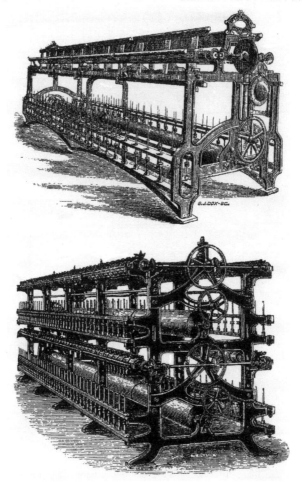

（出所）Brockett, p. 90.

図表Ⅶ-7　シルク産業の機械化

（機械台数）

	生地		帯（バンド）		レースなど	
	1880 年	1890 年	1880 年	1890 年	1880 年	1890 年
手動機械	1,629	413	—	—	1,524	1,334
動力付機械	3,103	14,866	2,218	4,389	—	1,567

（出所）Silbermann, I, p. 139.

4 パターソン

アメリカの養蚕はコネティカット、マサチューセッツ、ニューヨーク、ニュージャージー、ペンシルバニアなどの州ではじまった。シルクの染織もこうした地域で立ち上がった。図表Ⅶ-8は1875年現在のシルク産業の地理的分布を示したものである（Brockett, p.156）。ちなみに、このデータはASIAのものである。会社数が一番多いのはニューヨーク州で、つぎがニュージャージー州となっている。コネティカット州とペンシルバニア州は同じ数である。しかし、生産金額と従業者数でいうと、ニュージャージー州が断然トップであり、ついでニューヨーク州、3番目がコネティカット州になる。中西部と南部の数字はいずれも小さい。

ニュージャージー州では、パターソンにシルク産業が集中している。パター

図表Ⅶ-8　アメリカのシルク産業の所在州、事業所数、従業者数、生産額（1875年）

州	事業所数	従業者数	生産金額（ドル）
ニュージャージー	57	8,381	10,930,035
ニューヨーク	76	3,592	5,735,069
コネティカット	24	2,863	5,430,692
マサチューセッツ	12	1,398	2,748,431
ペンシルバニア	24	1,428	1,857,494
カリフォルニア	4	129	141,000
オハイオ	5	52	75,000
イリノイ	3	49	65,000
ケンタッキー	2	41	50,000
ニューハンプシャー	1	20	44,000
メリーランド	1	26	35,000
ミズリー	1	14	15,000
テネシー	1	14	15,000
バーモント	1	8	15,000
カンサス	1	5	1,350
計	213	18,020	27,158,071

（出所）Brockett, p. 156.

ソンは「アメリカのリヨン」（Brockett, p. 109）ともいわれている。パターソン
の市章の図柄は桑を植える女性である。同市はニューヨークからごく近いが、
ニュージャージー州に属する。パセーイク川が流れ、落差20フィート余のパ
セーイク・フォール、ザ・グレート・フォールズがあって、染色や水力利用が
よくできる場所である。ニューヨークからはハドソン川をさかのぼり、モリ
ス・エセックス運河に入ると、パターソンに着く。

　パターソンは最初から、せんいの街であったが、アメリカのシルクセンター
だったわけではない。1840年頃まで人口は約7000人で機械製造の工場のほか、
綿紡績工場が19、ウールの工場がひとつ、それらの染色・プリントの工房は
あったが、シルク関連の事業所はなかった。それが19世紀後半になってから、
シルク関連が増えるような状況になった。ホイッサーによると、20世紀初期
には、パターソンのシルク関連の事業所はもっと増えたという（Heusser, p. 178）。
逆に綿業の事業所はなくなった。以上のことからわかるのは、パターソンのシ
ルクの事業者は、多分にコネティカット州など他の場所から移ってきたという
ことである。そしてシルク産業の大きな集積ができた。ここにアメリカのシル
クの産業クラスターが形成されたのである。なぜ、パターソンであったのか。
一応の説明は、以下のようなものである。「パターソンにははじめから、豊富
な水力があったし、大消費地に近かったし、交通至便であった」（Brockett, p.
115）。とくに、水が豊富で、水質が良いことが、シルクづくりの大切な要件で
ある。それだけではないかもしれない。ある程度の集積ができると、その場所
に立地すると、必要な情報がより入手しやすいとか、人も集まり人材を採用す
るのがより容易だとか等の集積効果も享受できるであろう。また大消費地に近
いという指摘どおりに、パターソンはニューヨークに近いし、フィラデルフィ
アも遠くない。

　図表Ⅶ-9によると、シルク産業の従業者数は1875年において1万8017人
であった。断然ニュージャージー州が多い。アメリカの場合も、シルク産業は
女性と子どもに大きく依存している。全体でいうと、16歳以上の女子の割合
がもっとも高く、48.5％になる。一方、16歳以上の男子のそれは26.3％である。
16歳未満の子どもの割合は約4分の1になる。イタリア、フランスなどと同様、
この当時のアメリカのシルク産業も女性と子どもの労働に大きく依存していた

図表Ⅶ-9　アメリカのシルク産業の従業者構成（1875年）

州	男子		女子		計
	16歳以上	16歳以下	16歳以上	16歳以下	
ニュージャージー	2,349	748	3,902	1,382	8,381
ニューヨーク	920	209	1,792	671	3,592
コネティカット	830	183	1,374	476	2,863
マサチューセッツ	241	114	791	252	1,398
ペンシルバニア	330	112	738	248	1,428
カリフォルニア	34	14	53	28	129
オハイオ	8	5	25	14	52
イリノイ	6	5	21	14	46
ケンタッキー	6	3	21	11	41
ニューハンプシャー	2	6	—	12	20
メリーランド	6	4	10	6	26
ミズリー	4	2	5	3	14
テネシー	4	2	5	3	14
バーモント	1	2	—	5	8
カンサス	2	—	2	1	5
計	4,743	1,409	8,739	3,126	18,017

（出所）Brockett, p. 156.

ことがわかる。

　パターソンなどのニュージャージー州やニューヨーク州等では機械工場など
があり、力のある男性の職工が働いていた。シルク産業をはじめせんい産業で
は、さほど筋肉労働を強いるしごとは少ない。ブロケットによると、せんい産
業は職工の配偶者や子どもを労働力として活用することを思いついたのだとい
う（Brockett, p. 115）。相手のほうも、安い労賃でも、家計のたしになるので、
働くことを望んだともいう。要するに、低賃金の女性や子どもを労働力として
利用したのである。

5　アメリカはどんなシルク製品をつくっていたか

　アメリカのシルク産業では、どんな品物がつくられていたのだろうか。図表
Ⅶ-10は1875年現在のシルク製品の品目と金額を示している。じつに多様な

図表Ⅶ-10　アメリカのシルク産業がつくる品目と金額（1875 年）

（ドル）

品目	金額	品目	金額
トラム（よこ糸用の撚り糸）	2,976,501	ハンカチ	905,115
オーガンジン（たて糸用の撚り糸）	1,819,000	スカーフ（Foulards）	450,000
スパン・シルク（屑シルク製品）	850,000	リボン	4,815,485
へり飾り	243,489	レース	164,000
フロス	42,568	馬車用レース	35,652
シルク布地	885,079	ヴェール	65,264
ミシン用撚糸	5,535,754	シルクのタイツ	6,000
ドレス	1,412,500	モール、ビンディング	383,100
婦人用帽子	2,544,191	軍服のトレミング	33,000
婦人用スカーフ	104,523	椅子張布地	459,613
男性用品	30,000	婦人服のトレミング	3,397,237
		計	27,158,071

（注）フロスとは日本では真綿のことだが、アメリカなど欧米では撚りをかけずに練った
　　　糸、刺繍用糸などもふくまれる。軍服のトレミングとは肩章、襟章など。
（出所）ASIA, *Secretary's Report*, 1875, p. 155. より。

製品がつくられている。

　これをみると、よこ糸、たて糸、ミシン用撚糸、フロスなどの織物の素材、
スロウイング製品のウエートが高いことがわかる。すでにふれたように、アメ
リカのシルクの織物業者はスロウイングの事業も営んでいることが多い。それ
から、思いのほか、リボンのウエート、婦人服のトレミングの金額も大きい。
ただ、19 世紀から 20 世紀はじめにかけては、アメリカの目玉になるようなシ
ルク製品、地域の特産品（スペシャリティ）はつくられてはいなかった。なお、
屑シルクもここには載っている。

6　アメリカのシルク産業の特徴

　中国からスタートした養蚕とシルクの染織は中央アジアを通り、あるいはイ
ンドも経由して中東の諸地域で発達し、さらにヨーロッパ諸国にも伝わって、
いっそうの進展をみせた。それぞれの地域と民族の好み、文化、ニーズがシル
クの染織に織り込まれるという累積プロセス、また相互影響のプロセスもあっ
て、じつに多様なシルク製品とシルク文化が生まれた。

養蚕とシルク産業はさらに大西洋を渡り、アメリカ東海岸でこの土地ならではの発展をした。旧大陸では、ずっと養蚕と染織とは一体だと考えられ、両者がワンセットになっていた。アメリカでも当初はこの仕方がこころみられたが、19世紀後半から、国外から生糸を持ち込み、シルクの染織に特化するという方向が決定的になった。すでにふれたように、イギリスもドイツもこの方向に進んだが、アメリカは大々的にこれをすすめた。

　シルクの染織については機械化を推進した。アメリカの場合、高級品、特産品で勝負するわけではないから、競争できる価格で生産しうるかどうかが重要になる。他国と比し賃金が高いから、労働を機械に置き替え、能率も上げたいという衝動も大きくなる。実際、ヨーロッパ諸国よりも、機械化のテンポと範囲は大きかった。

　アメリカのシルク産業は20世紀になってどうなったか。あるいはいかなる状況になったか。シルク産業の20世紀の容易ならざる姿を、アメリカ固有の事情もあったにせよ、先取りして提示してくれたように思う。シルク産業の素材である生糸は高価なうえに、供給が不安定であって、すでにふれたように、欧米では19世紀から生糸に代わりうるせんいの具体的な探求がはじまっていた。そして、1891年にフランスのシャルドネが硝化法による人絹の事業化に踏み切っていた。シャルドネ以外にも、様々な人物が様々な方法で人絹の製造に挑戦した。そうした中で人絹の製造技術は段々と改善され、品質に多々問題はあったものの、人絹は安価であることを武器に、また品質を改良してシルクを追撃し、ついに1927年に前者と後者のウエートが逆転してしまう（図表Ⅶ-11）。つまり、人絹がシルクを追い越したのである。

　1920年代半ばになると、日本では、シルクが人絹にとって代わられるのではないかという心配が大きくなり、視察団をアメリカに派遣したりして、人絹の動向を注視するようになっていた。「米国の人造絹糸の生産は近年著しく増加して1年毎に倍近い数字を表している」（重富、11ページ）、「……如何に人造絹糸が破天荒の勢で各国に使用されつつあるかを知ることができる」（同、13ページ）。

　当時の日本での大方の見解では、人絹がシルクを駆逐することはない、ということだった。よこ糸の分野ではシルクは人絹に置き換わっていくかもしれな

図表Ⅶ-11　アメリカのせんい消費量の推移（1920～1945年）

（万トン）

年	コットン	羊毛	絹	再生せんい	合成せんい	合計
1920	128.3	14.3	1.3	0.4	—	144.3
1921	117.7	15.6	1.9	0.9	—	136.1
1922	132.0	18.4	2.2	1.1	—	153.7
1923	141.5	19.2	2.1	1.5	—	164.3
1924	119.6	15.5	2.2	1.9	—	139.2
1925	139.5	15.9	3.0	2.6	—	161.0
1926	145.8	15.5	3.0	2.7	—	167.0
1927	162.7	16.1	3.2	4.5	—	186.5
1928	144.4	15.1	3.4	4.6	—	167.5
1929	155.3	16.7	3.7	6.1	—	181.8
1930	118.4	11.9	3.4	5.4	—	139.1
1931	120.5	14.1	3.5	7.2	—	145.3
1932	111.7	10.4	3.2	7.0	—	132.3
1933	138.5	14.4	2.7	9.9	—	165.5
1934	120.4	10.4	2.6	8.9	—	142.3
1935	125.0	18.9	2.8	11.8	—	158.5
1936	157.4	18.4	2.6	14.6	—	193.0
1937	165.9	17.3	2.4	13.8	—	199.4
1938	132.4	12.9	2.3	14.9	—	162.5
1939	164.6	18.0	2.1	20.8	—	205.5
1940	179.3	18.5	1.6	21.9	0.2	221.5
1941	235.3	29.4	1.1	26.8	0.6	293.2
1942	255.7	28.0	0.2	28.2	1.2	313.3
1943	239.0	28.9	0.1	29.8	1.8	299.6
1944	217.4	28.2	0.0	32.0	2.2	279.8
1945	204.6	29.3	0.0	34.9	2.4	271.2

（注）合成せんいには、ガラスせんいが含まれている。
（出所）*Rayon Organon*, Vol. 21, No. 3, March 1950, p. 40.

いが、たて糸に人絹を使うと、切断が多くなり、作業効率が落ちる。「人造絹
糸の使用される範囲は制限された形になって居て、たて糸には使われず、よこ
糸になるか、網糸に使用されるのである」（同、72ページ）。

　ちなみに図表Ⅶ-11は第1次世界大戦後の1920年から第2次世界大戦が終

結した 1945 年までのアメリカのせんい消費量をあらわしたものである。この 25 年間に、コットンもウールも、そして再生せんいも、またせんい全体も増えているのに、シルクだけが減ってしまう。日米開戦で日本からの生糸輸入が途絶してからは 0 になってしまう。

　戦後、日本からの生糸輸入は復活するが、もう日本の生糸が入り込む余地はあまりなかった。再生せんいのほかに、さらなる強敵が出現していた。ナイロン、ポリエステル（ポリエチレンテレフタレート）、アクリル（ポリアクリロニトリル）などの合成せんいである。合成せんいは再生せんいよりも、総じてせんいとしての優れた品質、特性があり、天然せんいに太刀打ちできるほどだった。ナイロンは強度、弾力性などが、シルクを上回るせんいで、第 2 次世界大戦直前の 1939 年にデュポンが事業化したものである。たちまち、ストッキングの分野で、日本の生糸でつくったものを駆逐してしまった。安価なうえ、シルクのストッキングによくある伝線（run）やたるみは、ナイロンの場合にはほとんどなかったのである。ちなみに、デュポンはイギリスの ICI、旧西ドイツの IG ファルベン、フランスのローディアセタ、日本の東洋レーヨンなどに特許実施権を与え、ロイヤリティを稼ぐ戦略をとった。このため、ナイロンは世界に拡がった。

　ナイロンがシルクの代替的な合成せんいであるのに対し、ポリエステルとアクリルはウールの代替的合成せんいとして欧米でナイロンとほぼ同じ頃に開発された。そして 2000 年において、世界のせんいの生産量は、再生せんいが 221.5 万トン、合成せんいが 2621.8 万トン、天然せんいは 2131 万トンで、再生せんいと合成せんいを合わせた化学せんいのウエートのほうが大きくなっている。シルクは 9.6 万トンにすぎない。

　なお、天然せんいだけでなく、化学せんいもいまは中国、香港、韓国、台湾などでつくられ、アメリカなどは、かつての生糸と同様に、織物やアパレルもこれらの国からの輸入に頼るようになっている。織物、アパレルの国際競争力も喪失したのである。アメリカのシルク産業は衰退した。そのことを象徴するように、パターソンも活気がなくなり、現在はごく普通の中都市になってしまっている（2010 年で人口 15 万人足らず）、パターソン博物館の一部で製糸、スロウイング、織物などの機械が展示されているにすぎない。

第Ⅷ章

東への旅
—日本の養蚕とシルク・古代から江戸時代まで—

　中国で興った養蚕とシルクの染織は、先行の諸章でのべたように、じつに長い年月をかけて西方に伝わり、中央アジア、中東からヨーロッパに入った。シルクの織物がローマに達したのは、カエサル（100BC 頃 -44BC）の頃だといわれている。養蚕はシルクの織物にかなり遅れ、イタリアに伝わったのは 8 世紀だとされている。またスペインでも養蚕がおこなわれるようになった。さらにフランス、スイス、フランドル地方にもそれらは拡がり、イギリス、ドイツなどでもみられるようになった。いずれの国でも、権力者が非常に熱心に、養蚕とシルク産業の育成に取り組んだ。それは強引でもあった。

　養蚕とシルク産業は 18 世紀には大西洋を渡って、アメリカ東海岸にも根づくようになった。アメリカには中国からではなく、ヨーロッパから伝播した。このうち、養蚕のほうは必ずしも開花期をむかえることなく消えるのであるが、シルク産業のほうは発展を遂げて、同国は生糸の消費量においてヨーロッパ全体を凌駕するにいたる。アメリカは新しいビジネス・モデルをつくり上げて、シルク産業大国になったのである。

　以上の養蚕とシルク産業の西進は、中国のやり方がそのまま伝播、拡大したのでは決してなくて、それぞれの地域の人びとの好み、趣向、工夫、価値観、文化がそれらに加味され、また相互影響のプロセスがみられるというような、民族交流、文化交流の問題でもあった。先行の各章では、こうした点も強調した。

1　日本への伝来ルート

　中国が養蚕とシルクの染織の発祥の地だとすると、それらは日本にどう伝来したのか。養蚕とシルクの染織の東進の問題である。それらはいつ、どのよう

なルートで日本にやってきたのか。西進のはじめの段階と同じように、たくさんのブラック・ボックスがあって、詳しい経緯はよくわからない。五里霧中というべきかもしれないが、若干の手掛かりもあり、おおよその推理はできなくもないと思われる。

　日本への伝来のルートは2つ考えられる（図表Ⅷ-1）。ひとつは中国から朝鮮半島を経由して日本にやってくるルート、いまひとつは中国から日本に直接に伝わるというルートであって、実際に双方のルートが使われたと思われる。朝鮮半島は中国の遼寧省と地続きだし、同省の遼東は高句麗（37BC～668）の領土だったこともあり、現在も朝鮮族が多く住んでいる。また中国の養蚕、シルクの染織の発祥の地のひとつといわれる山東半島は、黄海を挟んで朝鮮半島とはさほど離れていない。山東半島は昔から、朝鮮半島とのあいだに往来があり、山東半島には朝鮮族も住んでいた。山東半島の気候は、朝鮮半島のそれと変わらないといわれている。さらに、中国の江南との交流もあった。とくに、百済の建国（18BC）以降、江南と百済との交流は盛んになった。つまり、大昔から中国と朝鮮半島とのあいだには陸路と海路を通じた交流があって、養蚕もシルクの染織も早く、少なくとも紀元前に朝鮮半島にやってきていたのではないか。

　はっきりしているのは、紀元前108年に漢は朝鮮半島中北部に侵攻し、翌年、

図表Ⅷ-1　中国、朝鮮半島、日本

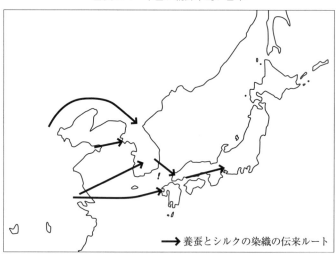

➡ 養蚕とシルクの染織の伝来ルート

楽浪郡など4郡を設けた。軍隊とともに役人も駐在したであろう。役人はシルクの帽子を被り、シルクの官服を着用していたはずである。養蚕もおこなわれていたであろう。楽浪郡には25の県があったが、そのひとつは蚕台県という名称だった。おそらく、官営のシルク工房もつくったのではないか。ちなみに、漢はすでにふれたように、山東半島の海ぞいの地にシルク工房を設けていた。漢の時代にはシルクの染織はすでに高い水準のものになっていて、そのシルク製品が現在の新疆ウイグル自治区から中央アジア、中東、ローマ帝国で珍重されていたことはすでにのべたが、朝鮮半島でも同じ状況であったろう。

　その朝鮮半島と日本とのあいだ、とくに半島南部と北九州や山陰地方などのあいだにも、大昔から濃厚な人的交流がおこなわれていた。半島からは集団で日本に移ってくることが多かった。その中には養蚕、シルクの染織の技能集団もあったであろう。シルク関連のクラスターがワンセットでやってくる事態もあったのではないか。中国の南宋末の歴史家馬端臨（ばたんりん）(1254-1323) によると、養蚕はすでに紀元前1世紀に朝鮮半島から日本へ伝わっていたという (Silbermann, I, p. 8)。十分ありうることだと思う。『日本書紀』(720) によると、崇神天皇の66年（おそらく紀元前32年）に朝鮮半島の南海岸に任那府（みまな）を置いたとしているから、それが事実なら紀元前に半島と日本のあいだに多少の権力絡みの交流さえあり、養蚕とシルクの染織が伝来するチャンスはあったと思われる。つまり、イタリアにシルクと養蚕とが一定のタイムラグをもって伝わったのとは異なり、日本にはほとんど同時に、養蚕も桑の栽培もシルクの染織も伝わったと考えられる。渡来した人びとはイギリスに逃れたフランスのユグノーのように、糸車や織機（ルーム）も携えてやってきたのではないか。

　日中の直接の交流も紀元前からあったと思われる。佐賀県や福岡県の紀元前100年頃のいくつかの遺跡からは、シルクの裂（きれ）が出土している。そのシルクは顕微鏡でみると、朝鮮半島系のかいこ蛾のものもあるが、中国の長江流域のかいこ蛾系のものもふくまれているという指摘がある（吉武・佐藤、27ページ）。また、中国からの養蚕の直接の伝播も指摘されている（布目・b、35ページ）。朝鮮半島の品種とは異なる、中国の江南の品種が、すでに紀元前に九州北部に入っていたのではないかというのである。弥生時代中期のものとされる九州北部の墳墓から、そうしたシルクの製品が出土している。時代は下って199年に中国

の後漢の王子功満王（Kohman）が、日本にかいこ蛾の贈物をもってやってきたことが伝えられている。289年には中国と朝鮮半島の人びとが九州に養蚕を伝えたともいう。310年には中国の織工が日本にやってきて、この年が日本のシルクの織物づくりの最初になる、ともされる（Silbermann, I, p. 8）。

　3世紀『魏志』の「東夷伝」（いわゆる『魏志倭人伝』、280〜97年の間）には、「種禾稲紵麻、蚕桑緝種出細紵縑緜」（稲・芋麻を植え、蚕桑を植え、蚕を飼い、糸を紡ぎ、麻、縑〔かとり〕、緜〔まわた〕を出す）という簡潔な言葉で、日本人の衣食生活が記されている。つまり、3世紀にはすでに日本で養蚕もシルクの染織もおこなわれていたことになる。238年には有名な卑弥呼が魏の文帝（在位226-39）に班布2匹2丈の貢物をし、5年後の243年には再度使者を送り倭錦、絳青縑、緜衣、帛、布を献上している。また卑弥呼の死後、後継者となった一族の娘の台与も、雑錦20匹を貢物として差し出している。3世紀中頃の日本人の衣料の状況がわかる。麻がより一般的だが、かいこ蛾の繭から糸を紡ぎ、縑や綿もつくっている。縑は粗末なシルクの布ないし織物、綿は真綿（フロス）のことで、あとでふれるように、繭を引き延ばし、綿状にしたものである。卑弥呼が238年に献じた班布はシルクでなかったかもしれないが、243年に貢物として差し出した倭錦、絳青縑、緜衣などはシルク製品であったろう。倭錦は日本特産の錦、絳青縑は絳（赤）と青の厚手のシルク、緜衣は真綿の入った衣であろう。魏の文帝のほうも卑弥呼に返礼品を贈ったであろう。その中には高級なシルク製品がふくまれていた。深紅の地の交竜文様の錦5匹、茜色のシルク50匹、紺青の地に文様のある錦3匹、白絹50匹などである。それらはじつに美しい織物だったであろう。匹とは布の量をあらわしていて、4丈が1匹であり、1丈が10尺である。

　この時代の朝貢品には通例シルクがふくまれており、しかもその国の最高級のシルク製品が贈られていた。贈るシルク製品によって、その国の国力、文化レベルを推し量る、ということもおこなわれた。それにはデモンストレーション効果があった。シルク製品の有無、その技巧等が国力のバロメーターになっていたのである。卑弥呼もそのことに気づいていたのであろう。

　3世紀から5世紀にかけて、日本と朝鮮半島と中国とのあいだの交流は非常に活発化する。国際化時代といってもよいほどである。ちなみに、この時代は

大型の前方後円墳が造営されていた。また倭の使者は以前から中国にきていたが、「倭の五王」、讃、珍、済、興、武は南北朝の宋（420～79）にそれぞれに使者を送り、「文物を献」じ、官位を請い、倭国王に任じてもらい、ときに安東将軍あるいは安東大将軍の称号を得た。『宋書』（巻97・夷蛮）によると、5人の倭王は421年から498年までのあいだに中国に10回前後使節をおくっている。出先機関の朝鮮半島の帯方郡の大守とも接触をしている。おそらく民間の交流も非常にあったのではないか。

　『日本書紀』をみると、神功皇后、応神天皇、仁徳天皇あたりの年記では朝鮮半島と中国との交流の記述が、以前に比し格段に増え、かつ具体的になる。それは出兵であったり、朝貢であったり、帰化であったり、文物を携えての渡来であったりする。そして、あとでふれるように、養蚕とシルクの染織についての記述も多い。おそらく、この3世紀から4世紀にかけた国際化時代に、中国式の養蚕とシルクの染織が、またシルクの文化と制度がトータルに日本に入ってきたのではないか。

2　『日本書紀』の中の養蚕とシルク

　日本の文献ではこの点はどう描かれているのか。日本の最古の文献である8世紀の『古事記』（712）や『日本書紀』（720）、つまり記紀ではどのように書かれているか。ここでは主に『日本書紀』のほうを取り上げる。また『日本書紀』に続く『続日本紀』（797）の記述も参考にする。『日本書紀』と『続日本紀』で平安時代初頭までの様子が大体わかる。まず、『日本書紀』の冒頭の巻第1の「神代上」には、死んだ保食神の眉から繭が生じたという記述がある。また、巻第1には有名な「天の岩戸」の神話が出てくる。天照大神が天の岩戸に隠れるきっかけをつくったのは、弟の素戔嗚尊の粗暴な振舞いであった。神話によると、女神である天照大神の神聖な機織で神衣を織る御殿である斎服殿の中に、馬の生皮をほうり込んだとか、そこで糞をしたとかで、天照大神が驚いた拍子に機織の梭で傷つき、大そう立腹して「天の岩戸」に隠れてしまい、この世が真暗になってしまったというものである。ちなみに、織機において梭とはよこ糸をたて糸に通すのに用いる道具のことである。

　『日本書紀』で神話の冒頭に繭や機織や神衣を織る御殿の話が出てくるのは

非常に興味深いことである。古代の人びとや記紀の編集者は養蚕やシルクの織物とその意味合いを強く意識していたのであろうか。すでにふれた中国の伝説の禹帝の后嫘祖も、ホータン国王の后も、またコス島の王女パムフィラも養蚕やシルクの機織に携わっていた。

『日本書紀』に登場する歴代の天皇のうち、初期の天皇については具体的記述が欠如しているが、すでに指摘したように、神功皇后（おきながたらしひめのみこと）の年記あたりから、多少の具体性が出てくる。そして神功皇后のいわゆる「三韓征伐」のエピソードがのべられる。このエピソードの中にシルクの具体的記述がある（『日本書紀』巻第9）。日本軍は新羅に遠征し、「金・銀や彩色（彩りの美しい宝物）及綾、羅、縑絹」などの献上品を 80 艘の船に載せて持ち帰ったというのである。綾はたて糸とよこ糸の交織で文様を出したもの、羅はうすい織のこと、縑絹は綾や羅とちがい、上等ではないシルクの布で、太い粗い糸で織ったものである。おそらく今日いう屑シルクを紡いだものもあったにちがいない。あまり上等でない縑絹まで持ち帰ったというところが面白い。いずれにしてもこの記述から、当時すでに朝鮮半島には染織の技法がかなりすすみ、多様なシルクの織物があり、それらの上等品は賜物、献上品として使われていたことがわかる。日本でもこれらの上等品を珍重するとともに、何とか自ら織り上げてみたいとも思ったであろう。

当時、朝鮮半島側の人びと、高句麗、新羅、百済などには、「倭人、兵を行ねて、辺を犯さんと欲す」（『三国史記倭人伝』31 ページ）といった感覚が生じるほど倭人はしばしば武力を行使する事態があった。高句麗の広開土王碑にも391 年に倭が朝鮮半島を犯し、百済と新羅を臣従させたとある。一方で、朝鮮半島から日本にやってくる人びとも大勢いた。神功皇后のあとの応神天皇（ほむたのすめるみこと）の時代には、百済が真毛津という名の縫衣工女を奉った。この人が来日衣縫の始祖だという。また、この時期、弓月君が百済からやってきた。弓月君はあとでふれる秦氏の祖だともされる。秦氏は秦の始皇帝の子孫で 202 年に新羅に移り、養蚕をその地に拡めたともいわれているが（Silbermann, I, p. 263）、日本に渡来した秦氏は百済からだというから、いずれかの説が間違っているのかもしれないし、何かの事情で新羅の秦氏の一部ないし全部が百済に移ったのかもしれない。いずれにしても、3 世紀には、神功皇后と応神天皇

の時代あたりに、朝鮮半島から、様々の人的集団が日本に渡来していた。朝鮮半島側の『三国史記倭人伝』をみても、3世紀頃から、彼我の個人や小氏族同士というよりも新羅や百済という国と大和朝廷とのあいだの交流があったことが十分に推測される。その人的集団にはいろんな分野の先進技能をもった人間がふくまれていて、養蚕とシルクの染織の技能集団もいたであろう。すでに何度もふれたように、古代から中世の技術移転は、近世、近代、現代の場合でも、その技術者・技能者が移住することで生じる。古代や中世には、技能者を捕虜として連れ帰る、あるいは拉致することもよくおこなわれた。『日本書紀』には記述はないが、「三韓征伐」ではそうしたことはなかったのか。中東でも、またヨーロッパでもそうであった。少なくとも、養蚕とシルクの染織についてはそうであった。応神天皇のあとの仁徳天皇（おほさざきのすめるみこと）のときには、新羅が朝貢しないのを責めたところ、そのお詫びとして調絹1460匹が届いたという。

　この頃になると、朝鮮半島だけでなく、中国とのかかわりもでてくる。応神天皇は帰化人の阿知使主を呉に遣わし、織縫工女を求めさせたという。数年後、かれは織縫工女を連れ帰った。呉は晋のことかもしれない。

　仁徳天皇のあとの履中天皇（いざほわけのすめらみこと）の時代あたりからは、宮廷でシルクがどう使われているかの記述が出てくる。この天皇のある皇子が他の皇子の殺害を命じ、それを成し遂げた者に報酬として、身に着けていた錦の衣と袴を脱いで殺害者に与えたというくだりがある。当時、王族等はきらびやかな、高価なシルクの服を着用していたことをうかがわせる。目下の者にとっては羨望の品であったろう。5世紀はじめの話である。

　履中天皇から4代あととされる雄略天皇（おほはつぜのわかたけのすめらみこと）は「倭の五王」の一番あとの武に擬せられる。この天皇は相当に荒っぽい人物だったようだが、日本で養蚕とシルクの染織を定着させるうえで、重要な役割を果たした。『日本書紀』には以下のような記述がある。この天皇は渡来氏族の各地に散らばっている農耕、土木、養蚕・染織、窯業などの技能者たちを、それぞれの地域の豪族の保護・指揮のもとにおいた。渡来した人たちは、すでに各地に分散、定住してかれらの技術・技能も広い範囲で拡散し、地域開発に役立てられていたことがわかる。その分散・分権管理を天皇はさらにすすめよ

うとしたのかもしれない。ところが、有力渡来氏族の長の秦酒公〔おさ　はたのさけのきみ〕は分散・分権管理の措置を撤回し、氏族の長が旧来どおりに、氏族の人びとを束ねられるように直訴した。天皇はそれを聞き入れた。中央に権力を集中したい天皇はこうした分権化が地方豪族の権力拡大になると反省したのかもしれない。とにかく酒公はそのお礼に「絹・縑を山と積み上げ」て天皇に献上したという。天皇は非常に喜んだ。何かドラマに出てくるような光景である。彼はそのことで禹豆麻佐〔うず　まさ〕という姓〔かばね〕ももらった。

　また、雄略天皇の時代は中国との交流があった。『日本書紀』には呉とあるが、南北朝の宋のことであろう。呉に使を出したり、向こうから使が来たことが記されている。天皇は中国や朝鮮半島の事情をよく知っていたのではないか。天皇は身村主狭青〔むさのすくりあお〕なる人物等に中国から織女を連れ帰るよう命じたりしている。そして、漢織女〔あやはとり〕と呉織女〔くれはとり〕が日本にやってきたのである。漢織女も呉織女も高度の技能をもった、周囲からも尊敬されたドラウガール（drawgirl）であっただろう。

　さらに、雄略天皇は人びとに桑を植えさせ、（養蚕を強いて）シルクを調〔みつぎ〕として収めさせた。ジルバーマンはこう記している。「ユリア（Yuliah：雄略天皇）は養蚕を大いに奨励し、かれの宮殿でも大規模に養蚕をおこなった。かれはシルクを税として納付することを命じた」(Silbermann, I, p. 8)。『日本書紀』には以下のようなことも書いてある。天皇は后のひとりに桑を植え、養蚕を奨め、須我屢〔す　が　る〕という人物にかいこを集めるように命じた。ところが、この人物はどう勘違いしたのか、代わりに嬰児を集めてしまった。天皇は笑って須我屢にお前が集めた嬰児を養えと告げ、かれに少子部達〔ちひさこべのむらじ〕という名前を付けた。5世紀のことである。

　ただ、雄略天皇が意図し、命じたように、養蚕とシルクの染織を国家が統制できたかというと、必ずしもそうではなかったようである。地域の豪族が養蚕とシルクの染織を独占し、そのシルクを自分の氏族のために、あるいは他の有力者への贈物として使ったりした。また桑を盛んに植える一方で、米作がおろそかになり、飢饉の心配があって、養蚕を抑制することもあったという。

　5世紀末に即位した武烈天皇（おはつせのわかさざきのすめらみこと）は、『日本書紀』では珍しく暴虐の人物として描かれている。その宮殿では「日夜常に官

人と、酒に沈酔して、錦 繍を以て席とす。綾絁を衣たる者多し」。つまり、宮
廷では錦が夜具として使われ、また宮廷人には綾や白絹の衣を着た者が多かっ
たという。当時の日本の宮廷では、上等なシルクがひろく用いられていたとい
うことであろうか。

3　渡来氏族

　ここで秦氏のような渡来氏族にふれておく。渡来氏族には秦氏のほかに、西
漢氏、東漢氏、難波吉士氏、高麗氏などがある。渡来した多くの人的集団が
あって、養蚕とシルクの染織をふくむ中国文明を日本にもたらした。中国スタ
イルの技術・技能のほか、経済、政治、芸術、文化・精神のモデルを、これら
の渡来氏族が携えてやってきて、いわゆる大和政権は例外もあったであろうが、
総じてこれらのモデルを模倣することで、新しい国づくりをすすめた。

　そうした渡来氏族の中で、際立った存在が秦氏だった。養蚕、シルクの染織
のほか、農耕、土木その他でほかの渡来氏族よりも優秀な技術をもち、技能者
をかかえていたからであろう。情報や知識や技能は影響力、権力の源泉になり
うるのである。また氏の長が、さきの秦酒公のように、政治的立ち回りが達者
だったことにもよる。権力中枢に食い込んでいたのである。あとで登場する
秦河勝もそうであって、推古天皇（とよみけかしきやひめのすめらみこと）や聖徳
太子（厩戸皇子）等の信任が厚かった。

　秦氏の本拠は今の京都市左京区の太秦にあった。秦河勝もここを拠点にして
いたようである。養蚕もシルクの染織も太秦でもおこなわれ、秦氏の人びとが
大勢住んでいたにちがいない。ここが日本の養蚕とシルクの染織のひとつの拠
点だといっても間違いないであろう。そのシルクの染織はあとでふれる平安京
の織部司、西陣へと続くといえるであろう。この地に広隆寺がある（口絵6）。
その有名な弥勤菩薩半跏思惟像のすぐ側に藤原時代の重文の秦河勝夫妻の坐像
が安置してある。前者のやさしい顔と対照的に、秦河勝像の表情は厳しい。そ
ういう人物だったのだろうか。

　広隆寺の太秦殿には、漢織女、呉織女の像等が祀ってある。すでにふれたよ
うに、雄略天皇の時代に向こうから連れてきた漢織女、呉織女の像なのであろ
うか。2人の女性は織物の神として祀られている。

広隆寺から歩いて10分ほどのところには養蚕神社がある。京福嵐山線のかいこのやしろ駅のすぐ近くである。駅のすぐそばに大きな石の鳥居があり、その先が参道になっている。養蚕神社は木島神社の中にある。境内の左が木島神社のやしろ、右のやや奥に養蚕神社のやしろがある。養蚕神社の建立は推古天皇の時代だというから、秦河勝とかかわりがあるのかもしれない。

　養蚕神社の祭神は万機姫で、養蚕、製糸・撚糸、染め、織りの神様であり、今日でも染織の関係者のお参りが絶えないという。昔は周辺で養蚕がおこなわれていて、関係者の参拝がもっと多かったであろう。なお、境内には3本柱の鳥居が立っていて、パワースポットだといわれている。ちなみに、かいこ蛾、漢織女、呉織女などを祀る神社はほかの地域に多くある。たとえば、大阪府池田市の穴織神社、呉服神社、群馬県桐生市の白瀧神社など。

　『日本書紀』皇極記3年（644年）には、謎めいた、奇妙な事件が載っている。いまの静岡県富士川のそばに住む大生部多という人物がかいこに似た虫を祀り、これを常世神だと称し、この神に帰依すると、富と寿が得られると言いふらした。「……民の家の財宝を捨てしめ、酒を陳ね（並べて）、菜・六畜（牛、豚、にわとりなど）を路の側に陳ねて、呼はしめて曰はく、『新しき富入来れり』という」。大勢人びとがおどり、また舞って、常世神を称えた。ところが、突然なぜか、秦河勝が登場する。「民の惑はするを悪みて、大生部多を打つ」。なにか邪宗が広まりそうなので、秦河勝が抑え込んだ感じになっているが、どうして秦河勝が登場することになるのかは全く不明である。

　この常世神は桑ではなく、橘、曼椒につく虫であって、長さ4寸あまりの親指ほどの大きさで、緑色をしていて黒点があるという。橘や曼椒につく緑色の虫というと、アゲハチョウの幼虫かと思う。むろん、この幼虫はシルクをつくらない。しかし、アゲハチョウの幼虫はそんなに長くはない。親指ほどの太さもない。現在のかいこでも、こんなに大きいサイズではない。昔のかいこはもっと小さかったはずである。

　想像を逞しくすると、この虫はアゲハチョウではなく、ヤママユ科の蛾の幼虫の可能性がある。たとえば、野蚕のやままゆ蛾の幼虫（天蚕）なら、長さ、太さ、色合が符合する。もっとも、やままゆ蛾の幼虫は一般にはくぬぎの葉を食べるので、『日本書紀』の記述とは整合しない。やままゆ蛾の幼虫はなら、

ぶな、栗、くるみなどの葉も食する。くぬぎの葉が一番好きだが、橘、曼椒の葉も食べるかもしれない。そして、日本の山野にはやままゆ蛾は少なからず自生している。やままゆ蛾の幼虫はアゲハチョウのそれとはちがい、第I章でふれたように絹糸腺を有し、シルクを生み出す。現在もやままゆ蛾の幼虫から天蚕糸をつくり、シルクを得ている。

となると、秦河勝とこの話は果然むすびついてくる。秦河勝も養蚕とかかわっている。取り仕切る立場にあったといってよい。秦氏の伝統的な家蚕、養蚕からすると、野蚕、天蚕は異端であり、打倒する必要があったとも考えられる。

4 律令国家と養蚕・シルク

7世紀はじめまでに、日本には中国モデルの養蚕と（高級品は別として）シルクの染織はそれなりに定着していたのではないか。重要なのは、養蚕そのもの、あるいはシルクの染織の技術・技能それ自体もさることながら、その制度なり文化である。ここでいう制度、文化とは、栽桑(さいそう)や養蚕を人びとにどのように根づかせるか、その成果を租税システムの中にどう織り込むか、シルクをいかに使うか、といった問題である。日本は養蚕やシルクの染織の技法だけでなく、この文化や制度も中国のそれを模倣したように思う。模倣は4世紀から漸次おこなわれていたが、それが一応完成するのは、日本が律令国家になったときである。養蚕もシルクの染織も律令制度の中に取り込まれるのである。というよりも、養蚕もシルクの染織も律令制度の構成要素なのである。織部司もできる。ここでは、租税と礼服・朝服の2つにふれる。

中国では生糸、綿、布などの物納は部分的に紀元前の戦国時代からおこなわれていたとみられる。日本ではすでにふれたように、雄略天皇のとき、シルクが調として納付されることになったという。645年にはじまる大化の改新は養蚕とシルクにとっても重要である。大化の改新には戸籍、計帳、班田収授などの問題がふくまれていて、戸口を調査し、農耕と養蚕をおしすすめるべきことが明文化された。また、旧来の賦役(ふえき)、つまり労役の代わりに、田の調(ところ)、つまり年貢を収めるべきだとした。調には稲束のほかに、絹(かとり)、絁(ふとぎぬ)、糸、綿がふくまれていた。

なお、絹(かとり)は布、織物ではあるが、プレインな平組織のもので、さきにふれた

図表Ⅷ-2　綿のつくり方

(1) 真綿をかける図

(出所) 上垣『養蚕秘録』179ページ。

(2) 清水にて真綿をさらす図

(出所) 同上、181ページ。

(3) 真綿干立る図

(出所) 同上、182ページ。

漢字の緜になる。絁は緜よりも粗悪なものだとされるが、「粗悪と云い、もっとも、細緻と謂うも要は比較的な問題」（佐々木、11ページ）である。いずれにしても、一般農民が物納するものであったから、そんなに高度な技法を要する織物ではない。糸は生糸で、素朴な糸車を使って繭から糸を紡いでいたのであろう。綿は真綿のことであり、その古くからのつくり方は図表Ⅷ-2のように、繭を灰汁でよくゆで、その後水に浸して漂白し、引盤にかけて四角いかたちに引き延ばす（上垣、179ページ）。同図表は江戸時代に書かれた上垣守国の『養蚕秘録』から引用したものである。綿のつくり方は古代も江戸時代もあまり変わりがなかった。

　シルクの物納は農家の面積に応じ、田1町で絹1丈、4町で匹と定められていた。1匹の長さは4丈、幅は2尺半である。絁は田1町で2丈、2町で1匹とする。その長さと幅は絹と同じである、など。

　養蚕をすすめるには、桑を多く植えなければならない。桑の栽培についても規定があった。当時は漆の植付けもしなければならなかった。「桑漆張」なるものがあって、農家は一定の漆や桑を植えなければなら

なかった。たとえば、養老の「田令」では、上戸は漆100本、桑300本、中戸は漆70本、桑200本、下戸は漆30本、桑100本を栽培することになっていた。

　律令国家としての制度の維持やインフラ整備は随分と物入りであったろう。王族・貴族、上級役人、僧侶などが並外れた贅沢な、また豪勢な生活をしたわけではなかったろうが、たとえば、官営での仏教や軍備には大きな出費が伴ったと思われる。

　物納のシルクはどのように使われていたのか。ひとつは役人の報酬（禄）に使われた。役人の給与規定（禄令）は何回か公布され、あるいは手直しがされたと思われるが、708年のそれは以下のようになっていた（『続日本紀』巻第5、訳注 I 、127ページ）。

2品・2位	絁30匹、絹糸1000絇（けん） 銭2000文
王の3位	絁20匹、銭1000文
臣の3位	絁10匹、銭1000文
王の4位	絁6匹、銭300文
臣の4位	
5位	絁4匹、銭200文
6・7位	絁2匹、銭40文
8・初位	絁1匹、銭20文
その下の文武の役人	絹糸2絇、銭10文

　これをみると、給与は階位により差別化されていること、絁、絹糸といったシルクの現物支給が中心であること、翌年に銀銭・銅銭の和同開珎の鋳造がはじまることもあって、銭の支給があることがわかる。いずれにしても、給与としてのシルクのウエートは非常に大きいものがある。絁や絹糸は衣類の素材でもあるが、同時にそれ以上に、通貨のような交換手段でもあった。

　いまひとつには官服、朝服、礼服として役人に交付された。日本の服制は、それ以前にあったとも思われるが、603年、推古天皇のときに聖徳太子のイニシアティブで大徳から小智までの冠位12階を定めたものが知られている。そ

れらには色も決められていて「当れる色の絁を以て縫えり」とあるから、シルクが使われていた。

　冠位十二階を定めて間もない推古天皇の16年（608年）に、外国使節がやってきたときの謁見の様子がのべられている。皇子、諸の王、諸の臣が「悉に金の髻花を頭にさし、また衣服に皆錦・紫・繍・織および五色の綾羅を用いる」とある。宮廷でなにかイベントがあると、出席者はきらびやかな装いで臨んだことがわかる。これらの服飾のある部分はシルクで出来上がっていたと思われる。

　ちなみに、冠位・階の制度、服制はその後幾度か手直しされて、天武天皇時代の「大宝令」（701年）では、階は48にまで増えた。官僚制度が次第に水平的にも垂直的にも拡大したこと、モデルとする中国でも改革がおこなわれていたこと、主と臣の階を区別したことなどによる。いずれにしても、役人の数も増え、礼服や朝服のニーズも大きくなった。中国のように、官営の織物工房を設ける必要性もあったのではないか。なお、礼服とは天皇のほか5位以上の文武の人が身に着ける服とアクセサリー（大刀、冠、條帯、靴など）、髪型のことであり、朝服は後世にいう束帯で、普段の勤務で着用する服装であり、アクセサリーにまで規定がある。5位以上はこれこれ、6位から下はこれこれを着用すべきことあるいは身に付けるべしとなっていた。これらのほか、無位の官や一般の人びとの制服についての定めがあった。以上は男性の服装であるが、女官の服制もあった。総じて官位が高いと、服等の素材はシルクであり、上等のシルクが用いられる。色の規定もあって、上位から深紫、浅紫、深緋、浅緋、深緑、浅緑といった具合である。紫や緋の染色は高くついたようである。

　物納したシルクの使い途はほかにもある。贈物である。中国でもシルクは贈物として使われていた。匈奴の勢力が強いとき、中国は朝貢していたが、シルクは相手を喜ばせる重要な朝貢品だった。中東でもヨーロッパでも、シルクの非常に重要な用途は贈物だった。『日本書紀』にも、百済、新羅などからシルクを贈られたことが記載されているが、天皇が諸臣にシルクを下贈したいくつもの事例が挙げられている。

　また、『日本書紀』に続く『続日本紀』（797）にはこんな話がのっている。文武天皇の3年（699年）に、新羅子牟久売が一度に二男二女を生んだ。多分帰化

した女性だろうが、彼女が四つ子を生んだ。当時、これがビッグニュースだったようで、彼女に「絁五疋、綿5屯、麻布十端、稲五百束と乳母1人」（巻第1、訳注Ⅰ、9ページ）を与えたという。また、元明天皇の708年にもある女性が山城国で男の三つ子を生み、絁2匹、綿2屯、麻布4端、稲200束をあたえ、乳母1人を付けたという（『続日本紀』〔巻第5、訳注Ⅰ、126ページ〕）。勅選の史書にも、こんなことが記されているのである。

さらに、福祉、貧困対策にシルクが使われたことも書かれている。天武天皇の9年（680年）に「京内の諸寺の貧しき僧侶及百姓を恤みて賑給」とあり、僧尼ひとりに、各絁4匹、綿4屯、布6端、俗人に各絁2匹、綿2屯、布4端を配った、とある。また、『続日本紀』によると、717年には「100歳以上の者には、絁3疋、綿3屯、麻布4端、粟2石を授け、90以上の者には絁2疋、綿2屯、麻3端、粟1石5半を、80以上の者には、絁1疋、綿1屯、麻布2端、粟1石をそれぞれ授ける」とする（巻第7、訳注Ⅰ、192ページ）。中国の唐や宋は意外にも福祉にも心を砕いていて、日本にもその影響があったものと思われる。

5　一般の人びとと養蚕・シルク

奈良時代までに、一般の人びとのあいだで養蚕やシルクは身近な存在になっていたらしい。『万葉集』（759）には、宮廷歌人の歌のほかに、庶民のそれも多く収められている。『万葉集』の歌で様々の植物が詠まれているが（万葉植物）、当時もたくさんいたと思われる昆虫の蝶、とんぼ、蝉などの歌は皆無に近い。わずかに、こおろぎの歌が目につく程度である。ただ、かいこ蛾を詠んだ歌はいくつかあって、当時の人びとにとって昆虫の中では、かいこ蛾は身近な存在であったと思われる。こんな歌が載っている。

　　　たらちねの母が飼う蚕の繭ごもりいぶせくもあるか妹に逢はずして

母親が飼っているかいこが蛹になって、繭の中に閉じこもってしまっているように、自分も妹に逢わないのがうっとうしい、心が晴れないといった意味なのであろうか。かいこの完全変態をよく承知している人間の歌である。また、

たらちねの母が園なる桑すらに願えば衣に着すとふものを

　母の畑の桑で育てたかいこの糸で織った布を、お願いすれば着せてはくれるが、願いごとは叶わない、という歌であろうか。一般の人びとも、シルクの着衣を身に着けることができたのかもしれない。

　筑波嶺の新桑繭の衣はあれど君が御衣しあやに着欲しも

　筑波山のふもとの桑で育てたかいこ蛾の新しい繭で仕立てた衣はあるが、あなたの着物が是非とも欲しい、ということであろう。また、新しい繭で紡いでつくった着物は喜ばれたのかもしれない。

　新室の蚕時に到ればはだ薄穂に出し君が見えぬこのころ

　新しい部屋でかいこを飼育する時期になったけれど、あなたには会えないでいる、といった意味であろう。
　ところが、こんな歌もある。

　しらぬひの筑紫の綿は身につけて未だは着ねどあたたかく見ゆ

　綿とは屑シルクの真綿のことで、それが九州から調として収められたものであろう。それを身に纏ったら、さぞ暖かいだろうな、という意味であろうか。
　『万葉集』には貧窮問答の長歌も載っていて、風まじりの雨の夜、あるいは雨まじりの冬の夜に、「綿もなきかた布」を身に纏い、「麻ぶすま」（麻のふとん）を引き被っている男が、自分よりももっと貧しい人びとが、飢えと寒さに泣いているだろう、と詠んでいる。
　権力のある者とない者、富める者と貧しい者のあいだに衣料上の大きな格差のあることは、いまも昔も変わらない。ただ、貧しい人びともふくめ当時の一般の人びとが、シルクと全く無縁だったかというと、必ずしもそうではなかっ

206

た。『続日本紀』によると、元明天皇の和銅7年（714年）に「詔して曰わく、凡人衣食足るときは共に礼節を知り、身貧窮に苦しむときは競って好詐を為す。宜しく絁、糸、綿、布の調を輸す国等をして、調庸の外に人毎に糸一斤、綿二斤、布六段を儲へ、以て産業を資て苦せしむる事なからしむべし」とあって、生糸、綿、布などを調として全部取り上げるのではなく、人ひとりが多分最低限の糸、綿、布を保有しうると宣言した。また、すでにふれたように、貧しい庶民にも絁、綿、布が配られることがある。さらに、飼育したかいこの繭には、屑シルクにせざるをえない、調として納めることのできない不良品もあり、糸を紡ぐ際の糸屑もあって、それらから自家用の絁、綿、つまりホームスパンをつくることもあったであろう。こうしたホームスパンを一般の人びとはよく着用していたのではないか。『万葉集』の歌をみても、一般の人びともシルクを着用する機会はあったというべきだろう。もっとも、綾、錦、羅といった高級シルクは無理だったろうが、絁、綿などを用いるのは、そんなに珍しいことではなかった。

ジルバーマンはローマ帝国やビザンツと日本では養蚕とシルクの染織の導入にあたって、その動機にちがいがあるという。「ローマとビザンツの支配者は宮廷を豪華にするために養蚕とシルク産業を取り入れようとしたが、日本の天皇は人びとの、とりわけ農民の生活を豊かにするべく、これらを導入しようとした。7～8世紀の立法の中には、養蚕を一般化するため、強制法をふくめた最大限の措置がみられる」(Silbermann, I, p. 47)。

日本の養蚕地はどのあたりであったのか。中国、イタリア、フランスの養蚕国では、養蚕地は移動したわけであるが、日本の場合はどうか。養蚕、とくに先進的なそれが渡来氏族により主にもたらされたとすると、当初はかれらが住み着いたところが、その場所になったであろう。渡来氏族も各地に移り住んだから、養蚕地も拡散した。7世紀頃までには、大和政権の勢力圏の大部分で養蚕がおこなわれ、その成果である綿、糸、シルクの布などが国に納められるようになっていた。

ただ、地域により成果物の出来・不出来に差があり、時が経つにつれ、その差が大きくなることもあった。平安時代の施行法・省令集である927年の『延喜式』では、所轄官庁の民部省は生糸について、国別に上糸国、中糸国、麁

（粗）糸国という3つのランクを設けている。上糸国が12、中糸国が25、麁糸国が11である（口絵7）。これをみると、畿内には、上糸国、中糸国、麁糸国がない。上糸国には伊勢、美濃、三河のほか、山陽道の諸国などが数えられている。中糸国として挙がっているのは北陸道、山陰道、南海道、西海道の国々である。麁糸国は東海道の東寄り、東山道の国々である。東山道でも今日の東北地方は、麁糸国にもなっていない。同図表は10世紀はじめの日本の養蚕状況を示していると思われる。ちなみに、その後の日本の主な養蚕地帯は北上していって、東北地方、関東、信濃・甲斐になる。イタリアの場合のように、日本の養蚕地は北上したことになる。なお、シルクの布、絹帛を納めなければならないのは、上糸国全部と中糸国の一部である。

　日本は奈良時代まで、これまでのべてきたように養蚕とシルクの染織を取り入れることに非常に熱心だった。健全なかいこを飼育し、良質の糸を得、高級な織りができることが、一等国の条件だと思われていたから、国を挙げて優れたシルクの織物を産出することに取り組んだ感があった。

6　日本の中世

　しかし、平安時代（794～1192）になると、養蚕やシルクの染織に対しての国家の熱意は、段々とさめていったようにみえる。それらが一定水準に到達したあとは、当初の意気込みは失せてしまった感があった。少なくとも、9世紀以降、中国やイスラム勢力などと比べて、日本の養蚕とシルク産業は格段に見劣りがする状況になっていたのではないか。なぜ、そうなってしまったのか。一言でいうと、それは経済規模や経済的豊かさのちがいによるものであろう。すでに第Ⅱ章でふれたように、唐の時代にはシルクが市井で売り買いの対象となり、商品経済化がすすんでいて、国際交易も盛んだった。養蚕とシルク産業に対する、そうした面からの刺激も多く、様々なイノベーションもおこなわれた。大きな都会も出現していて、裕福な人びとも多かった。宋、元の時代にそうした事態はいっそうすすんだ。

　ムスリムのアッバース朝でも、第Ⅲ章で取り上げたように、シルクの商品経済化が進行し、国際交易も非常に盛んであった。バグダッドも100万人をこえる国際的な大都会になっていて、豊かな人びとも大勢いたと思われる。シルク、

とくに高級シルクに対する需要も大きく、商品価値はたかく、養蚕、シルクの染織とその技法は発展した。ダマス織、ビロード、モスリン、マラマトという金襴の緞子などの多様な豪華なシルクがつくられていた。

　これらの地域、国に比し、日本の場合はそもそも、経済規模も大きくなく、物質的に豊かではなかった。官・朝服、法衣、宗教用具の需要は大きくなく、イノベーションもどんどんおこなわれる状況になかった。唐の国内の混乱があり、遣唐使も中止になり、日本の養蚕とシルクの染織はロール・モデルを失った。事情はよくわからないが、すでに平安時代に織部司はなくなっていたといわれている。平安時代から鎌倉時代にかけての養蚕とシルクの染織の事情はすこぶる不透明である。ただ、日本の養蚕とシルクの染織が途切れることはなかった。

　鎌倉時代（1192～1333）は武家政権の時代で、執権など権力中枢も、松下禅尼のエピソード等が物語っているように質素だった。身分の低い武士や農民は武骨であり、つつましい生活を送っていて、高級シルクとは縁遠い存在だったのではないか。ただ、上級武士の甲冑はきらびやかで、金属、皮革などとともに、高級シルクが使われていた。日本の上級武士は中国やムスリムの権力者ほどに豪勢ではなかったろうが、武具には強いこだわりがあった。甲冑や大刀などの武具は自己表現のツールでもあったからである。また、この時代を扱った時代劇でよく見る上級武士の晴れ着の水干はシルク製であった。やがてかれらは日常生活の中でも小袖などにシルクを用いるようになったと思われる。武士の妻女もシルクの着衣を望むようになる。そして、武士とその家族の世界でもシルク製品が好まれるようになる。鎌倉時代の終わり頃には、そうした状況になっていたと思われる。「鎌倉七座」のひとつは絹座であった。少しずつシルクの商品化がはじまっていたのであろう。ちなみに、そのための生糸やシルクの織物は国内産のものでは必ずしもなく、中国からの輸入品が多かった。

　王政復古をめざした後醍醐天皇の「建武の中興」（1334年）では、服飾規制がおこなわれている。武士は質素であるべきだというのか、律令国家の服制が念頭にあってのことか、鎧の直垂に蜀江の錦、呉綾、金砂、金襴などを用いてはならないとか、小袖に練貫、綾を用いてはならない、といった規制をした。なお、練貫とは練糸をよこ糸、生糸をたて糸に使ったシルクの布のことである。

こうした服飾規制、多分に奢侈禁止令はすでにふれたように、すでにローマ時代にみられ、日本でもあとでふれるように、江戸時代に幾度も出された。服には当然、保温機能や身体保全機能があるが、同時に、趣味、好みの問題でもあり、さらに自己表現、自己主張のツールにもなるという問題もある。豊かになり、余裕ができると、服装が様々の欲求を満たす手段として浮上してくる。為政者には既成の秩序を維持するため、服飾規制の必要が生じるのだろう。それに、富の国外流出を防ぐ問題もある。

　織部司が廃れたことについては、すでにふれた。その周辺の大舎人町や大宮で、独立した職人が貴族・僧侶・仏閣からの求めに応じ、また新興の権力者や富裕層の需要を充たすために染織を続けた。かれらは座というギルドを形成し、お互いに技を競い合うとともに、協力もし、共通利害のために結束をしたのである。特権も得ていた。しかし、権力者、富裕層はかれらの染織には満足せず、舶来品を求めることも多かった。室町幕府（1338～1573）の時代には、勘合貿易船によって、明の江南の金襴、紗、紋紗、緞子、ちりめんなども入ってきていたし、シルクの織物も多様化し、また豪華になっていた。こうした舶来品を輸入するための銀の国外流出は、無視できない規模にまで達していたと思われる。

　応仁の乱がおこり、京都が一時荒廃するが、また徐々に復興する中で、染織の人びとが西陣とよばれる地域に住みつくようになる。西陣とは西軍の山名宗全の本陣があったところで、今の京都市上京区のあたりをいう。そして、西陣は安土・桃山時代をむかえることになる。

　安土・桃山時代には服飾が一段とレベルアップする。龍村謙の『日本のきもの』（1966）には「桃山の大輪の花はここに満開」（龍村、48ページ）という表現があるが、その通りであろう。戦国時代に続く安土・桃山時代は旧制度・秩序が崩れたあとの束の間の解放感があふれ出た時代でもあった。経済的にも活気があった。九州豊後の大名の大友宗麟が見た1580年代前半の大坂城の様子が記録されている。宗麟は大坂城の規模の大きさに驚くのであるが、域内の随所にじつに多数の、また多様な上等の豪華なシルクが衣桁に打ち掛けられ、また長櫃に収められていたと記している。第III章でふれたが、ビザンツの大使イブン・シューマがバグダッドのカリフの宮殿で見たという光景を思い出してしま

う。豊臣秀吉もこの九州の大名に自分の権勢を城の規模とシルクの質量で誇示したのであろう。そして、これらのシルクの織物は西陣でつくらせたものもふくまれてはいたが、堺からの大金を支払った舶来品でもあったろう。

　江戸幕府（1603 ～ 1867）はいうまでもなく、武家政権であり、農業を重視した重農主義の体制をつくったことで知られている。いわゆる士農工商の世界である。しかし、すでにふれたように、商品経済への非可逆的な動きははじまっていたわけで、体制と実態との矛盾はやがて大きくなり、表面化する。とくに「泰平の世」となり、京大坂のほかに、人口 100 万人をこえる江戸という大都会が出現し、各地に城下町が形成されると、人びとの消費生活が本格化する。かれらに品々を届けるための商品流通が活発化すると、豊かな商人が生まれ、その豊かさが文学、芸能、工芸、そして服飾などの分野に反映してくる。消費生活をエンジョイするようになるし、ファッションも生まれてくる。その最初のハイライトが元禄時代であろう。

7　元禄時代からの発展

　シルクの需要が増える元禄時代頃から、国内各地で養蚕、シルク産業も盛んになる。人びとが欲する高級シルク織物には、白糸とよばれる中国産生糸が使われていたが、この白糸の長崎経由の輸入が増大し、金銀の国外流出が無視できないほどの量に達していたことも大きく、幕府も国内の養蚕の奨励をすすめるようになった。そして江戸中期になると、養蚕地帯は拡がり、北海道を除くほぼ全域でおこなわれるようになっていた。多くの藩も商品経済化がすすむにつれて、財政が逼迫するようになり、藩内の産業振興に力を入れる状況になった。養蚕とシルク産業の推進もひとつのその施策だった。

　成田重兵衛の『蚕飼絹 篩 大成』（1814）によると、「蚕業は営国々は東山道八ヶ国、并 武蔵甲斐加賀越前若狭三丹州几十六国也」（成田、321 ページ）とある。東山道とは近江、美濃、飛騨、信濃、上野、下野、陸奥、出羽の 8 ケ国、三丹州とは丹波、丹後、但馬の 3 ケ国のことである。さきの『延喜式』の頃と比べると（口絵7）、養蚕前線は北上し、陸奥や出羽に及んでいることがわかる。しかも、生糸の生産量は陸奥がもっとも多く、養蚕の規模も大きくなっていた。

　シルク製品のほうはどういう状況だったか。図表Ⅷ-3 は 1691 年、1732 年、

図表Ⅷ-3　元禄、享保、天明における全国絹製品の分布

時代 国	元禄4年 (『日本鹿子』)	享保17年 (『万金産業袋』)	天明期 (『絹布重宝記』)
山城	縫薄物・糸竹諸色染物・羽二重・撰糸・ちりめん・色糸	錦織・紗綾・ちりめん・羽二重	錦綾・諸織物羽二重・本紅・ちりめん
和泉	堺織		
丹波	和地糸		
丹後	撰糸・紬	丹後絹・太織	ちりめん・絹
但馬	綿・岩絹・糸		
伊勢	綿・紬		安濃津・縮子
近江	長浜糸・坂本糸・板絣綿	八幡綿・日野綿・丸岡綿	羽二重・ちりめん
美濃	糸綿・絹		ちりめん・撰糸
飛騨	綿・紬	紬・縞	
信濃		上田縞・綿	信州紬（真綿）
加賀	小松糸・撰糸・羽二重	加賀絹・丸岡絹・折敷肱綿	太織・絹・撰糸紬（真綿）
越中	白川糸		
越前	絹	御召綿・献上綿	
上野	日野絹・新田山田絹・糸綿	上州絹（藤岡）・秩父絹（ねこや）・中絹（高崎）・次絹または山絹（足利・伊勢崎）	ちりめん縮子類・絽・桐生竜紋・安中竜子・紗綾・富岡絹・結城紬（玉糸）
上野	絹		
下総	紬・結城紬島	結城紬	結城紬
相模		八王子・青梅より上田しま、八王子袴地・八丈すすし綿	八王子町への機業移植は文政年間
甲斐	郡内絹紬	郡内海気・綾・太織・袴地・綿	
武蔵	滝山・横山・紬島		川越絹・秩父絹（真綿）
陸奥	仙台紬		
岩代		福島絹・福島竜紋・ちりめん・ほし織・紋絹・福島綿	福島竜紋・福島絹

（出所）井上善治郎（1981）、養蚕技術の展開と蚕書、日本農書全集第35巻、456ページ。

天明年間（1781〜88）の各地のシルク製品の一覧表である。それぞれは別々の文献からリストアップされているので、必ずしも同じ基準で選ばれたものではなかろう。これをみると、西低東高になっていて、九州、四国でもむろん、養蚕とシルクの染織はおこなわれていたであろうが、ここには特産シルクの記載

はない。山陽地方もない。山城は断然、錦、綾などの高級シルク織物の産地の地位は揺るがないでいる。羽二重、ちりめんもつくられていた。天明年間は羽二重、ちりめんは丹後、近江、上野でも織られるようになっている。元禄時代から多くの地域で、綿、紬などがつくられていたことがわかる。『蚕飼絹篩大成』によると、ちりめんは近江の長浜で明和年間にはじめて織られるようになったとのこと（成田、315ページ）だが、ちりめんはすでに16世紀後半に西陣で織られていたという説もある。ちりめんは撚りの強い糸をよこ糸に使い、ソーダを入れた石けん液で煮沸して縮ませたシルクの布のことである。18世紀には近江（長浜など）、丹後（京丹後）、上野（桐生、足利など）等でも産出されるようになっていて、当時「一ヶ年に数十万端織出す」ほどになっていた。羽二重は上質の生糸で織り、練った純白のシルクで光沢があり、肌ざわりがよい。撰糸は薄手のシルクの織物で、羽二重に近い。その他、地名の付いた品物も少なくない（地域ブランド）。いまは中味がよくわからない品物もある。

　元禄時代にはシルクにとって、大きなイノベーションがあった。友禅染めがはじまったのである。シルクは一段と輝くことになる。友禅染めとは、文字どおり宮崎友禅という人物がはじめた、染めの技法である。宮崎友禅は扇絵師であったが、「扇のみか小袖にもはやる友禅染」めということになった。シルクの織物はどちらかというと、先染めであり、あらかじめ染めた様々な色糸・銀糸・金糸をたて糸やよこ糸に使って、織技で勝負するものであったが、友禅染めの登場によって、描く複雑な絵の美しさ・文様も、シルクの織物の価値を決めることになる。友禅染めでは、生地を染料に浸すのではなく、ひとつひとつ職人が模様を描き、染める（本友禅）。職人はじつに多彩な色を使って、自由な筆致で、人物、花鳥、草木、山水などについて絵画のような表現をする。友禅染めは染料のにじみを防ぐため、水溶性の糊を使うのが特徴である。洗えば糊は落ち、鮮明な文様が出る。ちなみに、職人が一々絵を描いていると、コスト、時間がかかるので、今日では模様を彫った型を使うことが多い（型友禅、型染め）。

　注目すべきは、元禄の頃から、養蚕指南の本が増えてくることである。当初は中国の指南書が出版されたりもしたが、農民には読みづらいことが多く、上垣の『養蚕秘録』や成田の『蚕飼絹篩大成』など多くの養蚕指南の書が世に出ることになった。『養蚕秘録』などは大部の書物であって、日本や中国の大昔

図表Ⅷ-4　『養蚕秘録』

（注1）　表紙右側には「此書は和漢蚕の始り并
　　　　（ならび）に諸国蚕養ひかたの秘事絵す
　　　　かたにあらわし」、左側には「歳々（と
　　　　しどし）上作（じょうさく）の飼ひかた
　　　　益（えき）ならんことをしるす」と記さ
　　　　れ、この本の主旨をのべている。
（注2）　この図表は『日本農書全集』第35巻収載
　　　　の『養蚕秘録』表紙である。底本は東京
　　　　農工大学付属繊維博物館所蔵。

からの養蚕の歴史をのべている
（図表Ⅷ-4）。また、養蚕のやり方、
「秘訣」を絵図を使って説明し
ている。なお、『養蚕秘録』は
1848年にフランス語訳がパリ
とトリノで出版されている。
1891年の農商務省農務局纂訂
『農事参考書解題』には840点
余の解題のうち、蚕、桑関係の
ものが20点、部分的に触れた
ものが6点あるという（井上
〔1981〕、466ページ）。

　これらの養蚕指南書は当然、
19世紀のヨーロッパの場合の
科学的・実証研究にもとづいた
ものではなく、養蚕経験豊かな
篤志家の手で書かれている。し
かし、養蚕とシルクの発展をき
っかけにして、また養蚕指南書
の相次ぐ刊行によって、養蚕、
桑、かいこ蛾、製糸の改良が全
国的にすすむようになった。上
垣守国などは養蚕についての講
習会まで開催していた。図表Ⅷ-5は『養蚕秘録』の中の「守国里俗に採桑の
秘事を口授す」とある絵図であって、自著に自分の口授光景を載せている。

　養蚕指南書には、合理的思考、計算思考が流れていて、養蚕を通じそうした
思考が農民の身に付いたのではないか。とくに成田重兵衛の『蚕飼絹篩大成』
がそうである。全体を合理的思考、計算思考が貫いているし、さらに収益計算
への志向性すらみられる。たとえば、こんな説明がある。奥州産の蚕紙1枚で
20畳分のかいこを上蔟する。1畳分のかいこがつくる繭は600匁であり、20

図表Ⅷ-5　上垣守国が村人に養蚕法を口授している絵図

畳分だと、繭はおよそ12貫目になる。1畳分のかいこに与える桑の葉の量は8
貫500匁である。春蚕のときの桑1貫目の値段は10年平均でおよそ銀1匁で
あり、夏蚕の場合はおよそ銀8分である。ただ、桑の葉が不足する年には、1
貫目につき銀が2匁あまり高くなることがある。桑摘の手間はひとり10貫目
が標準であり、桑摘の手間賃は桑1貫目についておよそ銀2分である（成田、
280、281ページ）。

　また、土地がせまい場合は、春蚕だけでは収益がひくいので、秋蚕、夏蚕も
手がけるという工夫をして、今日でいう回転率をたかめて、桑畑の少ない土地
でも多くの収益をあげる方法を考えなければならない、ともいう。『蚕飼絹篩
大成』はこうした収益を上げる方法を教示するものである。それは養蚕技法論
というよりも、養蚕経営論であって、江戸時代に、こうした本が上梓されてい
たのは驚きである。

　しかし、商品経済化の進行は、重農主義的な幕藩体制とは相容れないもので
あり、この体制を維持するためには、様々な延命措置を講じなければならない。
そのひとつの重要な措置が奢侈禁止令であり、服飾規制であった。人目を引く
華美な、高価なシルクの着用は目の仇にされた。身分相応の服を着なさい、分
際をこえた華美、贅沢は慎みなさい、ということであった。江戸時代のスター

トから100年ほど経った頃には幾度も、ヒステリックにこれが発動された（たとえば、1713年、1724年、1744年、1789年など）。ただ、古今東西、奢侈禁止令、服飾規制は一時的な効果はあるかもしれないが、長い目でみると、効き目はないものである。時代の流れを止めることはできない。しかも、この流れは日本だけのものではなかった。中国でもヨーロッパ諸国でも、またアメリカでも、産業化に伴って、人びとの生活水準が少しずつ向上し、シルクの需要が大きくなるという動きに、ブレーキをかけることは不可能だった。

第IX章

日本の養蚕・シルク産業の隆盛と衰退

1　開国までの状況

　第Ⅷ章では、中国から日本へと養蚕とシルクの染織がいかに伝わり、この国でどのように定着し、発展したかについて江戸時代末期までの状況を取り上げた。それらの伝来はおそらく紀元前のことであり、現在までのところ、その時期を特定することは困難だということであった。3世紀に倭の女王卑弥呼が魏に使者を送り、「倭絹」を献じているわけだから（238年）、この頃までには日本でも養蚕とシルクの染織がおこなわれるようになっていた、とみてよいであろう。

　古代国家では、その国でどんなシルクがつくり出せるか、つくり出しているかは、着衣の問題をはるかにこえて、国威、国家権力の具体的な表現形態の問題ならびに国富に直結した事柄だと考えられていて、日本の古代政権もそう考えていたから、その普及とレベルアップに精力的に取り組んだ。7世紀の大化の改新では生糸、綿、絁（ふとぎぬ）を調として物納させるほどに、それは一般化していた。役人の給与もシルクで支払われていた。服制にもシルクの規定があり、かいこ蛾は律令国家の重要な構成部分になっていた。『万葉集』にも、かいこ蛾、養蚕、シルクに関する庶民の歌がいくつかあり、それらは一般の人びとにもなじみのあるものになっていた、と思われる。

　しかし、平安時代になり、律令制度が形骸化し、衰退するとともに、養蚕とシルクの染織に対する国家の関心は薄れていった。それらは強烈な国家的関心事ではなくなったが、養蚕はずっとおこなわれたようである。平安時代、鎌倉時代、室町時代において、宮廷人や高位の僧侶や上級武士や富裕層などの日常生活の中にシルクは入り込み、より高級なものが求められるようになっていった。ただ、そうした高級品は、素材である生糸ともども舶来物に頼らざるをえ

なかったようである。すでに鎌倉時代から奢侈禁止令は出されていた。舶来物は日本の織物職人にとって刺激になったと思われる。安土・桃山時代にはそうした職人が西陣に定住し、貴族・高位の僧侶・上級武士・富裕層などの求めに応じ、錦、綾、緞子などの高級シルクをつくるようになっていた。

　江戸時代も元禄の頃には、人びとの生活も一段と豊かになり、またより広汎な人びとによってシルクが求められるようになる。シルクの染織も盛んになり、各地にシルクの織物産地もでき、養蚕がひろくおこなわれるようになる。上垣守国の『養蚕秘録』(1803) のような手引書も出版され、養蚕なり染織の改良もどんどんすすめられた。江戸時代の中期以降、日本は養蚕と染織において相当の水準に達し、そのポテンシャルもかなりのところまできていたのではないか。開国というきっかけによって、ポテンシャルなものが一気に表に出た、といえるのである。

　幕末から明治維新にかけての、つまり1850年代と60年代の日本のシルク産業の枠条件の大きな変化、変革の最たるものは、対外開放、「開国」である。それは「外圧」による。アメリカ、イギリス、フランス、それにオランダからの「砲艦外交」のような威圧的要求があってのことである。大きなきっかけはアメリカの東インド艦隊の1853年と1854年の来航で、司令官のペリー (M. C. Perry, 1794-1858) は幕府に対し難破船の保護、食料・燃料等の補給のための開港、それに通商（交易）を求めた。1854年に日米和親条約が締結されたが、この段階では、通商に関する条項はなかった。同年、日英約定も結ばれた。

　ところが、これらの国の本来のねらいは日本との通商であったから、これで収まるわけではなかった。アメリカの初代駐日公使ともいうべきハリス (T. Harris, 1804-78) はしつように経済・通商の門戸開放を求め、ついに1858年に、日米修好通商条約が締結された。それは交易のために神奈川、長崎、箱館、新潟、兵庫を開港すること、江戸と大坂の開市などを内容とするものであった。同じような修好通商条約がイギリス、フランス、ロシア、オランダとのあいだでも結ばれた（安政五カ国条約）。よく知られているように、国内にはこうした門戸開放に反対する、そもそも外国人を毛嫌いする攘夷派の大勢力があって、天皇の承認なしに修好通商条約を締結した幕府に対する大反発とも相まって、また各国それぞれの戦略的思惑も絡んで幕末の政治的激動期をむかえ、ついに

1868年に江戸幕府は瓦解する。

　そして、この対外開放によって、もっとも大きな影響を受けたもののひとつが、養蚕とシルク産業ではなかったか。前章でのべたように、日本の養蚕とシルク産業は元禄時代から拡がりをみせていたが、少なくとも養蚕は対外開放直後の外需の牽引で盛んになったものであり、生糸の輸出比率は非常に高かった。日本の養蚕は量的にも質的にも、外需によって発達したわけで、この部分の発達がシルク産業全般にもひいては日本の産業化そのものにも、大きなインパクトをあたえることになった。

　それにしても、欧米の関係者のあいだで、日本の養蚕事情はどの程度、知られていたのだろう。フランス、イギリス、イタリアなどの関係者は、中国や日本が養蚕国あるいは潜在的な養蚕大国であることを、よく承知していたであろう。上垣守国の『養蚕秘録』は、日本の開国前の1848年にパリとトリノでフランス語訳が出版されたりしていた。1855年にはパリで第1回万国博覧会の開催があり、江戸幕府、薩摩藩が参加した。まして、この頃ヨーロッパ等ではペブリンが大流行していて、養蚕は大きな打撃を受け、生糸が品薄で、高騰しており、中国などが新たな供給先として注目されていたときで、日本にも大いに期待するところがあったのかもしれない。ちなみに、ペブリンの流行は、また日本にも知られていて、第Ⅴ章でふれたように、江戸幕府は1866年に、フランスのナポレオン3世（Napoleon Ⅲ, 1808-73）に蚕紙1万5000枚を贈っている。

2　開国後の日本の養蚕と製糸

　横浜の開港は1859年7月1日である。当初は神奈川を開港するといっていたのに、横浜に変わったのは、神奈川が東海道の宿場で人の往来が多く、不測の事態がおこることを心配したからだという。横浜は戸数57の淋しい漁村だったが、早速にアメリカ、イギリス、オランダ、フランスなどの商館が現在の中区山下町あたりにできた。そこへ日本人が生糸をはじめ様々の品物を売り込みに行った（図表Ⅸ-1参照）。生糸についていうと、当初は道路に油紙を敷いてその上に生糸を並べて外国人との商いをしたともいわれている。

　横浜での交易では、蚕種や生糸のウエートが大きくなった。横浜では両者が断然売れ筋だった。神戸などを圧し、横浜での生糸取引が大きかった。神戸で

図表Ⅸ-1 横浜の居留地での取引

横浜本町5丁目にあった石川生糸店前の光景。この絵は「横浜開港見聞誌」に載っていたもの。『日本蚕糸業史』Ⅰ、82ページ。

の取引が拡大するのは、1923年9月の関東大震災で横浜が大きな被害を受けたためである。横浜の優位性は、政治・経済の中心である江戸に近く、また背後に埼玉、群馬、山梨、長野、福島などの主要な養蚕地帯・生糸の産地が控えてあったからであろう。八王子近郊には絹箱を横浜に向け運んだという「絹の道」も残っている。

　横浜での生糸取引が拡大すると、日本人の関係商人も同地に店を構えるようになる。雑貨商いの店に交じって、いわゆる「売込問屋」も店を構えた。生糸の「売込問屋」の主（あるじ）はむろん、横浜出身ではなくて、江戸や地方の生糸産地の人物であって、開港の翌年にはすでに90店近くあったといわれている。中居屋重兵衛、芝屋清五郎、高須屋清兵衛、原善三郎といった人物が知られている。外国商館への日本生糸の売込で産をなした。「売込問屋」の中には、地方の荷主を宿泊させたりもして、そうした建物・部屋を用意しているところもあった。「売込問屋」は外国商館と地方の製糸業者のあいだに立って、取引をまとめ、利益を上げていたわけであるが、外国の生糸についてのニーズを後者に伝えたり、商売のアドバイスをしたり、日本の地方の生糸事情を前者に教えたりもしていた。さらに、かれらは製糸業者に資金を提供して、製造問屋のような役割

も演じていた。ここらの横浜での取引システムは、第Ⅱ章でふれた1850年代の中国の生糸貿易のタイプに似ているのではないか。イギリス、フランスなどの上海租界に外国商社があり、中国のシルクの大問屋（アカウンティング・ハウス）や商人・商社がそこに売込をするという構図があった。生糸だけでなく、蚕種の取引も盛況だった。

　横浜での蚕種や生糸の取引は活況だった。欧米では品薄になっていたし、日本の生糸は品質に問題はあるにしても、安価だったから売れた。売込問屋は大きな利益を得たし、産地から生糸がどんどん横浜へと運ばれた。国内にそれが回らなくなるといった事態までおこった。その間、悪どいやり方もあった。蚕紙に菜種を貼り付けて売るとか、箱の上のほうに上等の生糸を置いているが、下のは粗悪品だったといった、まともでない商法である。その後、生糸の輸出はどんどん伸びて、蚕糸業は日本の重要産業になっていくわけであるが、蚕種のほうは手っ取り早く提供できることもあって、一時的に輸出は拡大したものの、供給過剰になり、一再ならず横浜の公園で処分されたりした。それに、いまのべたような、インチキ商法もおこなわれて信用を落としたのも、不振の一因だった。加えて、第Ⅳ章でふれたが、イタリア、フランスでの日本の蚕種から孵化したかいこのパフォーマンスは必ずしも高くはなかった。

　「売込問屋」の中には大儲けする者が続出した。そのひとりが中居屋重兵衛である。群馬県の出身で江戸で働いたあと、横浜にやってきて生糸取引をはじめ産をなし、「銅葺の宏壮華麗な大厦を建築し豪奢を極めた」生活を送っていたが、禁制を犯したかどでその家屋をふくめ財産が官没になり、本人は捕縛されたとも伝えられている。中居屋重兵衛と対照的なのが、原善三郎の店で、そのあとを引き継いだ原富太郎（三渓）はその財力で横浜のメジャーな観光スポットになっている三渓園をつくったことで知られている。三渓園には17万5000平方メートルの広大な敷地に、重要文化財10点をふくむ貴重な建築が点在している。原富太郎は1902年に富岡製糸場も三井から買収し、その他の製糸場経営にも乗り出した。かれは後年銀行頭取を務めるなど「売込問屋」、アカウンティング・ハウスの域をこえて大実業家になった。

　輸出は居留地貿易で、「売込問屋」と外国商館を通じておこなわれることが多かったが、早くから居留地貿易でなく、直接向こうに売ることもこころみら

れた。とくに軽くて持ち運びができる蚕紙、蚕種はこれがやりやすかった。1878年に秋田県の川尻組がトリノで店を開き、蚕種を売ったともいわれているし、1879年には群馬県の田島善平たちがミラノに販売店を出したともいわれている。ただ、これらの店は長続きはしなかった。大手の製糸会社も直輸出をこころみた。たとえば、片倉工業は1924年にニューヨークに出張所を設け、直輸出に本格的に乗り出した。大手が乗り出したことで、生糸の直輸出のウェートは大きくなった。

　当初、生糸にしても蚕種にしても、日本の輸出は場あたり的なものであった。ただ、これを反省し、改善の方向を見出すのに、それほど時間はかからなかった。日本の生糸はロンドン市場での評価は低かったうえに、場あたり的な輸出や、とりわけ悪どい売り方をやっていたのでは、日本の生糸の世界的評価はますます低下しかねないという心配があった。蚕種の輸出ブームも一時的であった。日本の養蚕・製糸は開国をきっかけに、とりわけ明治維新を機に、イタリアやフランスのモデルを参考に、その改革に取り組むことになった。それは粗悪品・インチキのチェック、品物の検査、品種の選定・養蚕法・製糸法の改善、研究、人材育成など多方面的にわたり、またしばしば根本的なものであって、官民挙げて、つまり業界だけでなく、国や自治体も大いにコミットした改革であった。これは養蚕農家や蚕糸業者や流通業者だけでなく、公的機関も関与した養蚕・蚕糸の広汎な産業クラスターをつくり上げる、実際にまた、つくり上げたことを意味する。とりわけ明治政府は日本の古代政権と同様に、養蚕と製糸に強烈な関心をもち、その向上に熱心に取り組み、そうした産業クラスターをつくり上げた。政権の生糸・シルクへのこだわりが復活したわけである。

3　養蚕改革

　まずは、民間の動きを取り上げる。良質の生糸を手に入れるには、優秀で健全なかいこ蛾を飼育する必要がある。このためには、いうまでもなく養蚕方法を改善しなければならない。すでにふれたように、養蚕がおこなわれるようになってから、その間改善も絶えずなされてきたが、江戸時代中期から、養蚕が広まり、盛んになって、養蚕方法に関するテキストの出版も増え、改善のための様々な提案も多くなった。幕末から明治にかけても、「清涼育」「清温育」な

どの養蚕方法が唱えられ、注目を集めた。

　前者は伊勢崎の蚕種業者の田島弥平が提案したもので、かいこを清潔で、とりわけ風通しの良いところで飼育すべきだという。こうした点から蚕室、家屋の工夫をするのが重要である。「清涼育」の家屋は図表Ⅸ-2のようになっている。1階が住居、2階が蚕室であるが、その大きな特徴は越屋根であって、その部分にも窓があって、換気ができるし、窓の開き具合で換気の調整もする。田島弥平は『養蚕新論』（1872）、『続養蚕新論』（1879）を出版したこともあり、「清涼育」は評判になり、多くの養蚕農家に影響を与えた。残存している養蚕農家の建屋は「清涼育」式のものが多い。明治になってから、田島弥平は皇室の養蚕も指導したといわれている。かれの旧宅はあとでふれる富岡製糸場とともに、絹産業遺跡群のひとつとして世界遺産に指定されている。

　同じ上州（群馬県）の高山長五郎も民間の養蚕改革家のひとりである。高山家は上州高山村の名主であった。長五郎も土地柄、養蚕問題に熱心に取り組み、田島弥平の「清涼育」の影響を受けながらも、換気とともに、温度にも留意すべきだとする「清温育」を主張した。「清温育」でも建屋の仕掛けが重要であるとされる。「清温育」の家屋は口絵8のようになっている。換気を重視することで、「清涼育」の建屋と同様に、2階に蚕室を設け、越屋根をつくった。これとともに1階に囲炉を設け、天井の板を簀子状にして、その暖気が2階部

図表Ⅸ-2　田島弥平旧宅

（出所）伊勢崎市ホームページ（https://www.city.isesaki.lg.jp/kanko/rekishi/isan/5418.html）。

分に上るようにしたり、2階に火鉢を置いたりした。また、埋薪とよぶ温暖化の方法があって、たとえば「清温育」の影響をうけた山形県鶴岡市の松ヶ岡開墾場の蚕室では、この暖房法がとられていた。埋薪とは床下に生木を敷き、その上からあくをかけ、炭火を置く。生木が少しずつ燃え、長時間の暖房ができる。エアコンがない時代の養蚕法である。

　高山長五郎は「清温育」を学校をつくって、大勢の人びとに伝授しようとした。1884年設立の高山社がそれである。全国から研修生が集まり、中国や朝鮮半島からもやってきて、延べ2万人以上が「清温育」を学んだといわれている。さらに、優秀な修了生を養蚕教師として全国各地に派遣するシステムをつくった。ちなみに1899年に「実業学校令」が公布され、はじめて日本の公的な実業教育制度ができて、農学校・蚕業学校がスタートするのであるが、「甲種蚕業学校」6校のうち、ただひとつ私立だったのが、高山社の「私立甲種高山社蚕業学校」であった。

　藤岡市にある高山社跡も富岡製糸場、田島弥平宅とともに、絹産業遺産群のひとつとして世界遺産になっている。明治のはじめから中期にかけても、田島弥平や高山長五郎のような篤養蚕家が様々な地域で活躍していたと思われる。また養蚕と製糸が地理的に拡がるにつれ、各地でその勉強のための団体が立ち上がり、継続的な勉強会やスポットの講習会も開かれた。しかし、明治時代の養蚕・製糸は、経験にもとづく改善法から、ヨーロッパの科学的知見に裏づけられたやり方、つまり科学的実証主義に軸足を移していたように思う。たとえば、蚕体解剖、かいこ蛾の生理・病理、製糸工学、科学的桑樹栽培に関する知見がどうしても問われることになるのではないか。それらに通じた人材の育成や、科学的研究が必要になってくる。そして、これらの事柄は民間というよりも、国や自治体のしごとであった。

4　養蚕教育

　こうした実務の科学化や人材育成は、当時の日本で養蚕と製糸だけでなく、広範囲の分野で必要不可欠になっていたのではないか。1899年に「実業学校令」が発布される何年も前から、こうした学校を開設する必要性は痛感されていた。農業や養蚕の分野では、1895年に7条からなる「簡易農学校規程」が

でき、「簡易な方法により農学教育を施さんと」しようとした。いかにも「応急措置」である。設置者は県でも郡でも組合でもよく、修学年限、学科なども自在だった。各地に簡易農学校ができたという。そして4年後に「実業学校令」が発布され、日本での新しい実業教育システムがスタートする。

　この法令で全国に農学校とともに、蚕業学校が設置されることになった。甲種と乙種があって、前者の入学資格は高等小学校卒で、修学年限は4年、後者のそれは尋常小学校卒で、修学年限は3年以内ということであった。1907年において甲種蚕業学校は6校、乙種のほうは41校であった。前者は福島、群馬、山梨、長野、静岡、兵庫の各県にそれぞれつくられた。いずれの地も、当時養蚕と製糸の盛んなところだった。さきにふれたように、群馬の「私立甲種高山社蚕業学校」を除くと、他はすべて公立だった。甲種と乙種いずれも、科学的知見にもとづいて蚕体解剖、かいこ蛾の生理・病理、近代的製糸法、植物学による桑樹栽培法などの科目が設けられ、また実習もおこなわれていた。明治から大正にかけて日本の養蚕・製糸地帯では、このような若い人材の育成がみられた。そうした人材を育てる教員の養成もなされていた。

　また、養蚕と製糸の高等教育も実施されるようになった。一番もととなる組織は1870年代前半にできた東京の内藤新宿（現在の東京都新宿区）の農事修学場のようであるが、組織の名称変更、所在地の移転、組織事業の分化と統合をくり返し、あとでふれる検査・試験・研究の組織と、教育・講習等のものとに大きく分かれ、それぞれに蚕病試験場と蚕業講習所ができる。後者のスタートは1896年であり、入学資格は中学校卒業程度、修学年限は3年（当初は2年）だった。入学者数は少なかったが、就学生はここが1914年に養蚕科、製糸科、教婦養成科をもつ東京高等蚕糸学校になり、さらに東京農工大学へと発展する。東京から3年おくれて京都にも同程度の蚕業講習所が設けられる。京都工芸繊維大学のもとになる組織である。さらに1910年には、長野県上田市に上田蚕糸専門学校が設置され、養蚕、製糸、紡績の学科が用意された。のちに、これが信州大学繊維学部になる。こうした高等教育機関の卒業生がやがては明治末期、大正時代、さらに昭和時代の日本の養蚕、製糸、織物をリードすることになり、シルク産業を発展・飛躍させる原動力になった。

5 調査研究、試験、検査

　日本のシルク産業の近代的発展は、養蚕・製糸・織物についての科学的な調査、研究、試験なくして成り立たない。近代産業を成功裡に立ち上げるには、経験も大切だが、科学的知見を大いに活用しなければならない。こうした調査・研究・試験は民間の組織でもおこなったが、成果を得るのに相当の時間を要するし、カネもかかるために国が大きく関与することが必須である。国がいわばシルク産業クラスターの中に入り込み、機関・組織を設けて調査・研究などをおこなうことになる。まして、国策としてシルク産業を振興しようということであれば、なおさらのことである。幕末から明治のはじめにかけて、先進のシルク事情の視察のためフランス、イタリアなどに調査団が派遣されることが幾度もあった。具体例は挙げないが、特定課題を与えて役人等をヨーロッパに留学させることもあった。

　1870年代前半に内藤新宿に農事修学場が設けられたことはすでにふれたが、これに関連して1884年に蚕病試験場ができた。良質で均一の生糸を得るには、優れた蚕種から健康なかいこを飼育することが不可欠だが、かいこ蛾は第Ⅰ章でふれたようにじつに病弱だし、当時ペブリンの流行もあって、かいこ蛾の疾病には養蚕業界は神経質にもなっていたという事情があった。

　その後、かいこ蛾の品種問題がトピックになった。良質で均一の生糸を確保するには、優秀なかいこ蛾をベースにした養蚕をおこなう必要がある。しかも、これは個々の養蚕家の問題である以上に、生糸の輸出拡大という観点からすると、日本の養蚕全体の課題になる。優れた原蚕種をつくり出し、国内の養蚕家にそれを配布する。1911年に、こうした意図で原蚕種製造所ができる。その後、愛知県一宮、熊本、前橋、綾部、松本、福島に支所も設けられて、全国各地の在来種と、中国、フランス、イタリアの品種について比較をおこない、また交雑種をつくって、これらも比較の対象とし、優良とみとめた品種を養蚕家に配布する事業をおこなった。そのうち、原蚕種製造所の外山亀太郎が、日本と中国との一代交雑種のパフォーマンスが一番良いことを見出し、この品種を原蚕種として配布することがはじまった。

　第1次世界大戦がはじまった1914年には、「原蚕種の製造及配付」だけでな

く、「蚕糸業に関する試験及調査」もひろく手掛けるという意味を込めて、原蚕種製造所は蚕業試験場と名称を変えた。試験場には桑樹部、生理部、病理部、製糸部、化学部が置かれ、ひろい範囲にわたっての試験、研究、調査がおこなわれた。1925年に農商務省は農林省と商工省に分かれ、蚕業試験場は前者の所管になった。

　ちなみに、蚕業試験場は1938年に蚕糸試験場に名称が改められた。「国立試験場において貯繭、煮繭、繰糸等の技術及び機械その他の設備並びに製糸能率等について、最新科学による学理的試験を行い、その結果を実験工場に移して実際的応用試験を行う」ことになったためである。つまり、従来からの桑樹や養蚕に加えて、製糸に関する調査研究・試験をおこなうことになったわけである。背景には、麻、コットンなどの天然せんいに加え、人絹、スフなどの新素材によるせんいが登場してきて、シルクの織物のあり様が問われるようになったという事情があった。蚕糸試験場は第2次世界大戦後も1980年まで、東京都杉並区の青梅街道ぞいの場所にあった。

　養蚕の振興には、国や自治体その他がシルク産業クラスターの中に入って調査・研究・試験のための科学的機関をつくり、優良な品種、疾病の予防、よりよい養蚕法を見出していくことが重要であるが、同時にその成果物たる繭、生糸、織物のチェックも大切な事柄であって、とりわけ生糸には品質にバラツキがあり、良し悪しがあって、取引上のトラブルも少なくなかったため、以前から客観的な検査機関を設けようとする動きがあった。

　第Ⅳ章でふれたように、イタリアのヴェネツィアではその織物を自らが検査し品質の保証印を押していた。またフランスのリヨンでも1779年に私立の生糸検査所を設けて、生糸のチェックをし、格付けをするようにしていた。同検査所は後に公立になった。イタリアのトリノはもっと早く、1750年に生糸検査所をつくっていた。

　日本では開国で生糸輸出がはじまると、たちまちそのチェック問題が浮上した。すでにふれたように、粗悪品の輸出やインチキが横行して、日本の生糸に対する信頼が大きく揺らぎかねない事態が生じたからである。日本の場合は、粗悪品、インチキ商売をシャットアウトし、日本の生糸の評価、信頼を高めるという動機がつよかった。

1873年に「生糸製造取締規則」をつくり、生糸の荷には印紙を付け、製造者の住所・名前を書かせるようにした。また、横浜や神戸に生糸改会社を設立し、生糸の売買の際には検査を義務づけた。ただ、事態はあまり改善されなかったため、3条からなる「生糸検査法」を制定し、横浜と神戸に国立の生糸検査所が設けられることになった（神戸のほうは数年後一旦廃止）。生糸を売買する内外人は生糸の検査を求めなければならないとし、その手数料は無料とした。その検査で品質を評価し、数量を確定する。関東大震災で横浜が甚大な被害を受け、生糸輸出がダウンし、神戸が浮上すると、神戸の生糸検査所が復活する。日本の生糸輸出は生糸検査があってこそ伸びたように思う。

　なお、明治後半になると、織物産地でも生糸検査所を設ける動きが出てくる。いずれも県立である。まず、石川県が、ついで京都府などが生糸検査所をつくった。おそらくその動機はトリノ、リヨンなどと同様であって、当事者が生糸の品質についての認識を共有化することによっての生糸取引の円滑化、スピード化それから品質保証であったろう。

　以上のような書き方をすると、明治以降の日本の養蚕・製糸はいかにも官主導で発展したようにみえるが、民間の個々の養蚕農家や製糸場、その団体の努力も大変なもので、とりわけ民間団体の果たした役割も大きかった。1892年には任意団体として各県に支会をもつ大日本蚕糸会が設立され、この業界の振興・発展のための研究開発、研修・交流、啓発、功労者表彰などの事業をおこない、今日にいたっている。

6　フィラチュア設立のこころみ

　明治初期の養蚕と製糸の分野での最大のインパクトは、なんといってもフィラチュアの導入であろう。この頃までの日本の生糸はすべて座繰りであって、各地で零細な、あるいは小規模なロットでつくるものがほとんどであった。当然に品質でもデニールでも非常にばらつきがあった。太目の糸が多かった。しかし、そうした日本の生糸に海外市場が開け、フランス、イタリア、中国の生糸と競争する事態になって、他と競争しうるために克服しなければならない自らの生糸の弱み、問題点が明らかになった。それは品質の向上であり、均一性の確保である。どうやらイタリア、フランスでは、そして中国でもフィラチュ

アによる生糸づくりがはじまっており、それが製糸の新しい動向であり、フィラチュアによって生糸の品質向上、均一性が大いに進むということも判明した。日本でもフィラチュアづくりに向けた動きが具体化していく。

　1870年代になって、日本ではいくつかのフィラチュアが立ち上がる。中国で陳啓沅が広州で最初のフィラチュアをつくったのとほぼ同時期である。横浜開港が1859年だから、その約10年後には日本人はフィラチュアをつくり上げたことになる。ただ、農家での伝統的座繰りからフィラチュアへという道筋の中間に、組合製糸というのがあるのかもしれない。群馬県では養蚕農家が座繰りで糸を紡ぎ、それらを組合の共同作業場に持ち込んで揚返しをおこない、その際に生糸のチェックをして、均一化をはかるようにした。つまり、綛の生糸の品質ができるだけ均一になるようにして、輸出生糸の要件をクリアしようとこころみた。甘楽社、下仁田社、碓氷社等がこうした仕方で生糸の品質の均一性を確保しようとした。これに対し、フィラチュアはもっと前段階で、繭から生糸を紡ぐところで品質の均一性をはかる。おそらく一番最初のものは、1871年に前橋藩（藩主は松平直克）が設けたフィラチュアである。前橋藩の領地はすでに養蚕と製糸が盛んだったし、輸出もはじまり、国外市場に関する情報をもっていたので、フィラチュア建設の必要性を痛感していたのだろう。前橋藩では神戸にいたスイス人のミューラー某を招聘し、この人物の指図を受けながら、フィラチュアをつくった。スイスもチューリッヒやバーゼルとその周辺は養蚕、製糸、織物づくりで知られていたが、ミューラーはイタリアで製糸のしごとに携った経験の持主であって、イタリア式のフィラチュアをよく知っていたといわれていた。当初は繰糸機（ベイジン）は12、器械は木製で、動力は水車だった。いかにも小規模で、実験工場のようなものではなかったか。このフィラチュアは1871年の廃藩置県によって群馬県営となり、その後いく度か所有者が変わった。今はもう何も残っていない。

　東京にもフィラチュアが設けられた。ひとつは京都の商業資本が立ち上げた小野組の手で、築地入船町に1870年にフィラチュアが竣工し、翌年操業をはじめた。民間の製糸場である。当時は東京にも方々に桑畑があったという。こちらも前橋のミューラーが協力したというから、イタリア式のフィラチュアであったろう。器械は木製で60人ほどの女工を雇っていた。ただ、経営はうま

くいかず、2年後にこのフィラチュアは閉鎖され、小野組も倒産してしまう。東京には、もうひとつ工部省の手で赤坂葵町に1872年にフィラチュアがつくられ、翌年操業をはじめた。当初の繰糸機（ベイジン）の台数は24（のち48）、動力は水車だった。このフィラチュアでは芝西久保明船町で桑栽培、養蚕もやった。ただ、東京のこれら2つのフィラチュアも今は跡形もなくなっている。

7　官営富岡製糸場

　日本のシルク産業史、いなその近代産業史を語るとき、官営富岡製糸場にふれないわけにはいかない。群馬県富岡市に立地するこのフィラチュアは、前述のフィラチュアとはちがい、当時の姿に近い状態で残存しており（口絵9）、2006年には国の重要文化財に指定され、2014年には世界遺産に登録されたことで、またこの年に建物の一部（繰糸所、東置繭所、西置繭所）が国宝に指定されることになって、観光スポットにもなり、大勢の人びとに知られることになった。そうしたこともあって、富岡製糸場に関しては、たくさんの研究・解説書がある。ここではごく簡単な説明にとどめるゆえんである。

　官営富岡製糸場の操業のスタートは1872年であって（1876年に富岡製糸所に名称変更）、前橋藩のフィラチュア創設の1年後である。内務省勧業寮の所管で、国力を挙げて建設した。前述のフィラチュアとちがい、規模も格段に大きかった。女工の数は400人規模だったから、陳啓沅のフィラチュアの600〜700人には及ばないが、相当の人的規模である。繰糸機は300台だった。創設諸費用の19万8572円は、「突飛の高値」（『日本蚕糸業史』II、496ページ）であり、シルクの製糸にかける日本政府の意気込みが感じられる。前述のフィラチュアに対する富岡製糸場の特徴は、それがフランス式であった点である。横浜にいたフランス人のP. ブリュナーと契約し、その指導下で建設をすすめた。器械はフランスから取り寄せた。器械は金属製で、動力はスチームだった。この製糸場で働いた和田英（1857-1929）の『富岡日記』（1927）には、彼女がはじめて作業場に足を踏み入れたときの印象が記されている。

　「この繰場の有様を一目見ました時の驚きはとても筆にも言葉にも尽されません。第一に目に付きましたは糸とり台でありました。台から柄杓、匙、朝顔二個（繭入れ、湯こぼしのこと）皆真鍮、それが一点の曇りもなく金色目を射るば

かり。第二が車、ねずみ色に塗り上げたる鉄、木と申す物は糸枠、大枠、その大枠と大枠の間の板。第三が西洋人男女の廻り居ること。第四が日本人男女見廻り居ること。第五が工女が行儀正しく一人も脇目もせず業に就き居ることでありました」(和田、22ページ)。ちなみに、当時のフランス式のベイジン、繰糸機はもう富岡には残っていない。長野県の岡谷蚕糸博物館に1台だけ大切に保存されている。

　和田に限らず、当時の日本人は金属製の器械がズラリと並んだ作業場など見たことがなかっただろう。その頃の日本には機械工業などなかった。作業場に外国人がいることも、ほとんどなかったのではないか。ブリュナーは製図工、銅工、器械工、検査人、医師など14人の外国人を連れてきていた。それから、ここの工女は『女工哀史』『職工事情』等からイメージされる女工とはちがっていた。和田は信州松代藩の藩主の子女だったし、ほかにも士族出身の工女も少なからずいた。明治政府が、養蚕と製糸を廃藩置県による士族授産事業の重要な領域だとしていたからである。たとえば、国の史跡に指定されている山形県鶴岡の松ヶ岡開墾場は、戊辰戦争で敗れた庄内藩が廃藩置県に際し、士族授産事業をおこなったところである。一時は3000人ほどの藩士が参加したという。その一環として開墾地に桑を植え、養蚕をおこない、製糸・真綿づくりに携わった。それが松ヶ岡製糸場となり、シルクの織物工場にむすびついた。

　富岡製糸場にやってきた工女は寄宿舎に入り、労働時間は1日7時間45分、七曜制も取り入れたので日曜日はフリーだった。お盆や年末年始は休日で年間操業日数は290日ほどだった。構内には診療所があり、夜間の学校も設けられていた。月あたりの工女の収入は「一等一円七十五銭、二等一円五十銭、三等一円、中廻り二円」(和田、50ページ)だった。中廻りは繰糸機のベイジンの湯加減、しけや桶の出し方など工女の作業を見回り、指導する人のことで、このときは20人ほどいた。官営富岡製糸場の工女の労働環境は、『職工事情』の中で書かれている生糸工場の女工のそれよりはるかに恵まれているし、フランスやイタリアの場合と比べても、良好だったのではないか。それにしても、若い人が多かった。和田英は15歳で製糸場にやってきたし、ブリュナーは32歳、他のフランス人も20代か30代であった。

　官営富岡製糸場の大きな特徴は、それが研修機関たる性格をもち、実験工場

たる役目を果たしたことである。工女はここでフィラチュアの製糸技法を身に付けると、地元に戻ってそれを広めることが期待されていた。和田英も富岡製糸場で1年3ケ月働いたあと、地元近くに設立されたばかりの西条村製糸場（のちの六工社）に入り、製糸の指導をおこない、後に長野県営のフィラチュアでも指導をした。またフィラチュアを設立しようとする人びとが各地から視察に訪れた。図表IX-3は官営富岡製糸場を参考にして、設立された各地のフィラチュアのリストだという。図表右側の「規模」とは繰糸機の台数である。その台数からみて、規模は最大でも100台であり、総じてフィラチュアは小さいものであった。このほか、1870年代中頃から多くのフィラチュアがつくられた。

　日清戦争直前の1893年には、繰糸機数が200台以上のフィラチュアは20社あった。日本に最初にフィラチュアが設立されてから20年余の時点で、比較的大きいフィラチュアが20社あったわけで、それらは長野、山梨、岐阜、群馬、滋賀、東京（八王子）に立地していた。日清戦争後はフィラチュアは数でも規模でもさらに拡大する。

　なお、1876年には現在の高崎市に官営の「屑糸紡績所」も設立された。そ

図表IX-3　富岡製糸場をモデルとして設立された主な
フィラチュア

製糸場名	設立年	所在地	規模
金沢製糸場	1873	石川県	100
関製糸場	1873	長野県	96
室山製糸場	1873	三重県	32
熊本製糸場	1873	熊本県	67
西条村製糸場（六工社）	1874	長野県	50
伊藤製糸場	1874	長野県	18
高橋製糸場	1874	長野県	32
中山社	1875	長野県	100
開拓使庁製糸場	1875	北海道	12
勝山製糸場	1876	福井県	24
兵庫県立模範工場	1877	兵庫県	23
修業社	1878	長野県	11
広通社製糸場	1879	宮城県	100

（出所）富岡製糸場展示より引用。

の開業式には大久保利通が出席している。フランスとドイツから機械を購入し、ドイツの機械技師を招聘したという。屑シルクを紡ぐ工場で、生糸の産出量が増大する分、屑シルクもたくさん出る。第Ⅵ章でふれたように、屑シルクの処理は生糸の場合とは異なった紡績法であり、ヨーロッパの紡績機械を備えた絹糸紡績工場がすでにこの段階で建設されていたことは驚きである。この屑糸紡績所は鐘紡に引き継がれ、その新町工場として1960年半ばまで操業していた。

官営富岡製糸場は公的な研修機関、あるいは実験工場として運営されたためか、収支が償わなかった。損益計算も重視されていたと思うのであるが、赤字が続き、それが政府内でも問題にされた。そのためか、あるいは一定の役割は了えたとの判断をしたのか、それは1893年に三井に払い下げられ、1902年には横浜の売込問屋の原合名会社の手にわたる。さきにふれた原富太郎の会社である。1938年には片倉工業が引き継ぎ、1987年まで操業を続けた。民間会社になってからは、地域の養蚕家と連携して品種・繭の改良をこころみたり、多条繰糸機を導入したり、繭乾燥機のイノベーションをおこなうといったフレキシブルな経営をおこない、また合理化・省力化をおしすすめて収支は改善された。第2次世界大戦後のことであるが、片倉工業はさらに製糸の機械化を押しすすめた。繰糸機も当初は2条繰りだった。工女がベイジンの中の繭から2条の糸をひいていたわけである。それが1895年に4条繰りの機械ができ、1903年は12条繰りのものが、1925年には20条繰りの多条繰糸機が据え付けられる。ちなみに、第2次世界大戦後は、自動で一定のデニールの糸を繰糸できる自動繰糸機が登場する。自動繰糸機ができたのは、デニーカー（繊度感知器）が1932年に開発されたからであるが、その実用化は第2次世界大戦後だった。デニーカーは一定のデニールを保って繰糸ができる小さな器具であり、所定のデニールよりも糸が細くなった時点で、ほかの繭から糸を自動的に継ぎ足すことができる。1951年に片倉K8型自動繰糸機が稼動するようになり、日産自動車、恵南産機などの自動繰糸機も投入されるようになった。長野県岡谷市にある岡谷蚕糸博物館にはこれらの自動繰糸機、その他の自動繰糸機が展示されている。人手の作業は繰糸全体の管理、調整、枠の交換、糸の詰まり、切れたときの補修などに限られる。多条化、自動化により、繰糸の生産性は格段にあがる。日本の製糸場の生産性と糸の質はこの自動繰糸機を取り入れた段階

で、世界でもっとも高い水準に達した。

　以上のべたような様々な努力が実って、日本のシルク産業、とりわけ養蚕と製糸は19世紀末から20世紀のはじめにかけて、急速に拡大した。とくにアメリカ向けの生糸輸出がどんどん伸びて、第Ⅶ章でのべたように、生糸の日米ネットワークが出来上がった。図表Ⅸ-4はこの期間の桑の栽培面積と繭収穫量を示したものであるが、桑栽培面積は約2倍に、繭収穫量は約3.3倍になっている。

　1868～1910年間の生糸の生産量、輸出量、輸出比率等の推移は図表Ⅸ-5のようになっていて、輸出比率が非常に高いことがわかる。輸出比率は36.2％と100％のあいだを上下している。1878～1910年の33年間で輸出比率が50％を割り込んだのは7年しかない。なお、1883年には輸出比率が100％をこえているが、これは輸出量として当年の生産量に前年の、場合によっては前々年の生産量が加わったと考えられる。こうした輸出は最初の頃を別にすると、ほとんどがフィラチュアによるものである。そして生糸の主たる仕向地はアメリカであって、日本の養蚕、製糸はアメリカのシルク産業によって支えられていたことがわかる。逆にアメリカのシルク産業も日本の生糸に依存している（173ページの図表Ⅶ-2参照）。その依存度は1892～95年間の49.7％から1931～35年の92.5％にアップしている。つまり、日本の生糸はアメリカのシルク産業の

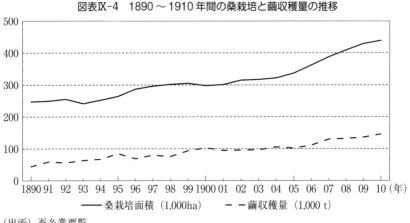

図表Ⅸ-4　1890～1910年間の桑栽培と繭収穫量の推移

（出所）蚕糸業要覧。

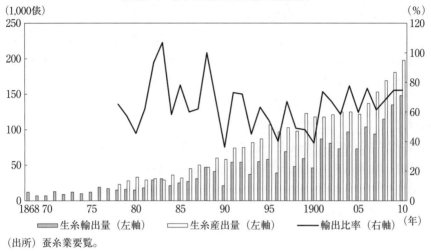

図表IX-5　日本の生糸の生産量と輸出比率

（1,000俵）　　　　　　　　　　　　　　　　　　　　　　　（%）

■ 生糸輸出量（左軸）　□ 生糸産出量（左軸）　― 輸出比率（右軸）　（年）

（出所）蚕糸業要覧。

製品仕様に合わせて紡がれる状況になっていた。向こうのシルク産業の主たる品目は、1875年においてミシン用撚糸、リボン、トラムとよばれるよこ糸、婦人服のトレミング、婦人用帽子などであって（186ページの図表VII-10参照）、もちろん特殊で高価なものもあったろうが、高級なシルク製品ではない。日本の生糸は、そうしたシルク製品の素材になっていた。第2次世界大戦で日米開戦になったとき、シルクの「日米ネットワーク」が瓦解し、日本の関係者は当惑したが、アメリカのシルク産業のほうも深刻な状況に陥った。

　それにしても、フィラチュアを立ち上げ、操業するには、相応の資金が必要だが、それはどのように調達したのか。「木造バラック程度のもの」が少なくなかったともいうが、それでも座繰りの場合とちがい、それなりのカネを投入しなければならない。当初は横浜の売込問屋が資金を融通した。担保は生糸で時価の8掛け程度だった。やがて、売込問屋の自己資金だけではそれがまかなえなくなり、売込問屋が銀行から借入れをして、フィラチュアに融通するという仕方がとられるようになる。

　売込問屋の力が低下する大正時代になると、長野、群馬、埼玉、岐阜、福島等の地方銀行が売込問屋に代わって、フィラチュアに融資するようになる。横浜と東京の横浜正金銀行、三井銀行、三菱銀行、安田銀行、住友銀行なども融

資を担った。これらの都市銀行が相談して貸出金利を決め、地方銀行も大体それにならったといわれている。

　ところで、急速に拡大した日本の生糸生産の資金需要はどのようにしてまかなわれたのか。すでにふれたように、当初は問屋、とくに売込問屋が資金を提供していた。にわかに大きくなった「製糸業が企業として極めて基礎薄弱であり、信用の薄い事は、製糸金融を益々重要な問題」（本位田、530ページ）としていたことは、容易に想像できる。

　これが1930年頃になると、製糸業に対する融資は金融機関別にみると、地方銀行が1億508万4713円で46％、市中銀行（都市銀行）が4557万3097円で20％、問屋が6441万565円で27％、組合等その他が1648万6979円で7％になっていた（本位田、531ページ）。地方銀行のウエートが非常に大きかったことがわかる。長野県の十九銀行などの最大の融資先は地元の製糸業者だった（『日本蚕糸業史』Ⅱ、502ページ）。もっとも、地方銀行は市中銀行から借入れをして、製糸業者に融資するから、製糸金融で市中銀行が果たした役割は決して小さくはなかった。明治から大正、昭和初期にかけて生糸輸出で稼いだカネの一部は、利子として地方銀行、市中銀行へも支払われたわけで、日本の金融資本の拡大にも大きく寄与した。

8　『職工事情』にみる労務問題

　製糸業の発展が日本の近代化に大きく寄与したことは、だれしも認めるところであろう。しかし、その発展には負の側面、影の部分があった点も指摘されている。この点についても、大勢の人びとが知っている。

　製糸業、せんい産業の負の側面を大々的な調査によってあきらかにしたのは農商務省商工局の報告書である『職工事情』（1903）である。このための調査は1901年におこなわれ、1100ページに及ぶ調査報告書になった。調査対象は全産業の労務状況だが、大きなウエートがあったのは、工場総数の6割強、職工総数の3分の2を占めるせんい産業だった。ちなみに、工場とは常時10人以上の職工を雇っているところである。せんい産業は綿糸紡績、生糸、織物の3部門に分けられて分析されている（「綿糸紡績職工事情」「生糸職工事情」「織物職工事情」）。ここでは、主に生糸部門の労務状況を取り上げる。織物については堺の

緞通や久留米の絣なども入っていて、シルク織物だけを抽出するのは不可能ではないものの、『職工事情』では素材別に織物を分析しているわけではないので、シルクの織物は部分的にしかふれることができない。

日本の生糸づくりの最大の特徴は、イタリア、フランスと同様、女子労働、それも20歳未満の女子に極端に依存している点である。「生糸製造はほとんど女工の業なり。繰糸、揚返しの如き主要な労働は女工これをなし、而して男工の業はあるいは汽缶に関すること、あるいは繭の乾燥、貯蔵に関すること、あるいは荷造運搬に関すること等おおむね付属の労働なりとす」(『職工事情』上、223ページ)。1902年の『工場統計』によると、生糸部門の女工は9万9933人、男工7908人で、女子労働依存率は93%にも達する。

また、職工の年齢別構成は、長野県の205の工場について図表Ⅸ-6のようになっていて、職工総数1万3620人のうち、20歳未満は8615人であって63%を占める。この1万3620人の勤続年数は6ケ月未満が1447人、6ケ月をこえて1ケ月未満が3160人で両者合わせて全体の約3分の1である。1年をこえて2ケ年未満が2612人、2年をこえて3ケ月未満が2419人であって、3年経つと、7割強がいなくなることになる。

なぜ、定着しないのか。女子で20歳未満であれば、遠方からきており、故郷が恋しくなったり、あるいは結婚のこともあるのかもしれない。そのこと以上に、苛酷な労働条件の問題があったのだろう。低賃金のうえに、長労働時間である。『職工事情』にはいくつかの製糸工場の就業時間表が載っている。いずれも似た時間表になっている。当時は農作業と同じように、春夏秋冬で就業時間が変わる。就業は4月後半から9月前半にかけては朝の4時台、1時間20分前後働いて朝食を摂るのであるが、その時間は15分。また正午あるいは正午近くまで働いて15分で昼食を摂り、再びしごとをする。午後にも15分の休憩があり、終業は多くは19時台、9月後半から3月にかけては、就業が5時台、終業は21時台になっている。就業時間は短いときで12時間45分だが、最長は

図表Ⅸ-6　生糸部門の職工の年齢構成
（長野県205工場）

10歳未満	153	(150)
14歳未満	2,189	(2,135)
20歳未満	6,273	(5,999)
20歳以上	5,005	(4,235)
計	13,620	(12,519)

（　）は女工の人数で内数。
（出所）『職工事情』上、224ページ。

15 時間になる。

　つぎに生糸工女の賃金はどのようなものであり、またいかほどであったか。「生糸工女の賃金支払い方法はいずれの地方たるを問わず賃業給を主とし」（『職工事情』上、259 ページ）、雑役に従事する者だけが日給だった。賃業給とは業績給のことで、工女ひとりひとりに、点数表にもとづいて複雑な計算をし、賃金を支払う。業績給は点数表が合理的なものであれば、近代的なものである。ところが、工女の賃金制度は非近代性も併せもっていて、賃金支払は年 1 回がふつうだったし、貯金を強いることも多かった。長期勤続者には報賞金が支払われた（たとえば、5 年以上勤務すると 2 円、7 年以上が 3 円）。いかほどの賃金が支払われていたか。『職工事情』には図表Ⅸ-7 のようなデータが載っている。須坂、松代、上諏訪、下諏訪はいずれも長野県の生糸業の盛んな地域である。このデータによると、男女で賃金が月 10 銭未満が 13.5％、15 銭未満が 23.6％、20 銭未満が 26.6％、30 銭未満の者が 24.2％であって、約 90％近くが 30 銭までの賃金を受け取っていることになる。さきの富岡製糸場の工女は「一等一円七十五銭、二等一円五十銭、三等一円」だったというから、これと比べると、随分と

図表Ⅸ-7　賃金

賃別	須坂地方		松代地方		上諏訪地方		下諏訪地方		総計	百分率（％）
	男	女	男	女	男	女	男	女		
10 銭未満	67	827	2	85	8	165	38	649	1,841	13.52
15 銭未満	41	1,112	22	279	21	405	166	1,169	3,215	23.60
20 銭未満	34	874	23	231	47	522	112	1,775	3,618	26.56
30 銭未満	42	442	19	175	68	733	125	1,692	3,296	24.20
40 銭未満	24	30	12	94	41	326	73	657	1,257	9.24
50 銭未満	3	4	3	10	20	61	41	155	297	2.18
60 銭未満	1	2	2	—	8	5	16	30	64	0.47
80 銭未満	—	—	—	—	1	—	10	10	21	0.15
1 円未満	—	—	—	—	—	—	7	—	7	0.05
1 円以上	—	—	—	—	—	—	4	—	4	0.03
計	212	3,291	83	874	214	2,217	592	6,137	13,620	100.00

（注）「百分率」以外の数字は人数。
（出所）『職工事情』上、262 ページをもとに作成。

低賃金ではある。もっとも、『職工事情』の工女たちの場合、食費とおそらく寮費は事業主の負担だったから、賃金額だけで両者の比較はできないかと思われる。

生糸工女にはしばしば手頭び爛、手に湿疹ができるという。終日指を温湯に入れているため、指は白くなって、び爛を生じ、さらに湿疹をおこす。職業病のようなものである。また、理由は判然としないが、トラホーム患者も多いという。苛酷な労働、不衛生な環境、粗食が続き、精神的また肉体的な発育不全になることも少なくない。

シルク織物も女子労働に大きく依存している。足利では工女 3983 人に対し、男工は 119 人、桐生は 1 万 2355 人に対して 953 人である。前者が 97％、後者は 93％である。「わが織物製造業の多くは自家工業に類する小工場に営まるるものにして、男工のこれに従するものなきにあらざるも、そのほとんど全部は女工の業なりといいつべし」（『職工事情』上、295 ページ）。ただ、例外的に西陣では女工 9480 人に対し、男工は 8216 人で、女子労働依存率は 54％であった。西陣は伝統的に高級織物が主で、老練の職人を必要としているからであろう。

『職工事情』の後の 3 分の 1 ほどは「付録」になっていて、刑事事件になるような、工女虐待の個別の事例が多く載っている。殴打、創傷、婦女暴行、監禁など。裸にしたり、食事を与えなかったり。そこに桐生、足利の事例が記されている。「職工徒弟一日の労働時間は短きも 15 時間を下らず、長きは 18 時間のものあり。休憩を与うるというも実際は食事を与うる間のみにて、食事終れば直ちに機に上る有様なり。粗食にしてしかも過度の労働を強い、板間に莫(ご)塵(ざ)を敷きたる所を寝所に充(あ)て不潔なる寝具を用ゆ。酷薄ならずということを得んや」（『職工事情』上、314 ページ）。

工女の以上のような厳しい状況の中で、日本でもヨーロッパや中国と同じように労働争議がおこる。1905 年にフィラチュアでの最初の労働争議が発生する。「我邦製糸工場で最初の争議は明治 38 年 12 月甲州草薙合資会社に於て時の工場監督奥山麟獅狼に由って捲き起こされた」（『日本蚕糸業史』Ⅱ、488 ページ）。労働時間の 30 分の延長と賃金のダウン、それに工場側の高圧的態度などが引き金になって争議、ストライキになった。この頃から、日本のフィラチュアでも争議、労働運動がおこるようになる。印象としては、ヨーロッパ諸国や中国

に比し、日本では争議件数は少なかったし、ラッダイト運動のようなラディカルな争議もおこらなかった。

　20世紀当初の生糸とシルクの織物の工女の以上のような苛酷な就業状況は、さきにふれた1870年代前半の富岡製糸場の場合と非常に異なる。30年間にわたり経済の論理があらわに、また冷酷に貫徹したことのあらわれであって、ヨーロッパ諸国と同様に「工場法」の制定、とりわけ女子・年少者労働の規制が日程にのぼってくる。ちなみに、1890年代になると、工女の供給源は士族ではなくなって、農村の貧しい家庭の子女だった。なお、『職工事情』は工場法制定のための官庁の調査報告書であったので、工女の過酷な状態に焦点を合わせていたと思われる。たしかに、総体的には『職工事情』が記しているような状態だったであろうが、しかし、郡是などのように、工女の教育、人格形成、福祉に配慮した管理をおこなっていたところもあったこと、また製糸業がどんどん大きくなるのに、工女の供給が追いつかず、長野県などでは「自然と工女の引張り合い」（『日本蚕糸業史』Ⅱ、484ページ）になり、工女の待遇が良くなるといった時期もあったことを付記しておきたい。

9　開国後の染織―西陣と友禅

　開国によって、養蚕と製糸ほどの大変化がみられなかったかにみえる染織も、少なからぬ新しい動きがあった。京都の染織を例にとると、開国は2つの大きなイノベーションをもたらした。西陣は江戸時代末期、天保の大凶作等で不況になり、奢侈禁止令も度々出て高級シルク製品の需要がダウンし、また京丹後、桐生、足利などが力をつけてきて競合するようになり、良い状況にはなかった。1868年には、京都から東京への遷都があった。それだけに、西陣には起死回生の気持ちが強かったのであろう。ヨーロッパの織物技法を取り入れるべく、1873年には佐倉常七、井上伊兵衛、吉田忠七の3人をフランス等に送っている。かれらは京都を発ったとき、すでにジャカード織機を知っていたのかもしれない。少なくとも、向こうに着いてすぐにこの機械の重要性に気づいたであろう。

　ジャカード織機については、すでに第Ⅴ章でふれた。この織機は1801年にJ. C. ジャカールの発明になるもので、今日のNC機械にも通じるような、当時としては全く斬新な機械であり、ドラウガール（drawgirl：工女〔女子織工〕）

が手でたて糸を上下させなくても、図面であるカードの穴にしたがい、機械がたて糸を上下させ、穴のサイン通りに織ってくれる。カードの穴が織り方のプログラムになっているのである。ジャカード織機の導入は省力化につながるし、何よりも作業精度がたかく、非常に精巧な織物がどんどんできるようになる。

　西陣では1877年に荒木小平がやや小型の木製のジャカード織機をつくり上げている。ヨーロッパに人を派遣してから4年後のことで、日本人の高い、また素早い模倣力、器用さにはびっくりする。このジャカード織機は西陣織会館に展示されている。西陣にはこのとき、洋式の力織機も導入され、高度の手作業を要する高級品だけでなく、一般向けのシルク製品も大量につくれるようになった。西陣は19世紀末には、関係業者1万、織機2000台以上、職人3万人あまり、生産額は2000万円をこえ、日本のシルクの織物産地として君臨していた。

　いまひとつは、開国によって染色のイノベーションがおこなわれた。京都にかぎらず日本の染色は草木等を使ってのものであったが、欧米から人工染料が入ってくるようになる。日本人は長い間、天然素材での染色、草木染めになじんでいたし、それは日本の風土、日本人の感性に合ったもので、色合いに落ち着きがあり、美しくもある。現在も草木染には人気がある。しかし、文明開化、欧化の時代には、人びとは翳りのない鮮明な色彩や新しい文様を積極的に受け入れるようになった。それに人工染料は安いし、しばしば手間もかからない。友禅でも、明治時代になると、人工染料が多用されるようになる。

　それからもうひとつ。友禅は職人が丁寧に手で描いていた。コストもかかるし、時間も要るし、量産ができない。明治時代になると、新しい息吹きの中で、型紙を使っての型染めが多くなった。型染めにより、量産が可能になり、コストも低下する。友禅は一部の富裕層の人びとだけでなく、一般の人びとも手にすることができるようになり、市場が拡大した。ただ、西陣織も友禅もこれまでは、生糸の場合のように国外市場が大きく開けることはなかった。

10　第2次世界大戦後の状況

　1945年に日本はポツダム宣言を受諾し、戦争終結をむかえた。非常に多くの産業施設が空襲などにより破壊されており、産業の復興は容易でないと思わ

れた。農村も若者が戦争に駆り出され疲弊し、また養蚕も桑を抜いて食用の作物を植えたりしている状況で面積も縮小していた。1941年の養蚕農家戸数は158万1000戸、桑園面積は48万9000ヘクタール、繭収穫量は26万2000トン、生糸生産量は65万5000俵だったのが、1945年にはそれぞれ100万4000戸、24万ヘクタール、8万5000トン、8万7000俵に落ちていた。養蚕農家戸数は約3分の2に、桑園面積は約半分に、繭収穫量は約3分の1に、生糸産出量は約8分の1に落ちていた。

　戦後の日本では、何よりも産業の復興が急務であった。アメリカ占領軍も後押しして、1946年に「蚕糸業復興五ヶ年計画」が策定され、5年後の繭収穫量を13万8000トン、生糸産出量を27万3000俵とした。この1946年には昭和天皇が富岡製糸場を訪問したりもした。明治・大正時代に、養蚕・製糸を先駆けにして産業を振興したという成功体験が、関係者の頭にはあったのであろう。けれども、様々な支援措置にもかかわらず、これらの目標が達成されたのは、9年後の1955年だった。この産業を取り巻く環境は戦前と戦後とでは、大きく違っていたのである。

　敗戦から今日までの約70年間の日本の養蚕・製糸のパフォーマンスは、図表IX-8と図表IX-9、そして図表IX-10に端的にあらわされている。図表IX-8は養蚕の指標として養蚕農家戸数と生糸産出量と製糸工場数を挙げているのであるが、1960年代から70年代にかけて復調はあったものの、1980年代からは下降のトレンドになる。その間、いろんなてこ入れの措置がとられた。とりわけ蚕糸価格を安定化する「繭糸価格安定法」「繭糸価格安定制度」（1957年）、中間価格安定制度」（1966年）などができた。だが、養蚕農家戸数は1975年の24万8400に対し、2015年にはたったの368にまで落ちた。養蚕の担い手も高齢化していて、継承問題も深刻になっている。桑園面積も2005年の段階で3000ヘクタールにダウンし、繭産出量も2015年に135トン、2017年は125トンに落ちている。日本の養蚕は潰滅的な状況になっていることがわかる。また、運転している製糸工場数は1975年には3桁の123であったが、1995年には29になり、2000年以降は1桁の数字になった。2019年3月時点で運転製糸工場は4にすぎない。

　図表IX-9は2005年以降の日本のシルク関連の輸入と輸出の状況を示したも

図表IX-8　養蚕農家戸数、桑園面積、繭産出量等の推移

年	養蚕農家戸数 （1,000 戸）	桑園面積 （1,000ha）	繭産出量 （1,000t）	運転製糸 工場数
1915	1,671	450	174	—
1920	1,891	530	237	—
1925	1,994	545	318	—
1930	2,208	708	399	—
1935	1,887	577	307	—
1940	1,635	528	328	—
1945	1,004	240	85	—
1950	835	175	80	—
1955	809	187	114	—
1960	646	166	111	—
1965	514	164	196	—
1970	399	163	112	—
1975	248	151	91	123
1980	166	—	73	105
1985	100	—	47	67
1990	44	—	21	—
1995	13	26	5	29
2000	3	6	1	8
2005	2	3	0.6	10
2010	0.7	—	0.3	7
2015	0.4	—	0.1	8

（出所）蚕糸業要覧とシルクレポート。

のである。左側の輸出入品には生糸だけでなく、絹糸もふくまれていて、さらに織物も入っている。生糸の輸入は1960年代はじめからおこなわれ、絹糸は1970年代に急増した。絹糸は生糸を撚ったもの、絹撚糸のことである。ちなみに、1970年代から乾繭の輸入量も増大していた。もっとも、1990年台末から、乾繭輸入は減るトレンドにはある。

　図表IX-9によると、生糸の国内生産は2005年には2508俵あったものが、2010年には882俵に減り、その後もダウンし続けている。生糸の輸出も非常に不振であり、絹糸のそれも減少している。一方、生糸の輸入量は国内生産に

図表Ⅸ-9　最近の日本の生糸等数量の輸出入状況

年	生糸			絹糸	
	国内生産	輸出	輸入	輸出	輸入
2005	2,508	4,125	22,017	609	32,700
2010	882	595	12,207	324	16,306
2011	731	578	9,323	427	17,526
2012	506	419	10,032	320	16,179
2013	409	292	9,332	426	15,844
2014	446	14	8,235	330	14,820
2015	378	0	6,479	302	14,051
2016	317	0	6,548	177	12,094
2017	339	1	7,560	245	14,560

（注 1）　単位：俵。
（注 2）　数値は農林水産省生産局、中央養蚕協会、財務省関税局等の
　　　　　調査にもとづくもの。
（資料出所）シルクレポート、2018 年 10 月号。

比し、圧倒的に大きい。絹糸の輸入量はここ数年、生糸の 2 倍ある。日本の生
糸と絹糸の国際競争力は一般的に非常に落ちている。

　日本は 1955 年頃から高度成長期に入り、日本人の所得も増え、生活も豊か
になって、シルク製品に対する需要も大きくなった。戦前と比しても、国内の
シルク市場は開けてきた。この市場をめぐって、国産と中国、ベトナム、ブラ
ジルなどからの生糸、絹糸がせめぎ合い、結果的には後者のウエートが拡大し
たわけである。こうした事態の推移を座視していたのではない。輸入制約的な
措置も講じられた。1974 年の「繭糸価格安定法」の手直しでできた生糸の一
元輸入制度はそのひとつだった。これは日本蚕糸事業団のみに生糸の輸入を認
め、織物業者等はこの事業団だけから生糸を買わなければならないとするシス
テムで、織物業界は反発したけれども、こうしたシステムができるほど事態は
深刻だった。

　せんい産業の中でのシルク産業の地位の低下も著しいものがある。戦前はシ
ルク産業はせんい産業の中で確乎たる存在であった。だが、戦後は次々に登場
した優れた合成せんいに押され、天然せんい、とくにシルクの旗色は非常に悪
くなっている。図表Ⅸ-10 は 2002 〜 07 年のあいだの素材別織物生産数量を示

年	綿織物	シルク織物	絹紡織物	合成せんい織物	人絹織物	ビスコース・スフ織物	毛織物	麻織物	計
2002	539,764	26,824	1,054	1,292,617	69,544	141,816	88,114	3,085	2,162,818
2003	506,696	23,940	728	1,217,413	71,711	129,178	78,071	3,318	2,031,053
2004	479,246	21,970	753	1,209,640	67,540	116,294	75,662	3,326	1,974,431
2005	425,460	19,816	579	1,146,845	66,231	101,235	72,531	5,006	1,837,703
2006	399,776	17,125	1,381	1,085,577	64,475	95,921	71,007	4,600	1,739,863
2007	367,733	14,262	1,204	1,096,107	63,714	85,308	67,590	3,372	1,699,291

（注1）　単位：1,000㎡。
（注2）　交織をふくむ。
（資料出所）シルクレポート、2008年9月号。

したものである。このデータによると、合成せんい織物は全体の60～65％を占める。これに人絹織物とビスコース・スフ織物を加えると、70～73％にもなる。天然せんいでは綿織物のウエートが大きいが、それでも22～25％である。シルク織物は約1％であり、絹紡織物を加えても、やはり約1％である。

　いまや、日本の養蚕もシルク産業は、往年の輝きを失い、極言すると、危機的状況にある。

　こうした状況は図表Ⅸ-8～10がよく物語っているのであるが、さらに2つの象徴的な出来事がある。ひとつは大手の製糸会社、グンゼと片倉工業がいずれも蚕糸事業を閉じたことである。前者は1987年にグンゼシルク株式会社を解散したし、後者は1994年に最後に残っていた製糸工場の熊谷工場を休止した。蚕糸が事業として成り立たなくなった、と判断したわけである。グンゼはメリヤス肌着、ナイロン靴下、アパレルなど、せんい産業の川下のほうに軸足を移したし、片倉工業のほうは流通、不動産などを手掛けるようになった。

　いまひとつの象徴的な出来事は蚕糸試験場の名称変更である。蚕糸試験場はすでにふれたように、日本の養蚕と製糸の発展のうえで科学的見地から改善に寄与し、第2次世界大戦後も存続していたが、1988年に「蚕糸・昆虫農業技術研究所」と名称を変え、さらに2001年には、とうとう「蚕糸」の字が消えて、「農業生物資源研究所」の中で蚕糸研究を続けるという状況になってしまった。往年の蚕糸試験場を知る者にとって、感慨があるというものであろう。

この状況をどう打開するか。政府その他関係組織・団体、個々の業者も、その活路を真剣に考えていると思う。カギは方法論としての産業クラスターにあるのではないか。関係する組織や人びとのあいだでのコラボレーションが重要ではなかろうか。2つの方向があると思う。ひとつは養蚕とシルク産業があくまでせんい産業として生き残る手だてを考え、努力することであり、いまひとつは脱せんい産業の途をさぐることであり、いずれもすでに双方の動きがはじまっている。そして、いずれも日本の蚕糸業のルネッサンスの観点で構想され、実施されている。

政府や大日本蚕糸会等の団体では、川上の蚕糸業と川下のシルクの織物業とのコラボレーションを推進する中で、活路を見出そうとしているようである。具体的には、「純国産絹マーク」を製品に貼付するのである。業界では国産生糸も国内の染織も日本はもっとも優れているという自負があって、少々高価であっても、純国産の保証をすれば、その製品を買手は安心して購入するのではないかと期待するわけである。養蚕農家、製糸業者、織物業者などの名前も記することになっている。いわば6次産業化のシルク版である。6次産業化とは1次産業（養蚕）と2次産業（製糸・スロウイング・織物）と3次産業（ファッション・流通）の三者が緊密に連携することである。

2018年9月末現在で、マークを使う業者は230、沖縄・北海道をふくめ全国規模で業者がこのマークを使っている。やはり多いのは、反物、帯地、裏地・胴裏などの和装品が多いが、マフラー、スカーフ、ネクタイ、シャツなどの洋品も少しふくまれている。ただ、ロットは小さい。今後、純国産絹マークを付けた製品がどんどん売れるとよい。

養蚕・シルク産業の再生に向けては、このほかに様々な挑戦をする必要がある。人びとの価値観・考え方も生活様式・衣料生活も、また産業地図も大きく変わった現在、養蚕・シルク産業クラスターの再構築といったことも、考えなければならない。また、中国などの一部を除いて、従来養蚕・シルク産業が盛んだった国も、日本と同様に、この産業が消滅の危機にさらされている。いまや、シルク産業はグローバルな側面も非常に大きいわけだから、危機を脱却するために、様々な国の関係者のあいだでの、情報交換をふくむグローバルなコラボレーションをおしすすめることも、必要ではないか。

一番肝心のことがある。それはシルクの歴史的・文化的意味を、人びとに
PR することである。生糸を国外から輸入し、織物づくりをし、それを売ると
いう分離モデルでは、あるいはファッションとしてフランス製やイタリア製の
シルクのスカーフやネクタイを売り買いするのでは、シルクは単純に素材やフ
ァッションの問題に矮小化されてしまって、シルクのもつ歴史的・文化的意味
は中々伝わらない。シルクはいかにして、人びとの文化生活に取り入れられた
のかという 5000 年の歴史を詳しく伝える必要はないにしても、この素材が人
間とかいこ蛾という昆虫との長い長い付き合いの中で生まれたこと、シルクが
人間の生活文化の重要な構成要素であり続けたこと、それがせんいとして非常
に美しく、洗練されたものだと人びとは思ってきたこと、現在もいささかもそ
の輝きを失っていないことを、人びとによく伝えること、よく語ることが大切
である。

　この本でずっとのべてきたように、人類はかいこ蛾、ボムビックス・モリと
は 5000 年以上に及ぶ付き合いがあり、おそらくそれは人がもっとも熟知した
昆虫のひとつである。いま、昆虫と昆虫界が大きな関心事になっていて最近の
研究で新たに知りえた事柄も多々ある。そうした中でかいこ蛾とシルクについ
て、従来とはちがった挑戦もこころみられている。たとえば遺伝子工学を使っ
て、かいこ蛾にさんごやおわんくらげの遺伝子を組み込んで、光るシルクをつ
くり出したりしている。

　また、養蚕を軸に、新たな方向での研究開発がすすめられている。ただ、そ
れは脱せんい産業化の途である。繭から抽出されるシルクタンパク質のもつ保
水性を利用した化粧品とか、シルクを血管や軟骨再生に使うための医薬の研究
とか、かいこの食用化（昆虫食）がこころみられている。この途は既存の養蚕、
製糸、スロウイング・織物・アパレルを軸にしたシルク産業クラスターとは別
に、新しいクラスターをつくり出すことになるだろう。

　口絵 11 は大日本蚕糸会の絹利用検討会が作成した桜の木をなぞった「絹利
用の系統樹、シルク・ツリー」であって、シルクについての現在の事業状況と
将来の方向をしめしたものである。シルク産業が現在、厳しい状況にある中で、
シルクの将来を展望している。このシルク・ツリーには、せんい産業としての
シルクと、脱せんい産業としてのシルクという区分はないが、実用化と実用化

研究中とアイデア中という3つの段階、ステップが設けられている。これをみると、新たな分野でも化粧品、食品などでは、事業規模は問わないとすると、すでに実用化されているものが多い。医療では研究段階のものが目立つ。宇宙という新分野も挙がっていて、宇宙服の開発が目論まれているようである。

引用・参考文献

(1) 日本・中国文献（アイウエオ順）

赤井弘（2013）、ミクロのシルクロード：目で見るシルクの生成と繭糸の形成、衣
　　笠繊維研究所.

浅田次郎（2018）、統一期一会、スカイワード58巻3号（675号）、日本航空.

阿部武司・平野恭平（2013）、繊維産業・産業経営史シリーズ3　日本経営史研究所.

鮎沢啓夫（1975）、カイコの病気とたたかう、岩波書店.

有沢広巳編（1936）、支那工業論、改造社.

石井寛治（1979）、日本蚕糸業史分析（復刊学術書）、東京大学出版会.

石森直人（1935）蚕、岩波書店.

鑄方貞亮（1948）、日本古代桑作史、大八洲出版.

出石邦保（1972）、京都染織業の研究：構造変化と流通問題、ミネルヴァ書房.

伊藤智夫・a（1992）、絹 Ⅰ・Ⅱ、法政大学出版局.

伊藤智夫・b（1985）カイコはなぜ繭をつくるか、講談社.

犬丸義一校訂（1998）、職工事情、上・中・下、岩波書店（文庫版）.

井上善治郎・a（1977）、まゆの国、しらこばと選書、埼玉新聞社.

井上善治郎・b（1981）、養蚕技術の展開と蚕書、日本農書全集・第35巻.

内山勝利・神崎繁・中畑正志編集（2013〜18）、アリストテレス全集1〜20、岩
　　波書店.

上垣守国（1803）、養蚕秘録（日本農書全集第35巻、農山漁村文化協会収載のもの）.

上山和雄（2016）、日本近代蚕糸業の展開、日本経済評論社.

内田星美（1960）、日本紡織技術の歴史、地人書館.

円仁（1926）、入唐求法巡礼行記、東洋文庫.

榎一江（2008）、近代製糸業の雇用と経営、吉川弘文館.

大田康博（2007）、繊維産業の盛衰と産地中小企業：播州先染織物業における競
　　争・協調、日本経済評論社.

奥原国男（1973）、本邦蚕書に関する研究：日本古蚕書考、井上善次郎.

賈思勰撰、西山武一・熊代幸雄訳（1969）、斉民要術：校訂訳注、アジア経済出版
　　会.

勝部直達（1990）、テグス文化史、渓水社.

加藤謙吉（2017）、渡来氏族の謎、祥伝社新書.

加藤宗一（1976）、日本製糸技術史、製糸技術史研究会.

何廉・方顕廷（1936）、支那の工業化の程度と影響、有沢広巳編、支那工業論、改
　　造社.

清川雪彦・a（2009）、近代製糸技術とアジア・技術導入の比較経済史、名古屋大学
　　出版会.

清川雪彦・b（2004）、多様なる世界の蚕糸業、Discussion Paper Series. A, No. 457、一橋大学経済研究所.

黒松巌編（1965）、西陣機業の研究、ミネルヴァ書房.

桑原隲蔵・a（1923）、宋末の提挙市舶西域人蒲壽庚の事蹟、東亜攻究会.

桑原隲蔵・b（1933）、東西交通史論叢、弘文堂書房.

桑原武夫編（1954）、フランス百科全書の研究、岩波書店.

皇后さまとご養蚕：皇后陛下傘寿記念（2016）扶桑社.

埼玉県蚕糸業協会編（1960）、埼玉県蚕糸業史、埼玉県蚕糸業協会.

佐伯有清編訳（1988）、三国史記倭人伝：他六篇、岩波書店.

坂本太郎・井上光貞・家永三郎・大野晋校注（1994～95）、日本書紀 一～五、岩波書店（文庫版）.

佐々木信三郎（1976）、新修日本上代織技の研究、川島織物研究所編.

蚕糸砂糖類価格安定事業団（1991）、ソ連の蚕糸絹業.

重富三男三（1926）、欧米の絹業より見たる日本の蚕糸業と其将来、蚕桑奨励会.

司馬遼太郎（2008）、中国・江南のみち（街道をゆく19　新装版）、朝日新聞出版.

庄司吉之助（1964）、近世養蚕業発達史、御茶の水書房.

鈴木芳行（2011）、蚕にみる明治維新：渋沢栄一と養蚕教師、吉川弘文館.

周藤吉之（1962）、宋代経済史研究、東京大学出版会.

宋応星撰・薮内清訳注（1969）、天工開物、平凡社.

高崎経済大学地域科学研究所編（2018）、日本蚕糸業の衰退と文化伝承、日本経済評論社.

大日本蚕糸会編（1935～1936）、日本蚕糸業史1～5、大日本蚕糸会.

大日本蚕糸会（1992）、大日本蚕糸会百年史、大日本蚕糸会.

大日本蚕糸会蚕糸・絹業提携支援センター、シルクレポート.

高橋経済研究所（1941）、日本蚕糸業発達史 上、生活社.

高橋幸八郎・古島敏雄編（1958）、養蚕業の発達と地主制：福島県伊達郡伏黒村実態調査報告、御茶の水書房.

高杜一榮（2013）、蚕の旅、ナポレオン三世と家茂、文藝春秋.

竹田敏（2016）、幕末に海を渡った養蚕書、東海大学出版会.

竹村健一（1983）、日本人は絹を見捨てていいのか、実業之日本社.

龍村謙（1966）、日本のきもの、中央公論社.

瀧澤秀樹（1978）、日本資本主義と蚕糸業、未來社.

朝鮮総督府農林局（1936）、朝鮮の蚕糸業.

通商産業省生活産業局（1994）、世界繊維産業事情：日本の繊維産業の生き残り戦略、通商産業調査会.

藤堂明保監修・藤堂明保・竹田晃・影山輝国訳（1985）、倭国伝、学習研究社.

富岡市教育委員会（2011）、日本国の養蚕に関するイギリス公使館書記官アダムズによる報告書.

直木孝次郎他訳注（1986）、続日本紀1〜4、平凡社.

永原慶二ほか編・a（1983）、講座・日本技術の社会史 第3巻・紡織、日本評論社.

永原慶二・b（2008）、日本経済史：苧麻・絹・木綿の社会史、永原慶二著作選集、第8巻、吉川弘文館.

中村善右衛門（1849）、蚕当計秘訣（日本農書全集第35巻、農山漁村文化協会に収載されたもの）.

成田重兵衛（1814）、蚕飼絹篩大成（日本農書全集第35巻、農山漁村文化協会に収載されたもの）.

日本学士院日本科学史刊行会編（1960）、明治前日本蚕業技術史、日本学術振興会.

布目順郎・a（1999）、布目順郎著作集・繊維文化史の研究1〜4巻、桂書房.

布目順郎・b（1995）、倭人の絹：弥生時代の織物文化、小学館.

農林省蚕糸局編（1934）、蚕糸業要覧.

長谷部晃（2007）、記録写真養蚕のいま、新風舎.

羽田明・山田信夫・間野英二・小谷仲男（1989）、西域、世界の歴史10、河出書房新社.

深井晃子（1993）、パリ・コレクション：モードの生成・モードの費消、講談社.

藤本實也（1939）、開港と生糸貿易上中下、刀江書院.

文化学園服飾博物館（2010）、ヨーロピアン・モード：18世紀から現代まで 文化学園服飾博物館コレクション、文化学園服飾博物館.

方顕延・呉知（1936）、支那における農村工業の衰退過程、有沢広巳編、支那工業論、改造社.

本位田祥男（1937）、綜合蚕糸経済論 上・下、有斐閣.

本多岩次郎（1899）、清国蚕糸業調査復命書、農商務省農務局.

増田美子編（2010）、日本衣服史、吉川弘文館.

松島利貞・曽根原克雄（1911）、天蚕柞蚕論、以文館.

水谷千秋（2009）、謎の渡来人秦氏：「ものづくり民族」の原点、文藝春秋.

矢木明夫（1978）、日本近代製糸業の成立：長野県岡谷製糸業史研究、御茶の水書房.

吉武成美（1988）、家蚕の起源と分化に関する研究序説、東京大学農学部養蚕学研究室.

吉武成美・佐藤忠一編著（1982）、シルクロードのルーツ、日中出版.

和田英（2014）、富岡日記、筑摩書房.

(2) 欧米文献（ABC順）

Allen, F. (1876), *American Silk Industry, Chronologically Arranged 1793-1876*. Silk Association of America.

Bezucha, R. J. (1974), *The Lyon Uprising 1834*. Harvard University Press, Cambridge.

Boles, E. E. (1998), *Rebels, Gamblers, and Silk, Agencies and Structures of the Japan – US Silk Network 1860-1890*. Ann Arbor UMI.

Brockett, L. P. (1876) , *The Silk Industry in America: A History: Prepared for the Centennial Exposition*. Silk Association of America, Washington.

Buchanan, R. E. (1929), *The Shanghai Raw Material Market*. The Silk Association of America, N.Y.

Chapman, S. D. (ed.) (1997), *The Textile Industries*. Tauris, London & N.Y.

Diderot, D. (1751 ~ 76), *L'Encyclopédie*.

Federico, G. (1997), *An Economic History of the Silk Industry, 1830-1930*. Cambridge University Press, New York.

Feng, Z. (2004), The Evolution of Textiles Along the Silk Road, in: Watt, J. C. Y., *China: Dawn of a Golden Age 200-750 AD*. Yale University Press, N.Y.

Forrer, R. (1891), Römische *Und Byzantinische Seiden-Textilien aus dem Gräber-Felde Von Achnim-Panopolis*. Strassburg.

Heusser, A. H. (1927), *The History of the Silk Dyeing Industry in the United States*. Silk Dyers' Association of America, Paterson, N.J.

Hafter, D. M. (1979), The Programmed Brocade Loom and Decline of Drawgirl, in: Tresgott, M. M. (ed.), *Dynamos and Virgins Revisited: Women and Technological Change in History: An Anthology*. The Scarecrow Press, Metuchen N. J.

Hitti, P. K. (1959), *Syria: A short history, Macmillan.* 小玉新次郎訳 (1991)、シリア：東西文明の十字路、中央公論社.

Howard, C. W. & Busswell, K. P. (1925), *A Survey of the Silk Industry in South China*. The Commercial Press, Hong Kong.

Huber, C. J. (1929), *The Raw Silk Industry in Japan*. The Silk Association of America, N.Y.

International Trade Center (2000), *Fiberes and Textile Industries at the Turn of the Century*.

Kellert, S. R. & Wilson E. O. (eds.) (1993), *The Biophilia Hypothesis*. Island Press, Washington D.C. 荒木正純・時実早苗・船倉正憲訳 (2009)、バイオフィーリアをめぐって、法政大学出版局.

Klengel, H. (1979), *Handel und Händler im alten Orient*. Böhlau. 江上波夫・五味亨訳 (1983)、古代オリエント商人の世界、山川出版社.

Krugman, P. (1991), *Geography and Trade*. Leuven University Press, Leuven, Cambridge and London. 北村行伸・高橋亘・妹尾美起訳 (1994)、脱「国境」の経済学：産業立地と貿易の新理論、東洋経済新報社.

Leggett, W. F. (1949), *The Story of Silk*. Lifetime Editions, N.Y.

Li, L. M. (1986), The Silk Export Trade and Economic Modernization in China and Japan, in May, E. R. & Fairbank J. K. (eds.), *America's China Trade in Historical Perspective*. Harvard University Press, Mass.

Lockwood, W. W. (1968), *The Economic Development of Japan: Growth and Structural Change*. Princeton University Press, Princeton.

Marshall, A. (1891), *Principles of Economics*. 馬場啓之助訳 (1965)、経済学原理 I〜IV、東洋経済新報社.

The Metropolitan Museum of Art (2004), *China, Dawn of a Golden Age, 200-750AD*. Yale University Press, New Haven and London.

Molá, L. (2000), *The Silk Industry of Renaissance Venice*. The Johns Hopkins University Press, Baltimore & London.

Pariset, E. (1865), *Histoire de la soie. Paris*. 渡辺轄二訳 (1988)、絹の道、雄山閣出版.

Pasteur, L. (1870), *Études sur la maladie des vers à soie. Paris*. 川上半吾訳 (1888)、パスツール氏蚕病論、有隣堂.

Piore, M. J. & Sabel, C. F. (1984), *The Second Industrial Divide: Possibilities for Prosperity*. Basic Books Inc. 山之内靖・永易浩一・石田あつみ訳 (1993)、第二の産業分水嶺、筑摩書房.

Plinius, G. (77), *Naturalis Historia*. 中野定雄・中野里美・中野美代訳 (1986)、プリニウスの博物誌、雄山閣出版.

Porter, M. E. (1990), *The Competitive Advantage of Nations*. Free Press, New York. 土岐坤・中辻萬治・小野寺武夫・戸成富美子訳 (1992)、国の競争優位上、ダイヤモンド社.

Rawlley, R. C. (1919), *Economics of the Silk Industry: A study in Industrial Organization*. King & Son, London.

Rayner, H. (1903), *Silk Throwing and Waste Silk Spinning*. Greenwood & Co. London.

Ricci, A. (1931), *The Travels of Marco Polo*. translated into English from the Text of L. F. Benedetto, London. 愛宕松男訳注 (1970) 東方見聞録 I・II、平凡社.

Schmoller, G. und Hintze, O. (1892), *Die preussische Seidenindustrie im 18. Jahrhundert und ihre Begründung durch Friedrich den Grossen*. Frankfurt am Main.

Scranton, P. B. (ed.) (1985), *Silk City: Studies on the Paterson Silk Industry 1860-1940*. New Jersey Historical Society, N.J.

Silbermann, H. (1897), *Die Seide* I・II. Berlin.

The Silk Association of America (1927), *Second Report of the Raw Silk Classification Committee*. N.Y.

Silk Association of America and the Shanghai International Testing House

(1925), *A Survey of the Silk Industry of Central China.* N.Y.

Shih, M. H. (1976), *The Silk Industry in Ch'ing China.* (translated) E-tu Zen Sun, The University of Michigan, Center for Chinese Studies. Ann Arbor.

Singleton, J. (1997), *The World Textile Industry.* Psychology Press, London & N.Y.

Smith, A. (1776), *An Inquiry into the Nature and Causes of the Wealth of Nations.* 水田洋監訳、杉山忠平訳 (2000)、国富論、1～4、岩波文庫.

Tambor, H. (1929), *Seidenbau und Seidenindustrie in Italien: Ihre Entwicklung seit Gründung des Königsreiches bis zur Gegenwart.* J. Springer, Berlin.

Warner, F. (1921), *The Silk Industry of the United Kingdom.* Drane's Danegeld House, London.

Wilson, E. O. (1986), *Biophilia.* Harvard University Press, Cambridge, Mass. 狩野秀之訳 (2008)、バイオフィリア：人間と生物の絆、筑摩書房.

Zeuner, F. E. (1963), *A History of Domesticated Animals.* Hutchinson & Co., London. 国分直一・木村伸義訳 (1983)、家畜の歴史、法政大学出版局.

Zweig, S. (1932), *Marie Antoinette: Bildnis eines mittleren Charakters.* 高橋禎二・秋山英夫訳 (1980)、マリー・アントワネット 上・下、岩波文庫.

事 項 索 引

人 名 索 引（神話上の人物をふくむ）

二神恭一（ふたがみ　きょういち）
　1960 年早稲田大学大学院商学研究科博士課程修了。同大学商学部助手、専任講師、助教授、教授を経て退任。その後愛知学院大学経営学部教授、西安交通大学客座教授、公益財団法人荒川区自治総合研究所理事・所長など歴任。商学博士（早稲田大学）。
　主著『産業クラスターの経営学』中央経済社（2008 年、単著）その他。

二神常爾（ふたがみ　つねじ）
　1991 年東京大学大学院理学系研究科博士課程修了（理学博士）。荒川区区政調査専門員、聖学院大学非常勤講師、早稲田大学非常勤講師。しごと能力研究学会、日本工学教育協会、留学生教育学会他正会員。
　主著「産業クラスターの情報システム」『産業クラスターと地域経済』八千代出版（2005 年、共著）、「IT と企業・産業」『クラスター組織の経営学』中央経済社（2008 年、共著）、「日本の 7 大学で博士学位を取得した留学生の専攻、進路、来日の理由について」『しごと能力研究』5 号（2017 年、単著）

二神枝保（ふたがみ　しほ）
　横浜国立大学大学院国際社会科学研究院教授、京都大学経済学博士、日本学術会議連携会員、チューリッヒ大学客員教授、ILO（国際労働機関）客員教授、WHU 客員教授、ボルドー・マネジメント・スクール客員教授、ケッジ・ビジネス・スクール客員教授。
　主著『人材の流動化と個人と組織の新しい関わり方』多賀出版（2002 年、単著）、『キャリア・マネジメントの未来図：ダイバーシティとインクルージョンの視点からの展望』八千代出版（2017 年、共編著）ほか多数

シルクはどのようにして世界に広まったのか
—人間と昆虫とのコラボレーションの物語—

2020 年 1 月 31 日　　第 1 版 1 刷発行

　著　者 ― 二神恭一・二神常爾・二神枝保
　発行者 ― 森口恵美子
　印刷所 ― シナノ印刷（株）
　製本所 ― 渡邉製本（株）
　発行所 ― 八千代出版株式会社

　　　　〒101-0061　東京都千代田区神田三崎町 2-2-13
　　　　TEL　03-3262-0420
　　　　FAX　03-3237-0723
　　　　＊定価はカバーに表示してあります。
　　　　＊落丁・乱丁本はお取替えいたします。

ISBN 978-4-8429-1759-7